中国未来的气候变化预估

——应用 PRECIS 构建 SRES 高分辨率气候情景

Projection on Future Climate Change in China

—Constructing High Resolution SRES Climate Scenarios Using PRECIS

许吟隆　潘　婕　冯　强　等　著

XU Yinlong, PAN Jie, FENG Qiang, *et al.*

科　学　出　版　社

北　京

内 容 简 介

本书详细介绍应用区域气候模式系统 PRECIS 构建中国高分辨率 (水平网格距约 50km)、长时间序列 (1961~2100) 的 SRES 气候情景，进行中国未来气候变化的预估分析。

本书共分四篇，“概述篇”介绍气候情景构建的科学背景和历程、本书模拟试验的设计与分析方法 ;“验证篇”评估 PRECIS 对中国区域温度和降水平均状态及极端气候事件的模拟能力 ;“情景篇”分析 SRES A1B、A2、B2 情景下中国未来温度和降水的平均状态及极端气候事件的变化 ;“展望篇”总结本书的成果和不足，指出未来研究的方向。

本书可供气象学、气候学、地理学、环境科学、生态学及社会经济学等领域的科研工作者、高校教学人员、研究生以及政府决策者参考使用，也可供希望深入了解中国气候变化情况的广大公众阅读。

图书在版编目（CIP）数据

中国未来的气候变化预估：应用PRECIS构建SRES高分辨率气候情景 / 许吟隆等著. —北京：科学出版社，2016.9

ISBN 978-7-03-046800-0

Ⅰ. ①中… Ⅱ. ①许… Ⅲ. ① 气候变化–评估–研究–中国 Ⅳ. ①P467

中国版本图书馆CIP数据核字（2015）第308483号

责任编辑：李秀伟 白 雪 / 责任校对：彭 涛

责任印制：肖 兴 / 封面设计：北京铭轩堂广告设计有限公司

科学出版社出版

北京东黄城根北街16号

邮政编码：100717

http: //www. sciencep. com

中国科学院印刷厂 印刷

科学出版社发行 各地新华书店经销

*

2016年9月第 一 版 开本：787×1092 1/16

2016年9月第一次印刷 印张：13 3/4

字数：326 000

定价：158.00元

（如有印装质量问题，我社负责调换）

作 者 名 单

核心作者 许吟隆 潘 婕 冯 强

主要作者 林一骅 李 阔 纪潇潇 佟金鹤 张玉静
张梦婷 杨 笛 冯云海 陈东辉

贡献作者 刘昌波 周 林 王汝佛 耿 迪 刘丽伟
张学良

序

气候变化已经成为威胁人类经济社会可持续发展的重大环境问题。国际社会为应对气候变化做出了巨大努力。应对气候变化，需要强有力的科技支撑，气候科学是采取一切应对行动的基础。我们需要从已经发生的气候变化事实中寻找变化的归因、认识已经发生的气候变化的内在规律，还要对未来的气候变化趋势做出合理的预测，从而制定科学的应对之策。

政府间气候变化专门委员会 (IPCC) 已经发布了 5 次气候变化科学评估报告，除对已经发生的气候变化的观测事实的检测和归因分析之外，未来温室气体排放的情景假设和对未来气候变化的情景预估，也是评估报告的重要内容。目前对未来气候变化进行情景预估的一个重要手段是应用全球气候模式 (GCM) 在温室气体排放假设下模拟未来气候的变化，但 GCM 的一个缺陷是网格点粗，难以满足区域上对“精细”气候信息的需求。获取高分辨率的气候信息，一个重要的手段就是应用区域气候模式 (RCM) 在 GCM 预测结果的基础上进行动力降尺度分析。IPCC 从 1995 年发布的第二次评估报告开始讨论应用 RCM 进行动力降尺度分析的问题，其后的每次评估报告都有大量篇幅讨论区域气候问题。20 多年来，该方面的研究取得了长足进展，模式功能不断提高，数据愈益丰富多样，分析日益深入细致。

PRECIS(Providing Regional Climates for Impacts Studies) 是英国气象局 Hadley 气候与预测研究中心 (以下简称：Hadley 气候中心) 开发的区域气候模式系统，它具有两方面的功能：一是对全球气候模式模拟的粗网格气候情景数据进行降尺度分析，发展区域水平的、高分辨率的气候情景；二是为气候变化影响评价模型提供高分辨率的气候情景数据。与其他区域气候模式相比，PRECIS 更加注重气候情景数据在影响评估中的应用。许吟隆研究员曾于 2002 年在 Hadley 气候中心进行一年合作研究，获得英国气象局在中国区域应用 PRECIS 的授权，发展了一套比较完整的中国 SRES 气候情景数据及在影响评估中的应用方法，为国家 973 计划项目、科技攻关 / 支撑项目和国际合作项目的相关研究提供了重要支撑，在国内科研机构和高等院校得到广泛应用，有力地促进了我国在农林牧业、人体健康、水资源、自然生态系统和生物多样性等领域气候变化影响评估工作的深入开展，同时也为气候变化研究方面青年科技人才的培养做出了贡献。

该书是许吟隆研究员和他的同事们对应用 PRECIS 发展的 SRES 气候情景的一个系统的梳理和总结。我觉得该书在以下方面是很有新意的：

对于已经发生的气候变化，该书基于 IPCC 的报告从温度和降水的变化、极端气候事件的变化、海平面上升、冰冻圈退缩、碳循环及生物地球化学过程的改变等方面进行总结，浅显易懂，使读者对气候变化有一个全面的认识；而对于未来气候变化预测方面的总结，使我们认识到哪些方面还存在不足，为今后的工作指明了方向。

对于区域气候模式系统 PRECIS 对中国区域气候的模拟能力进行了详细的验证，使我们对 PRECIS 模式有一个全面的认识，既认识到模式的优点，也认识到模式的不足，为我国今后区域气候模式的改进及模拟试验的设计提供参考。

用科学的数据表明，在中等强度的温室气体排放情景下，到 21 世纪末中国全境平均升温可达 3.4~4.6℃；在升温变暖过程中，气候的波动性越来越大，北方的暖冬和冷冬会交替出现，中国全境会经受更多的高温事件和极端降水事件，干旱和洪涝风险都会加剧等结论，对我们采取行动应对气候变化具有重要的科学意义。

该书提出的构建多模式、多方法、多尺度 (M^5S) 气候情景数据库，开展更多极端事件变化分析，减少不确定性等方面的建议，对于今后工作具有很好的借鉴和参考意义。

我国在高分辨率气候情景构建及应用方面做了大量工作，我衷心地期望以该书的出版作为一个新起点，今后有更多研究成果呈现，也衷心祝愿许吟隆研究员和他的同事们在今后开展更多更深入的分析研究，推动 M^5S 气候情景数据库的构建及应用，切实支撑气候变化影响、脆弱性和风险评估研究，切实支撑适应决策和适应行动的开展，促使我国适应气候变化工作跃上一个新台阶！

丁一汇

2015 年 10 月 15 日

于北京

前　言

自工业化以来，不断加剧的人类活动导致大气中 CO_2 等温室气体浓度急剧上升，引起以变暖为主要特征的气候变化，已经对自然生态系统的安全和人类经济社会的可持续发展产生了严重影响。政府间气候变化专门委员会 (IPCC) 第五次评估的科学报告显示，20 世纪以来的 100 多年间，全球温度升高了 0.78℃，未来随着温室气体浓度的不断增加，即使采取最严厉的温室气体减排措施，全球温度仍会持续上升，地球气候系统的方方面面都会发生深刻的变化。对于已经发生的气候变化，我们有各种各样的观测资料记录，可以通过各种方法进行分析；而对于未来气候的变化，则需要我们基于温室气体各种可能的排放假设进行情景预估。由于未来温室气体的排放水平取决于未来的社会经济发展路径，因此，未来气候变化取决于我们对发展路径的选择。

从 20 世纪 70 年代开始，科学家应用大气环流模式进行未来 CO_2 浓度倍增情景下的气候预估。之后温室气体排放假设不断发展，从 1990 年最初的排放情景假设，到 1992 年的 IS92 情景、2000 年的 SRES 情景，再到现在的 RCPs 情景；同时，气候模式也从原来的大气环流模式发展为海气耦合模式，再到现在的地球系统模式，模式的机理日趋完善。为满足局地尺度上气候变化影响评估和适应决策的需求，基于全球气候模式的模拟结果获取高分辨率区域气候信息的降尺度分析方法也在不断完善，包括统计降尺度和动力降尺度方法。本书应用区域气候模式 (RCM) 系统 PRECIS 获取高分辨率气候情景就是降尺度分析的一种重要方法。

本书应用 PRECIS 模式系统构建中国区域高分辨率的 SRES 气候情景，首先是国际合作研究的成果结晶。2001 年 9 月，我在东京大学气候系统研究中心 (CCSR) 工作，当时林而达研究员主持中 - 英气候变化农业影响评估合作研究项目，通知我尽快回国执行中 - 英项目，赴英国 Hadley 气候中心开展应用 PRECIS 构建中国区域高分辨率气候情景的合作研究，为中 - 英合作研究项目提供基础数据支撑。2002 年在 Hadley 气候中心工作的一年时间里，与 Hadley 气候中心以 Richard Jones 博士为首的区域气候模式组的英国同事们一起设置 PRECIS 在中国的模拟区域，分析模拟的结果，不断完善和改进我们的工作。我于 2003 年初回国，获得英国气象局在中国应用 PRECIS 的授权，在中国农业科学院农业环境与可持续发展研究所建立了运行 PRECIS 的网络系统，正式开始应用 PRECIS 模式系统构建中国高分辨率的 SRES 气候情景。在这 13 年的时间里，连续不断地计算产生新的情景数据，进行情景数据的分析，从最初温度和降水平均状态的变化，到尝试进行极端气候事件变化的分析。基于“十五”期间林而达研究员和我共同主持的国家科技攻关计划课题“气候变化对主要脆弱领域的影响阈值及综合评估”和“十一五”期间我主持的国家科技支撑计划课题“气候变化影响与适应的关键技术研究”，探索气候情景应用的方法。该气候情景数据集从最开始应用于农业领域的气候变化影响评估，到应用于水资源、自然生态系统、草地畜牧业、人体健康、林火与病虫害、濒危物种保护等领域。基于课题研究成果，我们 2009~2013 年组织撰写了《气候变化对中国生态和人体健康的影响与适应》一书。在该书中，我们尝试对 PRECIS 构建中国的 SRES 气候情景进行一个详细的分析与介绍，但最终我们发现篇幅太大，与其他领域影响评估的内容不匹配。因此，我们决定在那本书中为了内容的完整性，只对 PRECIS 构建的气候情景进行一个简要介绍，另行撰写气候情景的著作对 PRECIS 产生的情景进行详细的介绍和分析，这是本书撰写的最初动机。自 2012 年春季开始，我和潘婕博士、冯强博士开始设计提纲、构思本书框架，历时 3 年多，期间有众多的研究生一起参与了本书的撰写工作，在大家的共同努力下，今天终于成稿。

本书共分 4 篇，第一篇“概述篇”包含两章，第 1 章“科学背景”，介绍全球和中国气候变化的事实，未来温室气体排放情景的构建，利用气候模式构建未来气候情景的历程，以及对未来气候变化主要研究结果的综述等；第 2 章“高分辨率气候情景的构建”，介绍构建高分辨率气候情景的降尺度分析方法，回顾国际、国内应用 RCM 构建高分辨率气候情景的进程，介绍本书应用的 PRECIS 模式系统，本书模拟试验的设计与分析方法等，是后续篇章的基础背景介绍。

第二篇“验证篇”包含两章，第 3 章“PRECIS 模式系统气候模拟能力验证 -Offline”和第 4 章“PRECIS 模式系统气候模拟能力验证 -Online”。第 3 章介绍应用 ECMWF 数据驱动 PRECIS，验证 RCM 本身对中国区域温度、降水平均状态的模拟能力，并选择高温日数、高温事件、霜冻日数、连续干日数、湿日数、连续 5 日最大降水量、简单降水强度等指标验证 PRECIS 的 RCM 本身模拟极端气候事件的能力；第 4 章的分析与第 3 章相似，但驱动 PRECIS 的数据是 GCM 模拟的大尺度气候背景场，验证 PRECIS 的 RCM 嵌套 GCM 模拟当代气候的能力，为后续的情景构建和分析奠定基础。

第三篇“情景篇”包含四章，第 5 章“未来气候变化情景分析——温度平均状态”、第 6 章“未来气候变化情景分析——降水平均状态”、第 7 章“未来气候变化情景分析——温度极端事件”、第 8 章“未来气候变化情景分析——降水极端事件”，是本书最核心的内容所在，分析 SRES A2、A1B、B2 情景下相对于 1961~1990 年温度和降水平均状态的变化，选取与温度有关的 4 个极端气候事件指标（高温日数、高温事件、霜冻日数、极端低温事件）和与降水有关的 5 个极端气候事件指标（连续干日数、湿日数、极端降水事件、连续 5 日最大降水量、简单降水强度）分析未来极端气候事件的变化。

第四篇“展望篇”包含两章，第 9 章“成果总结”和第 10 章“未来展望”。第 9 章对本书的成果进行高度的凝练总结，第 10 章分析本书研究工作的不足，指出未来研究的方向，特别是要传递的一个信息就是：今后应加强多模式、多方法、多尺度(M^5S)数据库的构建工作，以及对气候系统多圈层变化的情景分析。

本书主要作者分工如下。

第一篇“概述篇”和第四篇“展望篇”由许吟隆、林一骅负责，纪潇潇、张玉静、李阔、张梦婷、佟金鹤、杨笛等参与撰写；第二篇“验证篇”由冯强负责，王汝佛、冯云海、耿迪、刘丽伟、张学良、陈东辉等参与绘图和撰写工作；第三篇“情景篇”由潘婕负责，刘昌波、周林、张梦婷、张玉静、纪潇潇、佟金鹤、杨笛等参与绘图和撰写工作。

本研究得到国内外众多专家学者的大力支持。林而达研究员一直对本项研究工作给予经费和各方面的支持。国际上，加拿大的张学斌博士、戎兵博士、殷永元教授、武培立博士、王长桂博士，国内的丁一汇院士、任国玉研究员、高学杰研究员、徐影研究员、林万涛研究员等，都为情景构建和分析工作提供了大量宝贵的建议。

英国Hadley气候中心的Richard Jones和团队成员为本项研究提供了PRECIS模式系统，并十余年如一日，持之以恒地提供各种技术支持，从运行PRECIS的基础数据到PRECIS模式系统的不断更新升级，再到情景数据的分析方法。我们的合作堪称是发展中国家和发达国家合作加强能力建设、共同应对全球气候变化问题的一个典范！

本研究开展过程中，还与多家研究机构合作，联合培养研究生，与南京解放军理工大学的孙立谭教授、项杰教授合作培养硕士研究生杨根立、廖前锋，与中山大学大气科学系的黎伟标教授联合培养硕士研究生黄晓莹、莫伟强、吴美双、邓婧娟，与兰州大学的张镭教授合作培养博士研究生杨红龙、硕士研究生刘昌波和周林，与中国科学院大气物理研究所的董文杰研究员联合培养博士研究生张勇，大大促进了本项研究工作的开展。据不完全统计，PRECIS产生的SRES气候情景数据应用于60多家单位进行农林牧业、人体健康、水资源、自然生态系统和生物多样性等方面的影响评估，支撑了该领域多个国家科技计划项目和国际合作项目的研究；应用PRECIS情景数据发表的中英文论文近百篇，培养博士、硕士研究生50多名。

本书曾得到多个项目/课题的经费支持，按照时间顺序，支持本项研究的主要国家课题有：

“十五”国家科技攻关计划课题：“气候变化对主要脆弱领域的影响阈值及综合评估”

“十一五”国家科技支撑计划课题：“气候变化影响与适应的关键技术研究”

“十二五”国家科技支撑计划课题：“国家适应气候变化方法学研究与综合技术体系构建”

支持本研究的主要国际合作项目有：Sino-UK Joint Collaborative Project：Investigating Climate Change Impacts on Chinese Agriculture：Phase Ⅰ-Overall Review，Phase Ⅱ-Ningxia Case Study；China-Canadian Collaboration on Climate Change (C5)；China-UK-Swiss Joint Project：Adapting to Climate Change in China (ACCC)等。

另外，本书撰写也得到中国农业科学院科技创新工程“气候变化与农业气候资源利用”创新团队经费的大力支持，在此一并致谢！

自从IPCC第二次科学评估报告起，运用RCM构建高分辨率气候情景已经取得了长足进展，但相对于GCM产生的气候情景数据，RCM降尺度数据少，应用于气候变化影响评估研究的降尺度气候情景数据更少，与公众期待和实际研究、应对气候变化工作的需要存在很大的差距。应用 RCM 产生更多数据、乃至结合其他方法产生更加丰富的气候情景数据支撑应对气候变化的工作，还有很多的工作要做。本书的分析和总结是非常初步的，我国学者应用 WRF 模式、RegCM 模式做了很多 SRES、RCPs 气候情景构建的工作，希望抛砖引玉，今后能有更多优异的成果展现、高质量情景数据的产生和应用，切实推动中国应对气候变化工作的开展，跃上一个新高度、新台阶，实现跨越与突破！本书不妥之处，恳请各界同仁批评指正！

许吟隆 谨识

2015 年 10 月 11 日

摘　要

本书要传递的重要科学信息

区域气候模式系统 PRECIS 具有较强的模拟中国区域气候的能力，对温度的模拟能力优于降水。

在中等强度的温室气体排放情景下，到 21 世纪末中国全境平均升温可达 3.4~4.6℃，北方升温最高可达 5℃以上，南方升温可达 3℃以上。

随着气温升高，温度的波动性加大，北方暖冬和冷冬会交替出现，而夏季中国人口最密集的南方和东部地区以及生态脆弱的西北地区将会经受更多的高温事件，这是我们应该高度关注的。

与变暖的趋势对应，中国全境大部分地区未来降水会增加，但波动性加大，极端降水事件增多，西南地区具有极高的冬季干旱风险，华中、华东、华北和西北具有很高的夏季干旱风险；中国的南方和东部地区具有很高的洪涝风险。

构建多模式、多方法、多尺度的 M^5S 区域气候信息数据库，开展更多的极端事件变化和气候系统多圈层变化的更广泛的分析，减少不确定性，开发易于获取、用户友好的数据平台，并配备完整的工具包和用户手册等，是今后情景构建需要努力的方向。

同时还要强调，由于气候模式模拟的不确定性，本书所展示的气候平均状态变化的结果或许存在不确定性，但通过本书的分析可以确定的科学信息是：

随着气候的整体变暖，气候的波动性不断加大，今后会发生更多的极端天气/气候事件，干旱、洪涝、高温事件发生的范围扩大，持续时间增加，甚至可能发生比现在更严重的极端低温事件，以及更复杂的复合灾害天气事件，对自然生态系统和社会经济系统产生广泛的、不可预知的、不可逆转的影响。除了采取减少温室气体排放这样的减缓措施尽可能地降低气候变暖的速率和幅度之外，更需要急迫地采取全方位的、有效的适应措施以应对气候变化。

目　录

概　述　篇

验 证 篇

情 景 篇

展　望　篇

概　述　篇

概述篇包含两章，第 1 章“科学背景”和第 2 章“高分辨率气候情景的构建”。在第 1 章首先澄清全球气候变暖科学问题的由来，即人为排放温室气体导致大气中温室气体浓度增加而引发的增强的“温室效应”，然后根据政府间气候变化专门委员会(IPCC) 发布的 5 次气候变化评估报告的科学结论，总结全球气候变化的整体特征；根据气候变化国家评估报告和国内学者研究成果，凝练总结中国气候变化的事实，然后介绍未来温室气体排放情景的构建，利用气候模式构建未来气候情景的历程，以及对未来气候变化主要研究结果的综述等。在第 2 章介绍构建高分辨率气候情景的降尺度分析方法，回顾国际、国内应用 RCM 构建高分辨率气候情景的进程，介绍本书应用的区域气候模式系统 PRECIS(Providing Regional Climates for Impacts Studies)，以及本书模拟试验的设计与分析方法等，是后续篇章的基础背景介绍。

第1章 科学背景

本章首先澄清全球气候变暖科学问题的由来，即增强的“温室效应”，然后根据政府间气候变化专门委员会(IPCC)发布的5次气候变化评估报告的科学结论，总结全球气候变化的整体特征；之后介绍未来气候变化预测的研究方法和工具，包括气候模式的发展历程和应用、温室气体排放情景的构建、利用气候模式构建未来气候情景等；在本章最后对未来全球和中国气候变化主要研究结果进行概要性的综述。

1.1 气候变化事实

1.1.1 增强的温室效应——全球变暖科学问题的由来

太阳短波辐射透过大气层到达地面，地表受热增暖，向外释放长波辐射，又被大气中存在的二氧化碳(CO_2)、甲烷(CH_4)、氧化亚氮(N_2O)和水汽等温室气体吸收，使地表和底层大气温度升高，这就是我们常说的**自然的“温室效应”**。自然温室效应是在亿万年的地球演化过程中形成的，达到地球-大气系统的辐射平衡。自工业化进程以来，人类活动不断加剧，土地利用发生巨大改变，碳汇能力下降，化石燃料的消耗向大气中排放大量的温室气体，导致大气中CO_2等温室气体浓度快速上升，打破原有的自然温室效应状态下的辐射平衡，不断**增强的“温室效应”**所产生的辐射强迫引起以变暖为主要特征的气候变化。

政府间气候变化专门委员会(IPCC)已经发布了5次气候变化科学评估报告(IPCC，1990；1996；2001；2007；2013)，并在1990年发布的第一次评估报告的基础上，为1992年在里约热内卢召开的“联合国环境与发展会议”准备了科学补充报告(IPCC，1992)。IPCC科学评估报告的结论显示，大气中温室气体的浓度数值不断刷新(表1.1)。在工业化前的1750年，大气中CO_2、CH_4、N_2O的浓度分别为约280ppm①、约700ppb②、约270ppb；工业化以来，全球CO_2、CH_4、N_2O年均浓度上升到过去80万年以来前所未有的最高值水平；2011年的浓度值分别为391ppm、1803ppb和324ppb，比工业化以前分别增加40%、158%和20%；2000~2010年的温室气体排放增长高于此前的三个十年，由化石燃料燃烧和水泥生产造成的CO_2年平均排放量为每年8.3[7.6~9.0]GtC，2011年是9.5[8.7~10.3]

① $1ppm=1.0\times10^{-6}$
② $1ppb=1.0\times10^{-9}$

GtC，比 1990 年水平高出 54%；在 2002~2011 年，因人为土地利用变化产生的 CO_2 年净排放量平均为每年 0.9[0.1~1.7]GtC；过去百年大气温室气体浓度增加的平均速率是在过去两万年中未曾有过的 (IPCC，2013)。2013 年 5 月 9 日，在夏威夷莫纳罗亚气象台 (Mauna Loa Observatory) 首次测量到大气中 CO_2 的平均浓度达到 400.03ppm，这是人类历史上大气中 CO_2 的浓度首次突破 400ppm[①]。

表 1.1　大气中主要温室气体浓度的变化与检测到的全球变暖事实

资料源*	温室气体浓度的代表年份	CO_2 浓度 / ppm	CH_4 浓度 / ppb	N_2O 浓度 / ppb	已经检测到的有关气候变暖的主要结论
FAR，SAR，TAR(IPCC，1990；1996；2001)	工业化前 (1750)	约 280	约 700	约 270	
FAR(IPCC，1990；1992)	1990	353	1720	310	人类活动产生的排放正在使大气中的温室气体浓度显著增加。 过去 100 年，全球平均地面气温已经上升 0.3~0.6℃，且全球平均最暖的 5 个年份均出现在 20 世纪 80 年代
SAR(IPCC，1996)	1994	358	1720	312	从 19 世纪后期开始，全球平均地表气温已经上升了 0.3~0.6℃，在过去的 40 年中上升了 0.2~0.3℃。 很多的研究已经检测到明显的全球变暖的趋势，且这种趋势不能单纯从气候自然波动的角度进行解释；最新的令人信服的证据表明，人类活动已经对气候的型态分布产生了影响
TAR(IPCC，2001)	1998	365	1745	314	自 1861 年以来，全球地面平均气温 (陆地和海面近表层气温的平均值) 已经增加，20 世纪增加了 0.6℃ ± 0.2℃。 从全球看，20 世纪 90 年代很可能是 1861 年以来仪器记录中最暖的 10 年，1998 年很可能是同期最暖的一年。 有新的和更强的证据表明，最近 50 年观测到的大部分变暖可能是由温室气体浓度的增加引起的
AR4(IPCC，2007)	2005	379	1774	319	从 1850~1899 年到 2001~2005 年，气温升高幅度为 0.76 [0.57~0.95]℃。 根据全球地表温度器测资料，最近 12 年中 (1995~2006) 有 11 年位列最暖的 12 个年份之中 (1850 年以来)。 观测到的 20 世纪中叶以来大部分的全球平均温度的升高，很可能是由观测到人为温室气体浓度增加所导致的
AR5(IPCC，2013)	2011	391	1803	324	在 1880~2012 年温度升高了 0.85[0.65~1.06]℃；1850~1900 年时期和 2003~2012 年时期的平均温度之间的总升温幅度为 0.78 [0.72~0.85]℃。 地球表面在过去的三个十年已连续偏暖于 1850 年以来的任何一个十年。 已经在大气和海洋的变暖、全球水循环的变化、积雪和冰的减少、全球平均海平面的上升以及一些极端气候事件的变化中检测到人为影响。自 AR4 以来，有关人为影响的证据有所增加。极有可能的是，人为影响是造成观测到的 20 世纪中叶以来变暖的主要原因

* IPCC 第 1~5 次评估报告，其英文缩写依次为 FAR、SAR、TAR、AR4 和 AR5

人类活动排放的温室气体有 6 种，其中的 CO_2、CH_4、N_2O 在自然界中已经存在，人类增加的排放打破了原有的循环平衡；而氢氟碳化物 (HFCs)、全氟碳化物 (PFCs) 和六氟化硫 (SF_6) 则是在工业化进程中产生的，随着工业化进程的加快而急剧增加。

---

① http://www.esrl.noaa.gov/news/2013/CO2400.html

由于大气中温室气体浓度增加而产生的增强的温室效应，其最直接的后果就是导致全球气候的整体变暖，这是人们感知当前气候变化最直接的一个特征。但事实上，在全球气候整体变暖的同时，气候系统的各个要素量之间也相应地发生一系列深刻而系统的变化，涉及气候系统的方方面面，极其复杂。

1.1.2 全球气候变化事实

IPCC 发布的 5 次评估报告，在一系列的检测与归因分析基础上，一次比一次更确切地表明，人类活动导致大量温室气体排放是近期气候急剧变暖的主要原因。表 1.1 总结了 IPCC 5 次科学报告中评估的已经检测到的气候变暖的主要结论。气候变化所表现出来的整体特征总结如下。

1. 全球气候明显变暖。多套独立制作的数据集的线性趋势表明，在 1880~2012 年全球温度升高了 0.85[0.65~1.06]℃；基于现有的一个单一最长数据集的分析，相对于 1850~1900 年的平均值，2003~2012 年的升温幅度达 0.78[0.72~0.85]℃；地球表面在过去的三个十年已连续偏暖于 1850 年以来的任何一个十年。在北半球，1983~2012 年可能是过去 1400 年中最暖的 30 年。

2. 增温范围不断扩大。全球几乎所有地区都经历了地表增暖；自 20 世纪中叶以来，在全球范围内对流层也已变暖；海洋表层升温明显，并呈现由海洋表层向深层扩展的趋势。

3. 降水时空变化不均。1901 年以来，北半球中纬度陆地区域平均降水增加；其他纬度地区区域平均降水呈现增加或减少的趋势；季节性波动不断加剧。

4. 极端天气、气候事件增加。高温热浪、强降水、干旱、热带气旋、风暴潮等极端天气气候事件频繁发生、持续时间增长、危害程度加剧。

5. 冰冻圈退化萎缩。过去 20 年以来，格陵兰冰盖和南极冰盖的冰量一直在损失，几乎全球范围内的冰川都在持续退缩，北极海冰和北半球春季积雪范围在继续缩小；多年冻土层厚度和范围大幅减少。

6. 海平面明显上升。19 世纪中叶以来的海平面上升速率高于过去两千年来的平均速率，20 世纪初以来，全球平均海平面上升速率不断加快；1901~2010 年，全球平均海平面上升了 0.19[0.17~0.21]m；20 世纪 70 年代初以来，观测到的全球平均海平面上升的 75% 可以由冰川冰量损失和由变暖导致的海洋热膨胀来解释。

7. 碳循环加剧，引起生物地球化学过程的改变。1750~2011 年，人类大量消耗化石燃料燃烧、毁林，以及对土地资源过度的不合理的开发等活动，已累积排放 CO_2 555[470~640] GtC。在这些人为 CO_2 累积排放量中，已有 240[230~250]GtC 滞留在大气中引起增强的温室效应，还有 155[125~185]GtC 被海洋吸收（约占人为二氧化碳排放量的 30%），导致海洋酸化，海表水的 pH 已经下降了 0.1。

1.1.3 中国气候变化事实

中国地处最大的大陆——欧亚大陆，是北半球大陆上近百年来气候变化比较剧烈的区域。由于中国的地理位置比较特殊，西南有青藏高原，西北是干旱的欧亚大陆腹地，东临浩瀚的太平洋，很大一部分国土处于亚洲季风区。20 世纪后半叶东亚夏季阻塞高压增强，副热带高压与南亚高压亦增强，冬夏季风则均减弱，因而中国的气候变化特征呈现出显著的区域特色。

1. 气候变暖显著，高于全球平均水平。1880 年以来，中国平均变暖的速率在 0.5~0.8℃ /100 年 (秦大河等，2012)，但近 50 年变暖尤为明显，1951~2009 年观测到的中国陆地表面平均温度上升了 1.38℃，而且近 50 年中国近地面气温的增暖主要是发生在最近的 20 余年内 (《第二次气候变化国家评估报告》编写委员会，2011)；从地域分布看，西北、华北和东北地区气候变暖明显；而且增暖在各个区域呈现明显的季节特征，其中春季增暖主要在东北地区，秋、冬季增暖则主要在华北和西北地区。自春季经夏、秋到冬季，主要增暖区域有自东向西迁移扩展的趋势。

2. 降水减少，波动性加大。降水量自 20 世纪 70 年代以来呈总体减少的趋势，区域降水变化波动较大，降水在东北、华北、黄土高原和西南部分地区明显减少 (秦大河等，2012；IPCC，2013)。

3. 冰冻圈普遍萎缩。20 世纪 60 年代以来，中国冰冻圈出现普遍萎缩趋势，中国境内超过 80% 的冰川处于退缩状态，近 10 年退缩趋势明显且加速；多年冻土面积缩小，青藏高原及其他地区多年冻土活动层增厚，季节冻土深度减小，冻土层温度上升；渤海和黄海北部海冰面积自 20 世纪 70 年代以来呈减小趋势，北方河流河冰持续日数减少、厚度减薄；在三大积雪区中，青藏高原降雪在 20 世纪后期增加、新疆地区变化不大、东北和内蒙古地区则呈减少趋势 (秦大河等，2012)。

4. 中国近海物理和生物地球化学环境发生深刻改变。近几十年，中国近海整体呈增暖趋势，以陆架海最为显著；渤海盐度显著增加；近海整体风应力减弱，热通量和淡水通量减少；中国近海的入海河口和海湾大多数都呈富营养化状态；近海从南到北都有缺氧情况发生，低氧区有明显增大趋势，愈加恶化；长江口及其邻近海域由于大量陆源物质的输入，富营养化和缺氧使海洋酸化缓冲能力降低，增加了近海水体对酸化的敏感程度 (秦大河等，2012)。

5. 海平面明显上升。中国海海平面呈现明显的上升趋势。验潮站资料显示，1981~2010 年中国海海平面上升的平均速率为 2.6mm/ 年，高出全球平均值 0.8mm/ 年，其中渤海、黄海、东海、南海海平面平均上升速率分别为 2.3mm/ 年、2.6mm/ 年、2.9mm/ 年和 2.6mm/ 年 (秦大河等，2012)。

6. 极端天气气候事件显著变化。近 50 年来中国区域极端气候变化趋势 5~10 倍于气候平均状态的变化趋势；北方极端最低温度普遍上升 5~10℃，是近年来暖冬盛行的一个数值化特征 (严中伟和杨赤，2000)。1951 年以来，影响中国的寒潮和低温事件频率和强度总体上呈下降趋势，北方地区冬春季寒潮事件发生频次明显减少，东北地区夏季低温事件频率下降；异常冷夜和冷昼天数、霜冻日数显著减少，与异常偏暖相关的暖夜日数明显增加 (《第二次气候变化国家评估报告》编写委员会，2011)。近年来，中国长江中下游及以南大部分地区、华南地区、四川东部和重庆等地陆续出现高温酷热天气，持续时间和极端高温的强度都达到 1951 年以来的历史同期最高值 (陈峪，2001；陈峪，2002；祝昌汉等，2003；张强和高歌，2004；李艳兰等，2005；陈洪滨和刁丽军，2005；陈洪滨等，2006)。2013 年 7 月上旬至 8 月下旬在南方发生破历史纪录的持续高温，其中多个地区连续高温日数和日最高气温突破历史极值，并造成贵州、湖南、重庆等地发生严重干旱，为此中国气象局启动了重大气象灾害 (高温) II 级应急响应，这是气象灾害应急预案制定以来首次启动高温应急响应。华北和东北南部高温事件增加，近年来全国范围高温有增强扩大趋势，2014 年 5 月下旬黄淮海平原出现破历史纪录的高温。

中国降水变化表现为区域分布不均、年际变化显著(翟盘茂等，2007)，与降水相关的极端气候事件变化表现出明显的区域性，淮河以南地区暴雨日数增加，淮河以北减少(陈峪等，2010)。全国范围小雨频率明显减少，强降水事件增加，与此同时，全国气象干旱面积增加。

干旱：北方暖干化趋势更加严重，西北东部、华北大部和东北南部干旱面积明显增大，南方地区尤其是西南地区季节性干旱加剧，西南地区冬春连旱与长江流域高温伏旱加剧。

洪涝：长江中下游和东南沿海地区极端强降水事件表现出明显的增多、增强趋势；长江中下游、东南地区和西北大部分地区极端强降水事件频率增多、强度增强。

极端事件也呈现多发、并发趋势及新特征，旱涝急转、台风强度增加，高温、干旱常常同时出现；高温热浪、台风、低温寡照等极端天气气候事件呈现多发、并发趋势，但大风、冰雹、沙尘暴总体有减轻趋势。总体上，灾害性气候事件和由此所致的损失日益加剧。

气候的其他要素也在发生变化，一方面风速和太阳辐射减弱，另一方面平均潜在蒸发量也在减弱。日照时数的减少现象主要发生在中国东南部，减少最明显的地区是华北和华东地区。青藏高原北部、新疆大部分地区的年日照时数也有显著的减少。中国日照时数微弱增加区域主要出现在青藏高原东部、内蒙古西部和东北北部。蒸发量除东北地区北部、内蒙古部分地区、甘肃南部、青藏高原东部和西部为较弱的增加趋势外，全国其余地区均呈减少趋势。减少明显的地区包括华北、华东、西南和新疆东部。

1.2 未来气候变化研究方法概述

气候变化已经发生，未来气候还将继续变化。那么，未来气候会怎样变化？既然人类活动是气候变化的主要驱动力，那么，人类能够为遏制不断加剧的气候变化做出什么努力？这是公众急迫关心的问题。这就迫切需要我们对未来气候变化的趋势做出科学合理的预估，为采取措施应对气候变化奠定科学基础。

1.2.1 气候模式的发展和应用

“工欲善其事，必先利其器”。预测未来气候的变化情况，首先需要有效的工具和方法。在当时计算条件还不发达的情况下，苏联科学家曾经使用过古气候类比分析法来推测未来的气候状况，即全新世最盛期的气候与 2000 年的气候相似，最后一次间冰期的气候与 2025 年的气候相似，上新世的气候与 2050 年的气候相似 (IPCC，1992)。由于类比方法获得的气候情景与温室气体的强迫不相关，没有办法解决气候变量在空间和时间上的匹配问题。气候模式可以描述气候系统各个圈层及内部子系统间复杂的相互作用，借助计算机技术的飞速发展，已经成为定量化预估未来气候变化的主要工具，某种程度上可以说是唯一有效的工具。模式的发展经历了一系列不同的阶段，从最初的简单模型(如能量平衡模型、辐射对流模型等)到单独的大气环流模式，再到大气环流模式与“沼泽海洋 (slab ocean)”的耦合模式，进而发展到完整的海气耦合模式和进一步耦合了大气 - 海洋 - 陆面 - 冰雪过程的气候系统模式，直至现在更加完善的地球系统模式 (IPCC，2013)，所考虑的地球系统的物理、生物及化学过程越来越全面和周密，空间分辨率和时间精度也越来越高。这些模式基于一系列人为强迫的情景来模拟气候变化。

1.2.2　温室气体排放情景的构建

应用气候模式对未来的气候进行预测，首先需要知道未来大气中的温室气体浓度是怎么变化的，这就需要构建不同路径的温室气体浓度排放情景。温室气体情景的构建经历了最初 1990 年构建的排放情景、IS92 情景、SRES 情景，到现在的 RCPs 情景。不同的温室气体浓度输入气候模式中，产生不同的气候变化情景。

1. Scenario 1990 情景

Scenario 1990 情景是 IPCC 第一次评估报告 (IPCC，1990) 最初设计的温室气体排放情景，包含 4 个情景：Scenario A(business-as-usual，简称 BaU 情景，又称 SA90 情景)、Scenario B、Scenario C 和 Scenario D，涵盖了 CO_2、CH_4、N_2O、CFCs 等从当前到 2100 年的排放情况。假设人口在 21 世纪后叶接近 105 亿，下个十年经济增长在经济合作与发展组织 (OECD) 国家每年增长 2%~3%，在东欧和发展中国家每年增长 3%~5%，此后经济增长速率下降。为满足不同情景设定的目标，情景之间的技术发展水平和环境保护力度差异巨大，其中 SA90 情景是“照常”排放情景，能源供给为碳密集型，能效只有些许提高；Scenario B 情景能源混合供给向低碳能源转移，主要是天然气，能效有很大提高；Scenario C 情景能源供给向可再生能源转移，在 21 世纪后半叶由核能取代，CFCs 分阶段减少，农业排放受限制；Scenario D 情景能源供给向可再生能源转移，在 21 世纪前半阶段由核能取代，从而 CO_2 排放减少，基本稳定工业化国家的排放，工业化国家严格控制能源排放，发展中国家排放些许增加，从而使大气浓度稳定，CO_2 排放在 21 世纪中期减少到 1985 年的 50%。SA90 情景是后面多个排放情景的参考。

Scenario 1990 情景是 IPCC 第一次评估报告的基础，但很显然，这 4 个情景是非常初步和简单的。在随后的 IPCC 第一次评估报告的补充报告 (IPCC，1992) 中，进一步提出了 6 个替代构想假设情景，即 IS92 情景。

2. IS92 情景

IS92 包含 6 种温室气体排放情景 (a~f)，提供 1990~2100 年的各种温室气体排放路径，分别考虑了高、中、低的人口增长和经济增长以及不同的排放预测，其中 IS92a 情景 CO_2 浓度以每年 1% 递增。

IS92a 情景成为众多气候变化模拟和影响研究的参照情景，从而构成了第二次评估报告 (IPCC，1996) 的基础。IS92 6 个情景都可以和 SA90 情景比较。其中，IS92a 与 SA90 最为接近，其温室气体排放量略低于 SA90，温室气体排放水平最高的是 IS92e，最低的是 IS92c。在 IS92c 情景中，CO_2 的排放量最终会降低到 1990 年的水准以下。IS92b 是 IS92a 的一种修改。IS92 情景中消耗平流层中臭氧的氟氯烃以及其他物质的数量要比 SA90 情景低很多，不同来源释放的甲烷和氧化亚氮的分布也与 SA90 不同。

IS92 较之 Scenario 1990 情景已有很大进步，然而其对于温室气体排放与社会经济发展相联系的考虑尚显不足。随着研究的深入，2000 年 IPCC 排放情景特别报告 (SRES)(Nakicenovic et al.，2000) 发布的排放情景 (SRES 情景)，避免了 IS92 情景的这一缺陷。

3. SRES 情景

SRES 情景包含了 A1、A2、B1、B2 四个情景族，共 40 种不同的排放情景。

A1 情景族假定世界经济增长非常快，全球人口数量峰值出现在 21 世纪中叶并随后下降，续保的更高效的技术被迅速引进。根据能源系统的不同发展方向进一步分成 3 个情景组，即高强度的矿物燃料使用 (A1FI)、非矿物能源 (A1T) 及各种能源的平衡发展 (A1B)。

A2 情景族描述了一个极不均衡的世界：自给自足，保持当地特色。各地域间生产力方式的趋同异常缓慢，由此导致人口持续增长。经济发展主要面向区域，人均经济增长和技术变化是不连续的，低于其他情景的发展速度。

B1 情景族描述了一个趋同的世界：全球人口数量与 A1 情景族相同，峰值也出现在 21 世纪中叶并随后下降。所不同的是，经济结构向服务和信息经济方向迅速调整，伴之以材料密集程度的下降，以及清洁和资源高效技术的引进。其重点在经济、社会和环境可持续发展的全球解决方案，其中包括公平性的提高。

B2 情景系列描述了这样一个世界：强调经济、社会和环境可持续发展的局地解决方案。在这个世界中，全球人口数量以低于 A2 情景族的增长率持续增长，经济发展处于中等水平，与 B1 和 A1 情景族相比，技术变化速度较为缓慢且更加多样化。尽管该情景也致力于环境保护和社会公平，但着重点在局地和地区层面。

但是 SRES 排放情景受人口、经济增长和能源结构的影响，并不能完全反映气候公约中稳定大气温室气体浓度的目标，SRES 等情景没有考虑这些人为减排因素，不能正确反映全球温室气体其他减排的真实情况。为了改进这一情况，IPCC 在 2007 年提出了温室气体的稳定情景 (Moss et al., 2008), IPCC 专家组已经建议新情景用典型浓度路径 (RCPs) 来表示。

4. RCPs 情景

RCPs 情景是用相对于 1750 年至 2100 年的近似总辐射强迫来表示的，在 RCP2.6 情景下为 2.6W/m^2，在 RCP4.5 情景下为 4.5W/m^2，在 RCP6.0 情景下为 6.0W/m^2，在 RCP8.5 情景下的 8.5W/m^2。这 4 个情景中，一个为极低强迫水平的减缓情景 (RCP2.6)，两个为中等稳定化情景 (RCP4.5 和 RCP6.0)，一个为温室气体排放非常高的情景 (RCP8.5)。与第三次和第四次评估报告中所用的排放情景特别报告 (SRES) 中的非气候政策相比，RCPs 可以代表一系列 21 世纪的气候政策。对于 RCP6.0 和 RCP8.5 情景，到 2100 年辐射强迫还没有达到峰值；对于 RCP2.6 情景，辐射强迫先达到峰值，然后下降；对于 RCP4.5 情景，辐射强迫在 2100 年前达到稳定。

1.2.3 利用气候模式构建未来气候情景

1908 年，瑞典科学家阿兰纽斯在他的著作《形成中的世界》(王绍武等，2013) 中提出了人类活动可能影响人类气候，消耗化石燃料等排放的 CO_2 导致气候变暖。阿兰纽斯最早应用简单的一层柱状模式检验 CO_2 浓度加倍情景下地球升温的状况，当时的结论是升温约

4.5℃。Manabe 和 Wetherald(1975) 应用理想海陆分布做下垫面的三维大气环流模式，计算获得 CO_2 浓度加倍时地面温度升高 2.93℃。在应用气候模式进行气候变化模拟分析的早期，由于计算机计算能力的限制和对温室气体排放路径的认识还不是很清晰，倍增模拟试验是一个典型的标志。这样的模拟不用考虑未来大气中温室气体是通过怎样的途径倍增的，只是先在大气中设置大气的温室气体浓度是现在的值运行气候模式一段时间达到气候平衡，然后再在气候模式中设置大气的温室气体浓度加倍运行气候模式达到新的气候平衡，这 2 次模拟试验的差值就是温室气体浓度倍增时气候的变化值。现在看起来，这样的试验不是完全合理的，因为大气中温室气体浓度必然是渐进递增的，不可能独立于时间变化而突然加倍，但无论如何，这样的模拟试验在认识气候变化的过程中具有里程碑式的历史意义。

在 IPCC 第一次评估报告及补充报告 (IPCC，1990；1992) 中，评估了 CO_2 浓度突然倍增和渐进递增到 CO_2 浓度加倍两种情景下的模拟结果。在其后的历次 IPCC 科学评估报告 (IPCC，1996；2001；2007；2013) 中，不断总结应用更新的温室气体排放情景和更完善的气候模式进行未来气候情景预测的最新成果，深化对气候变化的科学认识。IPCC 五次科学评估报告对未来气候情景预测的概要总结见表 1.2。

表 1.2 IPCC 五次科学评估报告对未来气候情景预测概要总结

评估报告		所应用的温室气体排放情景	所应用的气候模式	情景预测结果概要
FAR	1990 评估报告	CO_2 浓度倍增	9 个大气环流模式的 22 组模拟试验	在 CO_2 浓度加倍时，所有模式的平衡模拟试验结果地面增温 1.9~5.2℃，多数结果位于 3.5~4.5℃；结合模型研究、观测结果和敏感性分析，在 CO_2 浓度加倍时，地面增温应在 1.5~4.5℃，基于现有科学认知水平，"最佳估计"增温 2.5℃
		Scenario A~D	2 个海气耦合模式的 2 组模拟试验	在 Scenario A (BaU) 情景下，到 2030 年，与工业化之前的 1765 年相比升温 1.3~2.8℃，"最佳估计"升温 2.0℃（相应地与 1990 年相比升温 0.7~1.5℃，"最佳估计"升温 1.1℃）。CO_2 浓度以 1%/ 年递增到 2070 年加倍时，与工业化之前的 1765 年相比升温 2.2~4.8℃，"最佳估计"升温 3.3℃（相应地与 1990 年相比升温 1.6~3.5℃，"最佳估计"升温 2.4℃）
	1992 补充报告	CO_2 浓度倍增	6 个全球气候模式的 8 组模拟试验	在 CO_2 浓度加倍时，所有模式的平衡模拟试验结果地面增温 1.7~5.3℃
		Scenario A~D	4 个海气耦合模式的 4 组模拟试验，CO_2 浓度以 1%/ 年递增 70 年加倍，或 CO_2 浓度以 1%/ 年线性增加 100 年加倍	CO_2 浓度倍增时，模式模拟的全球升温 1.3~2.3℃，敏感性试验全球升温 2.6~4.5℃
SAR		IS92 a~f	共有 14 个海气耦合模式进行了模拟试验	考虑气溶胶的制冷作用，在所有 IS92 排放情景下，至 2100 年，全球地面增温 0.9~3.5℃
TAR		SRES 情景	共有全球 20 个研究中心的 34 个模式进行了模拟试验	在所有 SRES 的 35 种情景下，不同模式给出 1990~2100 年全球平均地表温度增加 1.4~5.8℃。IS92a 情景参与比较，升温处于比较低的水平
AR4		SRES 情景	11 个国家的 16 个模式组 24 个模式进行了模拟试验	在所有 SRES 情景下，至 2100 年全球平均地表温度增加 1.1~6.4℃，"最佳估计"升温 1.8~4.0℃
		温室气体浓度保持在 2000 年的水平不变		至 2100 年全球平均地表温度增加 0.3~0.9℃，"最佳估计"升温 0.6℃
AR5		RCPs 情景	12 个国家和欧盟的 23 个模式组共有 46 个地球系统模式进行了模拟试验，参与的模式包括碳循环	至 2100 年全球平均地表温度增加 1.0~3.7℃，可能的升温范围为 0.3~4.8℃

1.3 未来气候变化研究主要结果综述

1.3.1 全球未来气候变化

表 1.2 是对 IPCC 五次科学报告评估的在各种温室气体排放情景假设下全球升温的概要总结。可以看出，无论在何种情景假设下，只要温室气体的排放还会增加 (即使保持当前温室气体浓度水平)，全球升温的趋势就会不可避免。伴随着全球的整体升温趋势，气候系统的各个方面都会发生改变。本节对未来气候各个方面的变化进行一个比较系统的总结。

1. 全球还将继续升温。到 2100 年，除非采取极其严厉的减排措施，全球升温将超过 2℃，并导致气候系统所有组成部分发生变化。限制气候变化将需要大幅度和持续地减少温室气体排放。

2. 高温热浪频发。几乎可以确定的是，随着全球平均温度上升，大部分陆地区域的极端暖事件将增多，极端冷事件将减少。很可能的是，热浪发生的频率更高，时间更长；但偶尔仍会发生冷冬极端事件。

3. 降水区域分布更加不均衡。在 21 世纪，全球水循环对变暖的响应不均一。干湿地区之间和干湿季节之间的降水差异将会增大，高纬度地区和赤道太平洋年平均降水可能增加，很多中纬度和副热带干旱地区平均降水将可能减少，很多中纬度湿润地区的平均降水可能增加。中纬度大部分陆地地区和湿润的热带地区的极端降水事件很可能强度加大、频率增高。季风可能减弱，但季风降水可能增强。季风开始日期可能提前，或者变化不大。季风消退日期可能推后，导致许多地区的季风期延长。由于水汽供应增加，区域尺度上厄尔尼诺与南方涛动 (ENSO) 相关的降水变率将可能加强。

4. 全球海洋将持续变暖。热量将从海面输送到深海，并影响海洋环流。

5. 冰冻圈将持续萎缩。很可能的是，在 21 世纪随着全球平均表面温度上升，北极海冰覆盖将继续缩小、变薄，北半球春季积雪将减少。全球冰川体积将进一步减少。

6. 海平面将加速上升。21 世纪全球平均海平面将持续上升，由于海洋变暖以及冰川和冰盖冰量损失的加速，海平面上升速率很可能超过 1971~2010 年观测到的速率；不排除南极冰盖的洋基部分崩溃时，全球平均海平面出现高于 21 世纪可能变化范围的大幅度上升。

7. 碳和其他生物地球化学循环加剧。气候变化将通过加剧大气中二氧化碳的增长来影响碳循环过程。海洋对碳的进一步吸收将加剧海洋的酸化。

温室气体排放对气候系统的影响深刻而长远。21 世纪末期及以后的全球平均地表变暖主要取决于累积 CO_2 排放。即使停止 CO_2 排放，气候变化的许多方面将持续许多世纪。这意味着过去、现在和将来的 CO_2 排放会产生显著的、长达多个世纪的持续气候变化。有些变化是不可逆的，持续的冰盖冰量损失可造成海平面更大的升幅，高于某一阈值的持续变暖会导致一千多年或更长时间后格陵兰冰盖几乎完全消失，其导致的全球平均海平面上升幅度可高达 7m；不能排除气候强迫造成南极冰盖的海洋部分由于潜在的不稳定性而出现突然的、不可逆的冰量损失的可能性。

1.3.2 全球气候模式对中国未来气候变化的预测

应用国际上全球气候模式的模拟结果和中国自己开发的全球气候模式，对中国区域未来的气候变化进行系统的分析。中国的气候变化具有典型的区域特征，总结如下。

1. 21 世纪随着温室气体浓度的增加，中国区域气温将持续上升。多个全球气候系统模式集合预估在 SRES B1(低排放)、A1B(中等排放) 和 A2(中高排放) 情景下相对于 1980~1999 年的平均值中国年均温度在 21 世纪近期增温 1℃以上、21 世纪中期增温 2℃以上、21 世纪末期增温 2.5~4.6℃，高于全球平均增温幅度；冬季增温高于夏季，在东北和青藏高原地区增温明显。

2. 降水呈现整体增加趋势，但波动性加大。与气温相比，人类活动对 21 世纪中国降水的影响更为复杂，不同模式和排放情景方案下得出的结果差异较大。在 SRES 三种情景下，2030 年以前，降水变化波动起伏，某些年份出现减少的趋势，2040 年以后，整个中国区域年平均降水持续增加。

3. 极端天气气候事件增加。应用全球模式进行的高温热浪、连续无降水日数、降雨强度等的分析表明，随着气候变暖，中国各个区域的极端气候事件发生的频率和强度也有逐渐增加的趋势。应用 Palmer 干旱指数所进行的分析表明，21 世纪中国区域干旱面积持续增加，干旱主要发生在中国的华北和东北地区，长江以南地区的干旱也呈逐渐加剧的趋势。

4. 对冰冻圈影响巨大。在未来升温条件下，未来几十年中国冰川将持续退缩，特别是那些面积小于 $1km^2$ 的冰川，将面临消失。由于中国 80% 以上的冰川面积小于 $1km^2$，因此，未来冰川将会大范围退缩，条数减少，而其中海洋型冰川减少明显，大陆型冰川次之，极大陆型冰川减少比较缓慢，但即使是像乌鲁木齐河源 1 号冰川这样的大冰川，在极端升温条件下也有可能在 50 年后消失 (李忠勤，2011)。西部冻土面积缩小，东北多年冻土南界北移。未来青藏高原积雪期开始时间推迟、结束时间提前，积雪深度年振幅将加大，丰雪年和枯雪年的出现将更加频繁。

5. 海平面上升明显。到 2050 年，中国海平面上升 13~27cm(于道永，1996；吴中鼎等，2003；袁林旺等，2008)。中国沿海海平面上升速率会高于全球平均水平，可达 30mm/10 年 (秦大河等，2012)。

1.4 本章小结

从上面的分析可以看出，利用全球气候模式对中国未来气候变化的预估分析主要集中在升温和降水变化的整体趋势方面，对极端气候事件的分析指标少，不够全面和深入，更缺乏对气候系统其他方面变化的系统的深入分析。另外，由于全球气候模式的分辨率低，当我们进行局地气候变化的分析时，需要进行降尺度分析。在第 2 章，我们将对如何应用降尺度分析方法构建高分辨率的气候情景进行详细介绍。

参考文献

陈洪滨, 刁丽军. 2005. 2004年的极端天气和气候事件及其他相关事件的概要回顾. 气候与环境研究, 10(1): 140-144.
陈洪滨, 范学花, 董文杰. 2006. 2005年极端天气和气候事件及其他相关事件的概要回顾. 气候与环境研究, 11(2): 236-244.
陈峪. 2001. 2000年我国天气气候特点. 气象, 26(4): 20-24.
陈峪. 2002. 2001年我国天气气候特点. 气象, 28(4): 29-33.
陈峪, 陈鲜艳, 任国玉. 2010. 中国主要河流流域极端降水变化特征. 气候变化研究进展, 6(4): 265-269.
《第二次气候变化国家评估报告》编写委员会 . 2011. 第二次气候变化国家评估报告 . 北京 : 科学出版社 .
国家海洋局. 2009. 中国海洋发展报告. 北京: 海洋出版社.
李艳兰, 罗莹, 黄雪松. 2005. 广西2004年气候特点及其影响评价. 广西气象, 26(1): 24-27, 64.
李忠勤. 2011. 天山乌鲁木齐河源1号冰川近期研究与应用. 北京: 气象出版社.
秦大河, 董文杰, 罗勇. 2012. 中国气候与环境演变 第一卷 科学基础. 北京: 气象出版社.
王绍武, 罗勇, 赵宗慈, 等. 2013. 全球变暖的科学. 北京: 气象出版社.
吴中鼎, 李占桥, 赵明才. 2003. 中国近海近50年海平面变化速度及预测. 海洋测绘, 2: 17-19.
严中伟, 杨赤. 2000. 近几十年中国极端气候变化格局. 气候与环境研究, 5(3): 267-272.
于道永. 1996. 中国沿岸现代海平面变化及未来趋势分析. 海洋预报, 2: 43-50.
袁林旺, 谢志仁, 俞肇元. 2008. 基于SSA和MGF的海面变化长期预测及对比. 地理研究, 2(2): 305-313.
翟盘茂, 王萃萃, 李威. 2007. 极端降水事件变化的观测研究. 气候变化研究进展, 3(3): 144-148.
张强, 高歌. 2004. 我国近50年旱涝灾害时空变化及监测预警服务. 科技导报, (7): 21-24.
祝昌汉, 张强, 陈峪. 2003. 2002年我国十大极端气候事件. 灾害学, 16(2): 76-80.
IPCC. 1990. Climate Change: The IPCC Scientific Assessment [Houghton J T, Jenkins G J, Ephraums J J(eds.)]. Cambridge and New York: Cambridge University Press, 212.
IPCC. 1992. Climate Change 1992: The Supplementary Report to the IPCC Scientific Assessment [Houghton J T, Callander B A, Varney S K(eds.)]. Cambridge and New York: Cambridge University Press, 200.
IPCC. 1996. Climate Change 1995: The Science of Climate Change. Contribution of Working Group I to the Second Assessment Report of the Intergovernmental Panel on Climate Change. Cambridge and New York: Cambridge University Press, 584.
IPCC. 2001. Climate Change 2001: The Scientific Basis. Contribution of Working Group I to the Third Assessment Report of the Intergovernmental Panel on Climate Change [Houghton J T, Ding Y, Griggs D J, Noquer M, van der Linden P J, Dai X, Maskell K, Johnson C A(eds.)]. Cambridge and New York: Cambridge University Press, 881.
IPCC. 2007. Climate Change 2007: The Physical Science Basis. Contribution of Working Group I to the Fourth Assessment Report of the Intergovernmental Panel on Climate Change(IPCC)[Solomon S, Qin D, Manning M, Chen Z, Marquis M, Averyt K B, Tignor M, Miller H L(eds.)]. Cambridge and New York: Cambridge University Press, 996.
IPCC. 2013. Climate Change 2013: The Physical Science Basis. Contribution of Working Group I to the Fifth Assessment Report of the Intergovernmental Panel on Climate Change [Stocker T F, Qin D, Plattner G-K, Tignor M, Allen S K, Boschung J, Nauels A, Xia Y, Bex V, Midgley P M(eds.)]. Cambridge and New York: Cambridge University Press, 1535.
Manabe S, Wetherald R T. 1975. The effects of doubling the CO2 concentration on the climate of a general circulation model. Journal of the Atmospheric Sciences, 32(1): 3-15.
Moss R H, Nakicenvic N, O'Neill B C. 2008. Towards new scenarios for analysis of emissions, climate change, impacts, and response strategies. Geneva: Intergovernmental Panel on Climate Change, 25.
Nakicenovic N, Alcamo J, Davis G, et al. 2000. Special report on emissions scenarios: A special report of working group Ⅲ of the intergovernmental panel on climate change. New York: Cambridge University Press, 1-599.

第 2 章　高分辨率气候情景的构建

本章首先介绍构建高分辨率气候情景的降尺度分析方法，回顾国际、国内应用区域气候模式 (RCM) 构建高分辨率气候情景的进程，然后介绍本书应用的区域气候模式系统 PRECIS(Providing Regional Climates for Impacts Studies)，以及本书模拟试验的设计与分析方法等。

2.1　构建方法简介

2.1.1　降尺度技术

全球气候模式是构建气候情景并进行气候变化分析的有效工具，但由于计算机资源的限制，目前大多数全球气候模式产生的气候情景数据分辨率还偏低，通常为几百千米，无法很好地对影响区域气候特征的复杂地形、地表状况、陆面过程、云物理过程等予以正确的描述，因而不能满足区域水平的气候变化研究和影响评估的需求。为克服 GCM 模拟分辨率低的不足，获取区域高分辨率的气候情景数据，需要对 GCM 模拟的全球气候情景进行降尺度分析。目前常用的降尺度技术包括统计降尺度和动力降尺度两种类型。

统计降尺度也称经验降尺度，在计算资源有限、高分辨率 RCM 不具备的情况下，它是一种经济有效的降尺度方法。统计降尺度的基本思路是：局地气候是以大尺度气候为背景的，但局地的气候特征又取决于局地下垫面的特征，如地形、海陆分布、植被分布类型等。在一个给定的范围内，大尺度的气候背景场和中小尺度的气候变量之间应该存在某种相关性。统计降尺度首先通过已有的观测资料建立大尺度气候要素场与局地气候要素的经验关系，然后将这种经验关系应用于 GCM 对未来气候模拟的情景输出结果，即可获得局地未来气候要素的定量化情景预测结果。

在进行统计降尺度分析的实践中，发展了很多方法建立大尺度背景场和局地气候要素的经验关系 (Xu，1999)。由于 GCM 对大气环流的模拟能力较强，而大气环流对地面气候场的影响较大，因此，大气环流场常常作为统计降尺度的首选预报因子。在实际应用中，需要因地制宜，根据需求选择最适宜的统计降尺度方法。

统计降尺度方法对观测资料的需求较大，需要足够长时间序列的观测资料对经验模型进行调试和验证，因此，一般都应用于特定的站点和特定的区域。中国气象局国家气候中心与瑞典哥德堡大学联合发展了 NCC/GU-WG 天气发生器，用于计算中国 672 个站点的未来气候情景 (廖要明等，2004)；中国农业科学院农业环境与可持续发展研究所 (其前身为中国农业科学院农业气象研究所）曾在 20 世纪 90 年代发展了中国天气发生器，输出 51 个站点现在气候时段 (1961~1990) 和未来某个时段的气候要素量：最高气温、最低气温、降水量和太阳辐射的日均值，用于模拟气候变化对中国农业生产的影响（林而达等，1997；罗群英和林而达，1999)。范丽军等 (2007)、刘绿柳等 (2008) 曾经应用统计降尺度方法进行华北、黄河上中游地区未来气候要素变化的详细分析；刘吉峰等 (2008) 曾将青海湖流域统计降尺度分析的气候情景数据驱动水文模型和湖泊水位平衡模型，模拟青海湖水位的变化。一般来讲，统计降尺度方法主要应用于尺度较小的区域问题的研究，但也有个别研究将统计降尺度分析在全国范围内进行 (Jiang，2008)。

动力降尺度是通过动力气候模式获取区域高分辨率的气候信息，可以有三种途径：一种是增加现有的大气环流模式的水平分辨率；二是在大气环流模式中采用变网格技术（辛晓歌等，2011；孙丹等，2011；Fox-Rabinovitz，et al.，2006；Fox-Rabinovitz，et al.，2008)，对感兴趣的研究区域加大网格密度，进行高分辨率的气候模拟；三是以低分辨率的 GCM 的模拟结果作为强迫场和边界条件驱动高分辨率的区域气候模式 (RCM)，以获取高分辨率的区域和局地尺度的气候情景信息。在实际情况下，由于计算机条件的限制和变网格技术的复杂性，广泛采用的是通过 GCM 模拟的大尺度场驱动 RCM，获取区域的高分辨率气候信息。

通过 RCM 的模拟获取区域气候信息能够有效弥补 GCM 分辨率不足的缺陷，从而改善气候模式对区域气候的模拟效果。这一方法的缺点是缺少 RCM 和 GCM 之间的双向嵌套，RCM 的输出结果依赖于 GCM 的输入；优点是可以提供非常高分辨率的信息（时间和空间上），一些天气极值要比 GCM 模拟得更好。但以往的经验显示，动力降尺度技术水平正在不断提高，降尺度研究显示局地降水的变化与根据大尺度水文响应模态预期的变化相比有显著的差异，在地形复杂的地区尤为如此。

2.1.2　国际应用 RCM 构建高分辨率气候情景进程回顾

RCM 单向嵌套 GCM 进行气候研究的技术起源于数值天气预报模式，Dickinson 等 (1989) 和 Giorgi(1990) 最早尝试应用 RCM 进行区域气候的数值模拟试验，此后 RCM 不断发展完善，随着计算机技术的进步，RCM 广泛应用于气候变化的研究。RCM 与 GCM 嵌套构建高分辨率的气候情景，国际上的研究按照以下三个步骤，经历了不同的应用 RCM 构建高分辨率气候情景的阶段。

应用 RCM 进行气候变化研究的第一步，是验证 RCM 对当今气候的模拟能力。在早期的模拟研究中，应用再分析的观测气候数据驱动 RCM，这些模拟试验的模拟时段从几个月到 10 年以上或更长的时间段，模拟的水平分辨率为 10 多千米至 100 多千米，在世界各地检验 RCM 模拟当地气候季节变化和季风环流的能力①。

应用 RCM 进行气候变化研究的第二步，是验证 RCM 嵌套 GCM 模拟当今气候的能力。RCM 由 GCM 模拟获得的大尺度场驱动，模拟的水平分辨率为 10 多千米至 100 多千米（大

①见 IPCC 第三次评估 WGI 报告的 Appendix 10.1(624 页）

部分模拟试验的水平分辨率为约 60km)，模拟时段多为几年到几十年，检验 RCM 在 GCM 模拟的大尺度背景场驱动下对当地气候季节变化和季风环流的模拟能力。RCM 能有效改善 GCM 对气候变化空间尺度的描述，从而改善 GCM 对于区域气候的模拟状况。大部分 RCM 模拟的大尺度气候型态与驱动它的全球模式相似，但模拟的中尺度细节变化差异较大。相较于 GCM，RCM 能够模拟出更为合理的区域气候特征。这样的模拟工作为应用 RCM 进行降尺度分析产生高分辨率气候情景奠定了基础①。

第三步就是在 GCM 产生的未来气候情景基础上构建高分辨率的 RCM 气候情景，该方面的研究工作经历了不同的历史阶段。在 2000 年之前，主要进行的是 CO_2 浓度倍增的模拟试验和渐进递增的模拟试验。对于 CO_2 浓度倍增的模拟试验，模拟的时间段多为 3~20 年的时段；对于 CO_2 浓度渐进递增的模拟试验，Giorgi 等 (1994) 进行了 1961~2100 年 140 年的模拟试验。2000 年之后，多个 RCM 应用于非洲、欧洲、地中海、亚洲、北美洲等地区，发展基于 SRES 温室气体排放假设的气候情景②。目前，应用 RCM 基于 RCPs 温室气体排放典型代表路径构建气候情景的工作正在开展，已经取得了一些初步成果 (王美丽等，2015；杜尧东等，2014)。

回顾国际上应用 RCM 构建高分辨率气候情景的进程可以看出，相较于 GCM 产生的涵盖 SRES 和 RCPs 所有温室气体排放情景、连续时段 (1961~2100，甚至更长的时段从工业化开始的 18 世纪到 2300 年) 的气候情景数据，RCM 构建的高分辨率气候情景数据还很不完善，目前很难见到应用 RCM 构建完整时段的、涵盖所有 SRES 温室气体排放情景假设的气候情景数据；应用 RCM 构建 RCPs 气候情景的工作才刚刚起步，以至于在 IPCC 第五次评估报告 (IPCC，2013) 中没有对 RCM 构建 RCPs 气候情景的工作进行系统的总结。应用 RCM 构建 RCPs 气候情景的工作亟待加强和完善。

2.1.3 中国应用 RCM 构建高分辨率气候情景进程回顾

20 世纪 80 年代末，中国开始发展大气环流模式和海气耦合模式 (张学洪和曾庆存，1988)。王会军等 (1992) 把中国科学院大气物理所的二层大气环流模式同混合层海洋模式与热力学海冰模式耦合起来，研究了 CO_2 浓度倍增时的气候变化。20 世纪 90 年代，中国的全球海气耦合模式得到进一步发展和完善，水平和垂直分辨率进一步提高，物理过程的考虑也更加合理和完善，并开始参与大气环流模式比较计划 (AMIP)、耦合模式比较计划 (CMIP) 以及 IPCC 的气候变化评估报告的工作，取得了显著成绩 (叶笃正等，1991)。进入 21 世纪之后，气候系统的理论和概念为气候系统模式的发展指明了新的方向，中国新一代气候系统模式的研制也蓬勃展开，先后发展了 LASG/IAP 的 FGOALS 模式、国家气候中心的 BCC 模式等，极大地推动了中国气候变化科学研究工作的开展 (周天军等，2014)。结合国际上气候系统模式的模拟结果，对中国未来气候变化情景预估进行了大量分析，取得了不少的成果 (徐影等，2002；姜大膀等，2004；Luo et al.，2005；许吟隆等，2003；许崇海等，

①见 IPCC 第三次评估 WGI 报告的 Appendix 10.2(625 页) 和第四次评估 WGI 报告的第 11 章 (847-940 页)

②见 IPCC 第三次评估 WGI 报告的 Appendix 10.3(626 页) 和第四次评估 WGI 报告的第 11 章 (847-940 页)

2007；赵宗慈等，2008)。全球气候系统模式模拟工作的开展和气候情景预测的分析，为应用 RCM 进行动力降尺度分析奠定了基础(《气候变化国家评估报告》编写委员会，2007；《第二次气候变化国家评估报告》编写委员会，2011；秦大河，2002)。

在 2000 年之前，中国学者在验证 RCM 对中国气候的模拟能力、应用 RCM 进行温室效应引起的气候变化预估方面开展了大量探索研究 (Li et al.，1997；王世玉和张耀存，1990；吕世华和陈玉春，1999；符淙斌等，1998)。2001 年，Gao 等 (2001) 首先应用 RegCM2 开展 CO_2 浓度倍增情景下中国区域气候变化的模拟。驱动 RegCM2 的全球气候模式为 CSIRO AOGCM R21L9，模拟时段为 1881~2100 年，模拟试验在 1990 年以前采取 CO_2 浓度观测值，在 1990 年以后 CO_2 浓度以每年 1% 速率递增。限于当时的计算条件，RegCM2 取 1986~1990 年作为对当今 CO_2 浓度下的气候模拟时段，2066~2070 年作为 CO_2 浓度加倍时的气候模拟时段，以分析 CO_2 浓度加倍时中国区域气候的变化。其后 RegCM 模式和 PRECIS 模式系统分别应用于构建 SRES 气候情景，RegCM4 模式应用于构建 RCPs 气候情景等。表 2.1 对这两个模式构建中国高分辨率气候情景的情况进行了概括总结。

表 2.1　RegCM 和 PRECIS 模式系统构建中国区域高分辨率气候情景及对中国气候平均状态和极端气候事件变化的分析汇总

模式	气候情景	水平分辨率	气候平均状态的分析	极端天气气候事件的分析
RegCM	CO_2 浓度以每年 1% 速率递增	60km	中国全境地表气温、降水变化分析；七大区域、主要流域、各省升温和降水变化分析(高学杰等，2003a；2003b；2003c)	日最高和日最低气温的变化、降水日数和大雨日数的变化 (Gao et al.，2003)、台风数目和路径变化分析(高学杰等，2003c)
	SRES A2 情景	20km	中国全境地表气温、降水变化分析(高学杰等，2010)；积雪变化分析(石英，2010c)	高温炎热事件(石英等，2010a)；极端降水 (RR1、RR10、RR20)(石英等，2010b)、南方低温雨雪冰冻灾害变化分析(宋瑞艳等，2008)、干旱(石英，2010b)
	SRES A1B	25km	全国(高学杰等，2010)、新疆地区气温、降水变化分析(吴佳等，2011)	夏季日数、霜冻日数、生长季度、日降水强度、日降水量≥ 10mm 日数、连续干日数变化分析(徐集云等，2013) 20 年一遇气温、降水极值(吴佳等，2012)；西北太平洋热带气旋情景分析(吴蔚和余锦华，2011)
	RCP8.5	50km	云南省温度、降水变化分析(王美丽等，2015)；珠江流域降水变化分析(杜尧东等，2014)	连续干日数、降水与蒸发之差、植物根区土壤贮水量变化分析(王美丽等，2015)
PRECIS	SRES A2	50km	全国气温、降水变化分析(杨红龙等，2010)	连续高温日数、连续霜冻日数、连续湿日数、连续干日数变化分析(杨红龙等，2010)；宁夏地区日较差、夏季日数、霜冻日数变化分析(张颖娴和许吟隆，2009)
	SRES B2	50km	全国温度、降水变化分析(许吟隆等，2006)；宁夏地区气温、降水变化分析(陈楠等，2007)	高温日数、霜冻日数、暖期持续指数、冷期持续指数(张勇等，2008)；大雨事件、暴雨事件、日最大降水事件、湿日数变化分析(张勇等，2006)；最高、最低气温的变化和日较差变化分析(张勇等，2007)；宁夏地区日较差、夏季日数、霜冻日数变化分析(张颖娴和许吟隆，2009)
	SRES A1B	50km	内蒙古地区气温、降水变化分析(马建勇等，2011)；全国气温变化分析(纪潇潇等，2015)	东北地区干旱(马建勇等，2013)；全国最高、最低气温及日较差变化分析(刘昌波等，2015)；西北太平洋热带气旋生成情景分析(梁驹等，2014)

注：RR1：每年日降水量为 1~10mm(小雨)的日数；RR10：每年日降水量为 10~20mm(中雨)的日数；RR20：每年日降水量为 20mm 以上(大雨)的日数

区域气候模式模拟的增温幅度与全球气候模式相当，但模拟出更多极端气候事件发生的特点，其具体表现为：未来中国低温事件呈减少趋势，高温炎热以及极端降水事件将增加。随着大气中温室气体浓度的持续增加，中国 21 世纪上半期有可能呈现北方暖干化、南方夏季洪涝和冬季干旱同时加重的趋势；中国干旱区范围可能扩大，荒漠化可能性加重，青藏高原和天山冰川加速退缩。

从以上分析可以看出，目前应用 RCM 降尺度方法构建中国区域高分辨率气候情景的工作还很不完善，缺乏系统性，具体表现为：

1) 缺乏系统的涵盖有代表性的多种温室气体排放假设的情景数据，如目前构建的 SRES 情景主要是基于 A2、B2 排放假设，目前文献所能见到的 RegCM 模式的结果主要是 A2 和 A1B 的结果 (高学杰等，2010；石英等，2010a；2010b；2010c；宋瑞艳等，2008)，应用 PRECIS 所做的情景分析也主要是集中在 A2、B2 情景上，关于 A1B 结果的分析较少 (杨红龙等，2010；张颖娴和许吟隆，2009；陈楠等，2007；张勇等，2006；2007；2008)。

2) 时间序列不完整，RegCM 分析的时间段 A2 是 2071~2100 年 (高学杰等，2010)。PRECIS 分析的时间段 A2、B2 是 2071~2100 年 (杨红龙等，2010；张勇等，2006；2007；2008)，缺乏完整的 21 世纪连续时段模拟结果的分析。

3) 所做的分析缺乏系统性，如对极端气候事件的分析，目前还很难根据现有的分析得出比较清晰的未来极端气候事件变化趋势的结论。

基于以上回顾和总结可以看出，应用 RCM 构建中国区域高分辨率的气候情景，需要在温室气体排放情景的代表性、时间序列的完整性、分析的系统性方面加强工作。本书就是利用 PRECIS 模式系统构建的多个 SRES 气候情景，对中国区域未来气候平均状态的变化、极端气候事件变化的趋势和特征进行一个比较完整系统的分析。

2.2 PRECIS 模式系统简介

PRECIS(Providing Regional Climates for Impacts Studies) 是英国气象局 Hadley(哈德雷) 气候中心发展的区域气候模式 (RCM) 系统 (Jones et al.，2004)。PRECIS 的最初版本是发展 SRES 气候情景，基于 IPCC 于 2000 年发布的《排放情景特别报告》(Nakicenovic et al.，2000) 中设计的 21 世纪温室气体排放情景假设，为影响评估模型提供高分辨率的气候情景数据。PRECIS 不是一个单纯的 RCM，它包括运行 RCM 需要的 GCM 产生的 SRES 气候情景数据库以生成驱动 RCM 的初始条件和侧边界条件、RCM 本身和运行 RCM 所需要的各种相关的数据库。

PRECIS 模式系统界面友好，可以在全球的任何区域设置，以获得局地的高分辨率的 SRES 情景，这大大地方便了不具备气候方面的专业背景而进行气候变化影响评估的研究人员。在 PRECIS 的发展过程中，除了在英国乃至欧洲进行了模拟试验之外，还在印度和南非进行过气候情景模拟和影响评价的尝试工作 (Batholy et al.，2009；Bhaskaran et al.，2012；Tadross et al.，2005)。本书作者于 2003 年 2 月将 PRECIS 模式系统移植到中国，开始在中国区域设置运行 PRECIS 模式系统产生高分辨率的气候情景数据。

PRECIS 的数值模拟试验包含欧洲中心的再分析数据 (1979~1993)，该脱线模拟试验检验 PRECIS 本身模拟当代气候的能力。当应用 PRECIS 进行气候变化的情景预测时，需要全球气候模式 (GCM) 的数据在侧边界驱动 PRECIS 本身。为给 PRECIS 提供高分辨率的边界场，在 HadCM3 低水平分辨率 (纬度 2.5°× 经度 3.75°) 网格模拟结果的基础上，重新运行 HadAM3P 产生高分辨率 (与 HadCM3 相比在经纬度方向上的水平分辨率各增加了一倍，达纬度 1.25°× 经度 1.875°) 的边界场驱动 PRECIS。HadAM3P 是 HadCM3 模式的大气部分，垂直方向分为 19 层。图 2.1 给出了 PRECIS 模拟的区域范围，经度方向格点数为 145，纬度方向格点数为 112。该模拟区域西边界至帕米尔高原的西侧，南边界到达菲律宾中部、斯里兰卡北部的海面，东边界可以达到远离日本的东面海面上，北边界到达贝加尔湖以北的西伯利亚高原，模拟的区域足够大，以保证中国区域的数据质量，特别是防止模式在东北部的能量积累。

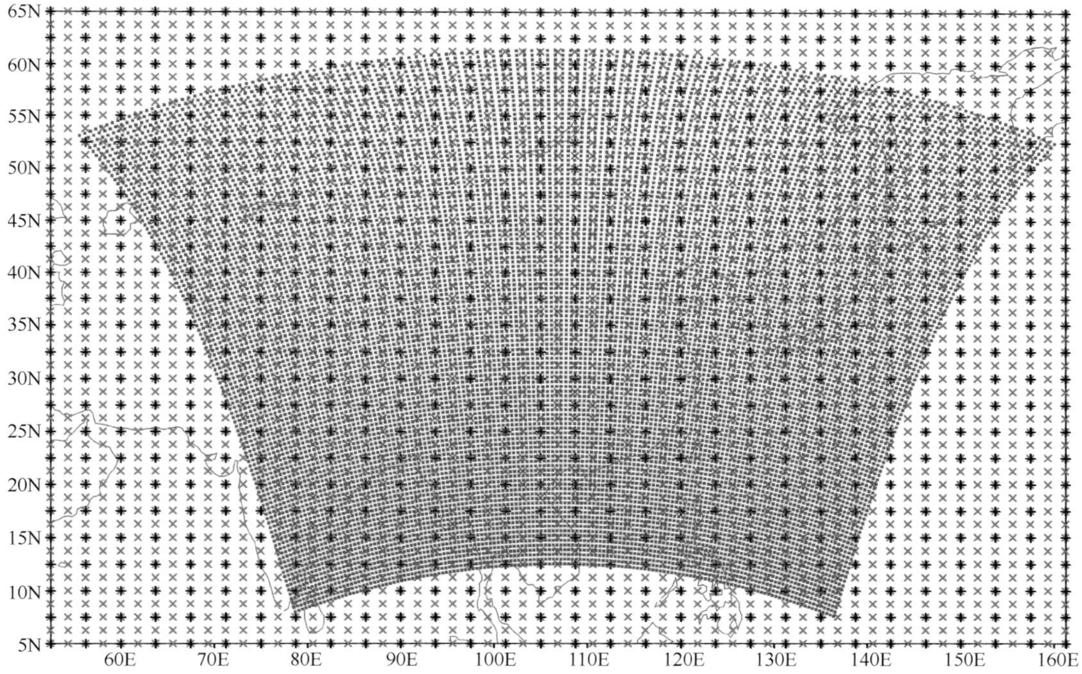

图 2.1 本书所取 PRECIS 的模拟区域 (许吟隆等，2006)
格点数为 145×112，+ 为 HadCM3 格点，× 为 HadAM3P 格点，• 为 PRECIS 格点

PRECIS 的大气部分应用静力平衡方程，其水平分辨率在旋转坐标下为纬度 0.44°× 经度 0.44°，在中纬度地区水平格点间距约为 50km，积分时间步长为 5min。垂直方向采用 σ 坐标，分为 19 层，最上层为 0.5hPa。水平方向计算应用 Arakawa B 网格，应用水平扩散项控制非线性不稳定。侧边界采用松弛边界条件，陆地边界层应用的是 MOSES(met office surface exchange scheme) 方案。PRECIS 对海洋下垫面的处理为：对气候基准时段的模拟

应用观测的 1° 网格的海表面温度 (SST) 和海冰数据，对未来的情景模拟则是将海气耦合模式 HadCM3 模拟的 SST 和海冰在相应情景下相应时段相对于气候基准时段模拟结果的变化值叠加到 SST 和海冰的观测值上。关于 PRECIS 物理过程的详细介绍可参阅文献 Jones 等 (2004)。对于一些主要的、常见的气候变量，PRECIS 的所有输出结果事件分辨率都可以达到日均值水平。

2.3 本书试验设计与分析方法

当前版本的 PRECIS 在中国区域设置进行模拟时的模拟试验目录如表 2.2 所示。

表 2.2 本书 PRECIS 模拟试验设计

侧边界驱动数据	模拟时间段	功用
ECMWF	1979~1993	脱线运算，分析 PRECIS 模式系统的 RCM 本身模拟当代气候的能力
GCM (A2、B2、A1B)	1961~1990	在线运算，分析 PRECIS 模式系统的 RCM 在嵌套 GCM 后对当代气候的模拟能力
GCM (A2、B2)	2071~2100	分析 A2、B2 情景下相对于 1961~1990 年基准时段气候的变化
GCM (A1B)	1991~2100	分析 A1B 情景下 1991~2100 年相对于基准时段气候的连续变化

我们首先通过“离线”模拟分析 PRECIS 模式系统本身对当代气候的模拟能力。所谓“离线”模拟，就是应用 ECMWF 再分析数据驱动运行 PRECIS 的 RCM 模式，将模拟结果与同期的观测数据进行直接比较，分析 PRECIS 模式系统的 RCM 对当代气候的模拟能力。这样的分析，认为 ECMWF 数据是“准观测”边界条件，没有 GCM 驱动 RCM 时的系统偏差，因此，这样分析出来的模拟偏差主要是 RCM 本身引起的，与 GCM 无关，这样分离出 RCM 本身的模拟能力。

然后验证 PRECIS 的“在线”模拟能力。所谓“在线”模拟，就是应用 GCM 在气候基准时段 1961~1990 年所产生的输出结果驱动 PRECIS 模式系统的 RCM，将模拟结果与同期的观测数据进行比较，分析 GCM 驱动 PRECIS 对当代气候的模拟能力。这样的分析，由于 PRECIS 的输出结果中包含 GCM 的模拟偏差，这样就分离出 GCM 驱动 PRECIS 的模拟能力，为后面的情景分析奠定基础。

未来某个时段的气候平均值与气候基准时段气候平均值的差，就是在某个温室气体排放情景下气候的变化。对于气候平均状态的变化，一般取未来某个时段的 30 年的平均值减去 1961~1990 年 30 年的平均值；对于极端气候事件的变化，则首先根据极端气候事件指标进行分析，然后减去气候基准时段同样方式计算出的结果。对于本书，我们选择的极端气候事件指标如表 2.3 所示。

在我们选取的温度极端事件指标中，高温日数、高温事件与高温相关，而霜冻日数、极端低温事件则与低温相关；与降水有关的指标选取了连续干日数、连续 5 日最大降水量、极端降水事件、湿日数和简单降水强度 5 个指标。这 9 个指标各有含义，具体意义如下。

温度方面：高温日数代表了高温发生的频次；高温事件表示高温发生的强度，与人体感受息息相关；霜冻日数代表了低温发生的频次；极端低温事件则凸显小概率事件的发生。

表 2.3　极端气候事件指标的定义

指标	定义	单位	代码	文献出处
高温日数	日最高气温达 35℃的日数（写作中提及高温热浪日数，定义取中国气象局规定：日最高气温达 35℃称为高温，连续 3d 以上的高温过程称为高温热浪）	d	HTD	王秀荣，2012
高温事件	参考 1995 年芝加哥热浪事件的分析结果：将连续 3d 的最低温度的平均值是一年中的最高值定义为高温事件（针对高温热浪的强度）	d	HTE	Karl 和 Knight，1997
霜冻日数	一年中日最低温度低于 0℃的日数	d	FD	Frich 等，2002
极端低温事件	将每年的逐日最低气温序列按降序排列，将第 95 个百分位值定义为极端低温日，把 1961~1990 年逐年日最低气温序列的第 95 个百分位值的 30 年平均值定义为极端低温事件的阈值。年日最低气温低于极端最低气温值的日数	d	ECE	翟盘茂和潘晓华，2003
连续干日数	日降水量＜ 1mm 的连续天数	d	CDD	Frich 等，2002
连续 5 日最大降水量	一年中连续 5d 降水量之和的最大值	mm	R5D	Frich 等，2002
极端降水事件	将每年的逐日降水序列按升序排列，将第 95 个百分位值定义为极端降水值，把 1961~1990 年逐年日降水量序列的第 95 个百分位值的 30 年平均值定义为极端降水事件的阈值。年日降水量超过极端降水阈值的日数	d	FEPE	Frich 等，2002
湿日数	日降水量≥ 1mm 的天数	d	WD	ETCCDMI，2003 ①
简单降水强度	一年中湿日（日降水量≥ 1mm) 的降水量与湿日数的比值	mm/d	SPI	Frich 等，2002

降水方面：连续干日数可以显示干旱的发生；连续 5 日最大降水量与洪涝息息相关；极端降水事件同样是表示降水的小概率事件的发生；湿日数表现了降水的频次；简单降水强度顾名思义表示降水的强度。

2.4　本章小结

从本章的分析可以看出，目前国内对于 RCM 降尺度分析缺乏涵盖有代表性的多种温室气体排放假设的情景数据，时间序列不完整，所做的分析缺乏系统性，对极端气候事件的分析还很难根据现有的分析做出比较确切的未来变化趋势的整体结论。在本书后续的“验证篇”，我们要通过“离线”与“在线”两种方式，对 PRECIS 对中国区域的气候模拟能力进行一个系统的验证，然后在“情景篇”对中国区域未来的气候平均状态的变化、极端气候事件变化的趋势和特征进行一个完整的分析。

参考文献

陈楠, 许吟隆, 陈晓光, 等. 2007. PRECIS模式对宁夏气候变化情景的模拟分析. 第四纪研究, 27(3): 332-338.
《第二次气候变化国家评估报告》编写委员会 . 2011. 第二次气候变化国家评估报告 . 北京 : 科学出版社 .

① http://etccdi.pacificclimate.org/list_27_indices.shtml

杜尧东, 杨红龙, 刘蔚琴. 2014. 未来RCPs情景下珠江流域降水特征的模拟分析. 热带气象学报, 03: 495-502.
范丽军, 符淙斌, 陈德亮. 2007. 统计降尺度法对华北地区未来区域气温变化情景的预估. 大气科学, 05: 887-897.
符淙斌, 魏和林, 陈明, 等. 1998. 区域气候模式对中国东部季风雨带演变的模拟. 大气科学, 22(4): 522-534.
高学杰, 石英, Giorgi F. 2010. 中国区域气候变化的一个高分辨率数值模拟. 中国科学: 地球科学, 40(7): 911-922.
高学杰, 赵宗慈, 丁一汇, 等. 2003a. 温室效应引起的中国区域气候变化的数值模拟. 第一部分: 模式对中国气候模拟能力的检验. 气象学报, 61(1): 20-28.
高学杰, 赵宗慈, 丁一汇, 等. 2003b. 温室效应引起的中国区域气候变化的数值模拟Ⅱ: 中国区域气候的可能变化, 气象学报, 61(1): 29-38.
纪潇潇, 刘昌波, 潘婕, 等. 2015. PRECIS模拟系统对中国地面气温变化的QUMP集成预估.气候与环境研究, 20(5): 500-510.
姜大膀, 王会军, 郎咸梅. 2004. 全球变暖背景下东亚气候变化的最新情景预测. 地球物理学报, 47(4): 590-596.
梁驹, 潘婕, 王长桂, 等. 2014. 基于PRECIS的西北太平洋热带气旋生成情景预估. 热带气象学报, (3): 542-550.
廖要明, 张强, 陈德亮. 2004. 中国天气发生器的降水模拟. 地理学报, 14(4): 417-426.
林而达, 张厚瑄, 王京华, 等. 1997. 全球气候变化对中国农业影响的模拟. 北京: 中国农业科学出版社.
刘昌波, 纪潇潇, 许吟隆, 等. 2015. SRES A1B情景下中国区域21世纪最高、最低气温及日较差变化的模拟分析. 气候与环境研究, 20(1): 89-96.
刘吉峰, 李世杰, 丁裕国. 2008. 基于气候模式统计降尺度技术的未来青海湖水位变化预估.水科学进展, 19(2): 184-191.
刘绿柳, 刘兆飞, 徐宗学. 2008. 21世纪黄河流域上中游地区气候变化趋势分析. 气候变化研究进展, 4(3): 167-172.
吕世华, 陈玉春. 1999. 区域气候模式对华北夏季降水的气候模拟. 高原气象, 18(4): 632-640.
罗群英, 林而达. 1999. 区域气候变化情景下气候变率对我国水稻产量影响的模拟研究. 生态学报, 19(4): 557-559.
马建勇, 潘婕, 许吟隆, 等. 2013. SRES A1B情景下东北地区未来干旱趋势预估. 干旱区研究, 30(2): 329-335.
马建勇, 许吟隆, 潘婕, 等. 2011. SRES A1B情景下内蒙古地区未来气温、降水变化初步分析. 中国农业气象, 32(4): 488-494.
《气候变化国家评估报告》编写委员会 . 2007. 气候变化国家评估报告 . 北京 : 科学出版社 .
秦大河. 2002. 气候变化的事实、影响及对策. 科学新闻, (11): 35-37.
石英, 高学杰, Giorgi F. 2010a. RegCM3对华北地区气候变化的高分辨率模拟. 应用气象学报, 21(5): 580-589.
石英, 高学杰, Giorgi F, 等. 2010b. 全球变暖背景下中国区域不同强度降水事件变化的高分辨率数值模拟.气候变化研究进展. 6(3): 164-169.
石英, 高学杰, 吴佳, 等. 2010c. 全球变暖对中国区域积雪变化影响的数值模拟. 冰川冻土, 32(2): 215-222.
宋瑞艳, 高学杰, 石英, 等. 2008. 未来我国南方低温雨雪冰冻灾害变化的数值模拟. 气候变化研究进展, 4(6): 352-256.
孙丹, 周天军, 刘景卫, 等. 2011. 变网格模式LMDZ对1998年夏季东亚季节内振荡的模拟. 大气科学, 05: 885-896.
王会军, 曾庆存, 张学洪. 1992. CO_2含量加倍引起的气候变化的数值模拟研究. 中国科学B辑, 35(6): 663-672.
王美丽, 高学杰, 石英, 等. 2015. RegCM4模式对云南及周边地区干旱化趋势的预估. 高原气象, 34(3): 706-713.
王世玉, 张耀存. 1990. 不同区域气候模式对中国东部区域气候模拟的比较. 高原气象, 18(1): 28-38.

王秀荣. 2012. 全国气象服务规范技术手册. 北京: 气象出版社.

吴佳, 高学杰, 石英, 等. 2011. 新疆21世纪气候变化的高分辨率模拟. 冰川冻土, 33(3): 479-487.

吴蔚, 余锦华. 2011. GFDL—RegCM对21世纪西北太平洋热带气旋活动的情景预估. 热带气象学报, 27(6): 843-852.

辛晓歌, 周天军, 李肇新. 2011. 一个变网格大气环流模式对中国东部春季的区域气候模拟. 气象学报, 04: 682-692.

徐集云, 石英, 高学杰, 等. 2013. RegCM3 对中国21 世纪极端气候事件变化的高分辨率模拟. 科学通报, 58: 724-733.

徐影, 丁一汇, 赵宗慈. 2002. 近30年人类活动对东亚地区气候变化影响的检测与评估. 应用气象学报, 13(5): 513-525.

许崇海, 沈新勇, 徐影. 2007. IPCCAR4模式对东亚地区气候模拟能力的分析. 气候变化研究进展, 3(5): 287-292.

许吟隆, 薛峰, 林一骅. 2003. 不同温室气体排放情景下中国21世纪地面气温和降水变化的模拟分析. 气候与环境研究, 8(2): 209-217.

许吟隆, 张勇, 林一骅, 等. 2006. 利用PRECIS分析SRES B2情景下中国区域的气候变化响应.科学通报, 51(17): 2068-2074.

杨红龙, 许吟隆, 张镭, 等. 2010. SRES A2情景下中国区域21世纪末平均和极端气候变化的模拟. 气候变化研究进展, 6(3): 157-163.

叶笃正, 曾庆存, 郭裕福. 1991. 当代气候研究. 北京: 气象出版社, 353.

翟盘茂, 潘晓华. 2003. 中国北方近50 年的温度和降水极端事件变化. 地理学报, 58(S1): 1-10.

张学洪, 曾庆存. 1988. 大洋环流数值模式的计算设计. 大气科学, (特刊): 149-165.

张颖娴, 许吟隆. 2009. SRES A2 B2情景下宁夏地区日较差、夏季日数及霜冻日数变化的初步分析. 中国农业气象, 30(4): 471-476.

张勇, 曹丽娟, 许吟隆, 等. 2008. 未来我国极端温度事件变化情景分析. 应用气象学报, 19(6): 655-660.

张勇, 许吟隆, 董文杰, 等. 2006. 中国未来极端降水事件的变化——基于气候变化预估结果的分析, 15(6): 228-234.

张勇, 许吟隆, 董文杰, 等. 2007. SRES B2 情景下中国区域最高、最低气温及日较差变化分布特征初步分析. 地球物理学报, 50(3): 714-723.

赵宗慈, 罗勇, 江滢. 2008. 未来20年中国气温变化预估. 气象与环境学报, 24(5): 1-5.

周天军, 邹立维, 吴波, 等. 2014. 中国地球气候系统模式研究进展: CMIP计划实施近20年回顾. 气象学报, 72(5): 892-907.

Batholy J, Pongracz R, Pieczka I, et al. 2009. Computational analysis of expected climate change in the Carpathian Basin using a dynamical climate model. Numerical Analysis and Its Applications, 5434: 176-183.

Bhaskaran B, Ramachandran A, Jones R, et al. 2012. Regional climate model applications on sub-regional scales over Indian monsoon region: The role of domain size on downscaling uncertainty. Journal of Geophysical Research, 117(D10), doi: 10.1029/2012JD017956.

Dickinson R E, Errico R M, Giorgi F, et al. 1989. A regional climate model for western United States. Climatic Change, 15: 383-422.

Fox-Rabinovitz M, Côté J, Dugas B, et al. 2006. Variable resolution general circulation models: Stretched-grid model intercomparison project(SGMIP). Journal of Geophysical Research, 111(D16).

Fox-Rabinovitz M, Côté J, Dugas B, et al. 2008. Stretched-grid Model Intercomparison Project: decadal regional climate simulations with enhanced variable and uniform-resolution GCMs. Meteorology and Atmospheric Physics, 100(1): 159-178.

Frich P, Alexander L V, Della-Marta P, et al. 2002. Observed coherent changes in climate extremes during the second half of the twentieth century. Climate Res, 19: 193-212.

Gao X J, Luo Y, Lin W T, et al. 2003. Simulation of effects of land use changes on climate in China by a regional climate model. Adv Atmos Sci, 20(4): 583-592.

Gao X, Zhao Z, Ding Y, et al. 2001. Climate change due to greenhouse effects in China as simulated by a regional climate model. Acta Meteorologica Sinica, 18(6): 1224-1230.

Giorgi F. 1990. Simulation of regional climate using a limited area model nested in a general circulation model. J Climate, 3: 941-963.

Giorgi F, Brodeur C S, Bates G T. 1994. Regional climate change scenarios over the United States produced with a nested regional climate model. J Climate, 7: 375-399.

Jiang D.2008. Projected potential vegetation change in China under SRES A2 and B2 scenarios. Adv Atmos Sci, 25: 126-138.

Jones R G, Noguer M, Hassell D C, et al. 2004. Generating high resolution climate change scenarios using PRECIS. UK: Met office Hadley Centre.

Karl T R, Knight R W. 1997. The 1995 Chicago Heat Wave: How Likely Is a Recurrence? Bulletin of the American Meteorological Society, 78(6): 1107-1119.

Li W L, Gong W, Chen L X, et al. 1997. Simulation of regional climate over China with Chinese Regional Climate Model. Acta Meteorologica Sinica, 11(3): 307-319.

Luo Y, Zhao Z C, Xu Y, et al. 2005. Projections of climate change over China for the 21st century. Acta Meteorologica Sinica, 19(4): 401-406.

Nakicenovic N, Alcamo J, Davis G, et al. 2000. Special report on emissions scenarios: A special report of working group III of the intergovernmental panel on climate change. New York: Cambridge University Press, 1-599.

Stocker T F, Qin D, Plattner G-K. 2013. Climate Change 2013: The Physical Science Basis. Contribution of Working Group I to the Fifth Assessment Report of the Intergovernmental Panel on Climate Change. Cambridge and New York: Cambridge University Press, 1535.

Tadross M, Jack C, Hewitson B. 2005. On RCM-based projections of change in southern African summer climate. Geophysical Research-Atmospheres, 115(D16), doi: 0.1029/2009JD012976.

Xu C. 1999. Form GCMs to river flow: A review of downscaling methods and hydrologic modeling approaches. Progress in Physical Geography, 23(2): 229-249.

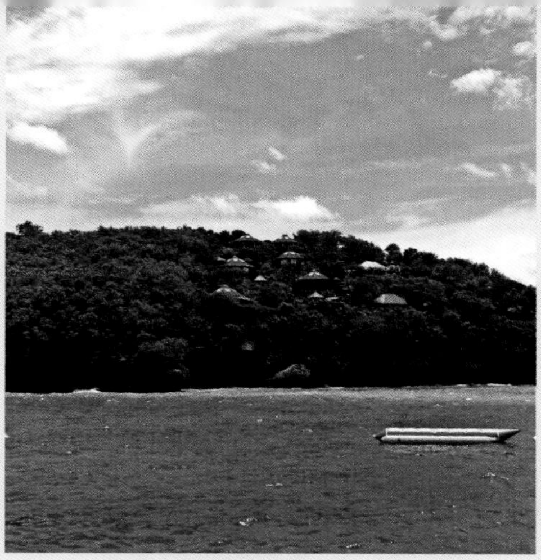

验 证 篇

利用区域气候模式系统发展区域水平的高分辨率的气候情景，首先需要对模式的气候模拟能力进行验证。模式系统模拟能力的验证包括RCM本身模拟能力的验证和嵌套GCM模拟能力的验证。

本篇在第3章“PRECIS模式系统气候模拟能力验证-Offline”中，介绍利用欧洲中期天气预报中心(ECMWF)发布的再分析数据ERA-15(1979~1993)作为近似观测场驱动PRECIS，通过主要气候要素（温度、降水等）的PRECIS模拟值与观测值(国家气候中心网格化数据集CN05)的平均状态及极端气候状态进行比较，分析PRECIS的RCM本身对气候的模拟能力；在第4章“PRECIS模式系统气候模拟能力验证-Online”中，基于Hadley气候中心的全球气候模式HadCM3在SRES A2/B2以及A1B情景下的大尺度气候背景场的模拟结果驱动PRECIS，分析气候基准时段(1961~1990)模拟的气候特征，评估PRECIS嵌套GCM对我国区域气候的模拟能力。

本篇两种方式的验证结果表明：PRECIS模式系统能够很好地模拟中国气候平均状态（气温、降水）的特征和时间序列的变化；PRECIS对气候基准时段(1961~1990)的30年中不同情景(A2/B2、A1B)下的温度和降水的模拟结果的时空分布和统计特征与观测资料分析的结果均很接近。整体上而言，PRECIS对温度的模拟能力要优于对降水的模拟能力，对极端低温事件及极端降水事件的模拟能力较强。总之，PRECIS具有较强的模拟中国区域当代气候的能力。

第3章 PRECIS模式系统气候模拟能力验证-Offline

本章利用ECMWF发布的再分析数据集ERA-15驱动PRECIS，验证PRECIS“离线”(offline)运算模拟当代气候的能力。具体而言，首先通过分析PRECIS模拟的1979~1993年温度和降水的空间分布特征及其距平的时间序列变化和统计结果，与实测资料(CN05)相应分析结果比较，验证PRECIS离线模拟中国当代气候平均状态的能力；进一步地，选择高温日数、高温事件、极端低温事件、霜冻日数、连续干日数、湿日数、连续5日最大降水量、极端降水事件频数、简单降水强度等极端气候事件指标，验证PRECIS离线模拟极端气候事件的能力。验证分析工作表明，PRECIS模式系统的RCM本身具有很强的模拟中国区域当代气候状态的能力。

3.1 引 言

在应用模式情景模拟结果前，需要对模式模拟能力进行验证。PRECIS模式系统模拟能力的验证包括RCM本身模拟能力的验证和PRECIS嵌套GCM的模拟能力的验证。在PRECIS引进中国发展高分辨率气候情景的十多年研究工作中，已经对PRECIS在中国区域气候的模拟能力进行过一些验证工作(许吟隆和Jones，2004；许吟隆等，2006；王芳栋等，2010；熊伟等，2008；2003；2005a；2005b)。本章将对PRECIS的RCM本身对中国区域气候的模拟能力进行验证，采用由ECMWF发布的再分析数据ERA-15(1979~1993)数据(Bosilovich et al.,2008)作为近似观测场驱动PRECIS，将其输出结果与实际观测值做比较分析。

欧洲中期天气预报中心(ECMWF)发布的再分析数据集ERA-15覆盖时间从1979年至1993年。本章工作是以ERA-15驱动PRECIS，利用其对1979~1993年15年的模拟结果，既将模拟的气候要素的日平均值与观测的日平均值进行直接的比较，同时分析诸要素的空间分布特征、时间变化特征及统计特征。由于此种PRECIS离线模拟的情况下，模拟结果的偏差主要来自PRECIS模式系统本身，因此，本章工作可以考察PRECIS的RCM本身对气候的模拟能力。

在本章的分析中，我们将针对1979~1993年的主要气候要素(温度、降水等)的PRECIS模拟值与观测值(国家气候中心网格化数据集CN05)的平均状态及选取的典型极端气候事件指标进行比较分析。这些主要气候要素和极端气候事件指标包括：平均气温(年、冬、夏)、最高气温(年、冬、夏)、最低气温(年、冬、夏)、降水(年、冬、夏)、高温日数、高温事件、极端低温事件、霜冻日数、连续干日数、湿日数、连续5日最大降水量、极端降水事件频数、简单降水强度等。极端气候指标的定义见本书“概述篇”中的表2.3。

3.2 对中国区域气温模拟能力的验证

3.2.1 对中国区域平均气温的模拟结果分析

1. 空间分布特征分析

图 3.1~3.3 绘出了中国区域 1979~1993 年的年平均、冬季平均和夏季平均的气温观测值和模拟值的空间分布图。可以看出，PRECIS 能够模拟出中国区域平均气温分布的基本特征。具体来看，东北地区模拟的等温线分布与观测值基本一致，就年平均气温而言，模式对东北地区北部与新疆地区中部的低温区及四川盆地与华南地区的高温区的模拟结果均呈现出与观测值比较一致的区域分布特征。但无论是温度的年均值，还是其冬、夏季节均值，PRECIS 模拟的长江中下游区域及华南南部地区的气温与观测值相比偏高；气温年均值模拟的大于 18℃ 等温线比观测值向北凸出 3~4 个纬度，另外冬季东北地区模拟的低温范围偏小。总体而言，PRECIS 对中国大部分区域的模拟结果都与观测值吻合较好，并能体现出与观测值较为一致的细节特征，模式对中国北方地区温度分布特征的模拟效果优于南方地区。

2. 平均气温距平分析

中国区域 1979~1993 年 15 年的月平均气温距平见图 3.4。从图中可以看出，除 1 月和 12 月观测值与模式模拟值的距平符号相反外，其余各月份模式模拟值距平与观测值距平较为一致，5 月、9 月和 10 月两者的偏差最小；模式模拟值距平在 5~9 月较观测值距平偏小，其余月份较观测值距平略大。

图 3.5 反映的是中国区域 1979~1993 年的年平均气温距平的年际变化。从图中可以看出，模拟的年均气温距平年际变化与观测的变化趋势较为一致，尽管在量值上模拟值距平与观测值距平稍有差别。值得一提的是，模式模拟出了中国区域年平均气温距平在 1987 年出现转折的特征，即 1987 年之前气温距平大部分年份为负值，而 1987 年之后年平均气温距平为正值，表示 1987 年后年平均气温基本上呈增加趋势。

图 3.6 绘出了中国区域 1979~1993 年月平均气温距平的逐月时间序列变化。可以看出，与观测值距平相比，模式模拟值距平的总体变化趋势与之基本一致。在量值上，模拟的高值较观测的稍低，模拟的低值较观测的略高。

综合以上分析结果可知，PRECIS 模拟出了中国区域平均气温距平的季节变化和年际变化以及 15 年月平均气温距平逐月时间序列变化的主要特征，模拟结果与观测相差较小，说明 PRECIS 具有较强的模拟中国区域气温时变特征的能力。

3. 统计特征分析

图 3.7 给出 1979~1993 年全国范围内 740 个台站日平均气温的年平均观测值与模式模

拟结果的统计分布曲线。总体上来看，与观测值的统计结果相比，模式模拟结果的变化范围和变化趋势与之非常相似，日平均气温的模拟值与观测值相近，二者只是在高温 30~38℃区间两者略有差别。PRECIS 对气温的模拟结果很好地再现了已经发生的极端高温事件统计分布特征,这表明PRECIS对中国区域气温的多年气候统计分布状态特征有很强的模拟能力。

3.2.2　对中国区域最高气温的模拟分析

PRECIS 对中国区域 1979~1993 年的年、冬季和夏季平均最高气温空间分布的模拟结果与观测值的对比如图 3.8、图 3.9 及图 3.10 所示。由图可以看出，PRECIS 能够较好地模拟中国区域 15 年年平均、冬季平均和夏季平均最高气温的空间分布特征，模拟值与观测值吻合较好，并能体现出与观测值较为一致的细节特征。

依实测资料分析的多年气候平均状态显示，中国最高气温主要分布在长江流域以及华南地区。由模拟结果可以看出，PRECIS 模型可以模拟出中国最高气温由南向北的递减趋势，模拟值与观测值大体一致，但是在江淮流域和黄河流域下游，模式模拟值较观测值高。另外，对于新疆南北疆盆地地区出现的高温区，模式模拟出的范围也较大。这可能与盆地荒漠区测站稀少，而模拟的格点相对较密有关。

中国东北北部地区冬季大多在 0℃以下，PRECIS 能够模拟出这一地区多年平均冬季最高气温的分布。PRECIS 对冬季长江中下游最高气温的模拟值较观测值大。模式对青藏高原的模拟值同观测值较为接近。而在新疆南北疆盆地，模式模拟值较观测值高，同时在东南沿海至华南地区模式模拟出的高温区较观测高温区范围大。

在中国东北北部地区，PRECIS 模拟多年平均夏季最高气温较观测值小。PRECIS 对夏季 20℃以上最高气温的分布模拟较好,对中国南北、东西的温度梯度分布特征模拟得非常好。

3.2.3　对中国区域最低气温的模拟分析

PRECIS 对中国区域 1979~1993 时段的年平均、冬季和夏季平均最低气温分布的模拟结果与观测值的对比如图 3.11、图 3.12 及图 3.13 所示。由图可以看出，PRECIS 能够较好地模拟出中国区域 15 年的年平均、冬季平均和夏季平均最低气温的空间分布特征，且与观测值吻合较好，并能体现出与观测值较为一致的细节特征，模拟值在量级上同观测值较为吻合。PRECIS 对中国最低气温的空间分布特征模拟得很合理。

由中国主要的年均最低气温的模拟结果可以看出，在 15 年气候平均状态下，全国范围模式模拟结果与观测值比较一致，但是黄河下游的模拟值较观测值高，青藏高原西部及西南地区模拟值较观测值小。

PRECIS 能够模拟出中国北方大部分地区 15 年冬季平均最低气温的分布。在中国东北北部地区，PRECIS 模拟值较观测值大。PRECIS 对冬季江淮流域以及华南地区最低气温模拟与观测值较为吻合，但是模式对冬季青藏高原西部及西南地区最低气温的模拟值较观测值小。

PRECIS 对中国北方地区夏季最低温度的模拟与观测值非常相近，但对夏季青藏高原西北部的模拟结果较观测值小。

3.2.4 PRECIS 对气温模拟能力的总体评价

总体而言，PRECIS 对中国区域气温的模拟能力较强。无论是平均温度，还是最高温度、最低温度，无论是年平均温度，还是冬季或夏季的平均温度，模式的模拟值与观测值在空间温度梯度分布方面比较一致。在模拟中国区域温度距平的时间变化方面（季节变化、年际变化、15 年逐月时间序列变化），基本较准确地刻画出了中国区域温度随时间的变化的主要特征。温度的统计分布特征分析表明 PRECIS 对高温模拟的结果与实测温度场一致性更好。

3.3 对中国区域降水模拟能力的验证

1. 空间分布特征分析

图 3.14、图 3.15 及图 3.16 分别给出了 PRECIS 模拟的中国区域 1979~1993 年的年平均日降水量、冬季平均日降水量和夏季平均日降水量。与观测值的时空分布相比，总体上看来，PRECIS 对中国的降水模拟在宏观时空分布方面大体上是合理的。与实测相比，模式模拟的中国西南到西北、秦岭—太行山一带的地形降水较明显。这些山区地形复杂，许多地方人迹罕至，缺少实测数据，靠周围稀少测站插值得出的降水空间分布不尽合理，也就是说，模式的模拟值有一定的参考价值。另外，模式模拟的长江流域夏季降水中心偏西，范围偏小，模拟的东南沿海地区和华南地区降水比实测小，可能的原因有二：一是青藏高原以东为大地形坡，模式对地形敏感；二是我们模拟区域取的偏小，使得影响中国的降水系统，如副热带高压、热带对流天气系统等的活动和水汽输送作用的影响在模式模拟时未能充分反映出来。

2. 降水距平分析

图 3.17、图 3.18 和图 3.19 分别为 1979~1993 年观测的与 PRECIS 模拟的月平均降水量（日均值，mm/d，后面同此）距平值逐月时间序列、年平均降水量距平值年际变化和月平均降水量距平值月际变化图。由图可以看出，PRECIS 模拟的平均降水量距平随时间变化趋势与观测值距平变化一致，模拟结果在量值上略大。从这个方面来讲，PRECIS 对中国降水的模拟能力总体上是不错的。从图 3.18 可以看出，模式模拟的降水量的距平与观测值的距平在量值上有不同程度的偏差，共有 8 个年份模拟和观测的距平同号，7 个年份模拟和观测的距平异号。然而从总体上看，模拟的降水日均值距平与观测降水日均值距平相差很小。

3. 统计特征分析

图 3.20 给出了中国区域 1979~1993 年 740 个台站年平均降水的观测值（日均值，单位：mm/d，下同）与 PRECIS 模拟值的统计分布。从图中可以看出，二者总体上的分布型态非常接近，PRECIS 模拟的降水频率与观测结果总体趋势基本一致。模式模拟的日总降水量的分布在低值频段略高，而在 50~230mm/d 的频段模拟结果较观测值低；在大于 230mm/d 的

超强度降水频段模拟结果仍然很好。有鉴于此，PRECIS 不仅较好地模拟出了中国降水频率变化的主要特征，而且对极端降水事件具有较强的模拟能力。

4. 小结

在中国区域的降水模拟方面，PRECIS 模拟结果基本能把中国降水的时空分布和变化的一些主要特征刻画出来。具体说来，冬季的降水分布模拟的结果与实测相近，位于长江中下游流域的降水中心模拟了出来；年平均和夏季降水模拟的结果与实测差别较明显，主要是西部山区地形降水较强，而位于江淮流域的降水中心没有模拟出来。PRECIS 对中国区域降水的统计分布特征的模拟能力也很突出，尤其是对小概率事件的大降水统计分布特征的模拟结果与实测场的统计形态特征相当近似。总体上看来，PRECIS 对中国区域的降水模拟不如温度的模拟效果好。

3.4　对极端气候事件模拟能力的验证

3.4.1　与气温相关的极端事件模拟验证

1. 高温日数

图 3.21 是 PRECIS 模拟的中国区域 1979~1993 年的高温日数统计结果与观测高温日数的空间分布图 (其中 (a) 为观测值统计结果，(b) 为模拟值统计结果)。经对比分析可以得出：PRECIS 基本上模拟出了中国区域高温日数的主要空间分布特征，大部分地区高温日数的模拟值与观测数据统计结果差别不大。但是，较之于观测值，中国大陆中东部、新疆南北疆盆地和广西等地区模拟的高温日数值偏大，高值区的范围也偏大，观测值在青藏高原南部的高值区没有模拟出来，环渤海地区的模拟结果也与观测数据统计结果差别很大。实际上，我国西北荒漠地区及西南高原地区实际观测匮乏，而模式输出的空间网格具有比较高的空间分辨率，这也是模拟值比观测值高的原因。

2. 高温事件

图 3.22 为中国区域 1979~1993 年的高温事件的观测值统计分析结果 (图 3.22(a)) 与 PRECIS 模拟结果 (图 3.22(b))。从图中对比分析可以看出：PRECIS 基本上模拟出了中国区域高温事件的大尺度空间分布特征。中国大陆东部 (除西南地区外)、新疆南北疆盆地、内蒙古西部和川东地区高温事件模拟值较大，高值区的范围也偏大，而青藏高原、内蒙古和黑龙江北部地区的模拟值比观测值小。观测值在青藏高原南部为高值区，但此处的模拟值偏低。究其原因，在大陆的高原地区、西北荒漠地区测站稀疏，所以观测值内插得到的高温范围在这些地区偏小，而模式模拟值在这些地点的网格均匀分布，分辨率相对较高，所以模拟的高温空间范围较大，有些地区的模拟值较高，可能是合理的。

3. 霜冻日数

图 3.23 为 PRECIS 对中国区域 1979~1993 年的模拟结果统计得到的霜冻日数与观测值分析结果。通过对比可以得知：PRECIS 较好地模拟出了中国区域霜冻日数的空间分布特征，即中国大陆东南地区(华北东南部、华东、华南和西南)、新疆南北疆盆地和青藏高原南部地区霜冻日数较少，青藏高原和东北地区霜冻日数较多。模式对霜冻日数较少的南方地区的模拟结果都与观测值分析结果很相似，分布区域范围较一致，但对青藏高原部分区域和东北地区霜冻日数的模拟值偏低。

4. 小结

总体来说，PRECIS 对与温度有关的极端事件的模拟结果基本上反映了观测资料分析统计的中国区域极端事件的大尺度分布特征。上文对模式模拟的各极端事件指数与相应的观测值统计结果的比较分析结果说明了 PRECIS 对中国区域与温度有关的极端气候事件的模拟能力是毋庸置疑的。PRECIS 在与温度有关的极端事件指数的模拟结果中，在部分地区，如青藏高原西南部和南部的模拟结果与实测数据分析结果相比偏弱。这些地方实际观测站点较为稀少，观测值比较难以验证模拟结果。

3.4.2 与降水相关的极端事件模拟验证

1. 连续干日数

图 3.24 给出了 PRECIS 对中国区域 1979~1993 年的连续干日数模拟结果与观测值分析结果。从图中可以看出：PRECIS 的模拟值在内蒙古大部分地区、西北地区和青藏高原等地连续干日数较多，其中新疆南北疆盆地、柴达木盆地及内蒙古西部最多，而中国东部大部分地区连续干日数较少。模拟结果与观测结果相吻合，这说明 PRECIS 基本上能模拟出中国区域连续干日数的主要空间分布特征。但与观测分析结果比较，模式对内蒙古大部分地区和青藏高原的模拟值偏低，对新疆南北疆盆地的连续干日数模拟值偏高，高值范围也偏大。模式在高原和荒漠地区的模拟值偏高和高值区范围偏大可能与高原和荒漠地区测站少有关，模式模拟结果的可信度可能更接近实际。

2. 湿日数

从图 3.25 给出的 PRECIS 对中国区域 1979~1993 年的湿日数模拟结果与观测值的对比可以看出：PRECIS 基本上模拟出了中国区域湿日数的大尺度空间分布特征，与连续干日数分布图相反，中国地区的内蒙古大部分地区、西北地区和新疆盆地湿日数较少，中国南方地区湿日数较高。但模式对南方湿日数模拟值的高值中心位置不准确，与观测值相比，高值中心位置偏西，主要集中在西南地区和青藏高原东南，而长江中下游地区、华南地区等地模拟的湿日数比观测偏少。这与模式对中国大的降水中心的模拟系统偏差有关。

3. 连续 5 日最大降水量

图 3.26 为 PRECIS 对中国区域 1979~1993 年的连续 5 日最大降水量模拟值与观测值分析结果。经对比分析可以看出：PRECIS 基本上模拟出了中国区域连续 5 日最大降水量的空间分布特征。模拟值与观测值分析结果一致的是：中国大陆东北大部、内蒙古、西北地区、新疆南北疆盆地和青藏高原连续 5 日最大降水量较少，中国东南沿海地区和青藏高原南部连续 5 日最大降水量较多。模式对环渤海地区和青藏高原南部的连续 5 日最大降水量模拟结果很好。然而，与观测值比较，中国南方连续 5 日最大降水量模拟值的高值中心位置与观测结果有明显偏差。这可能与模式模拟区域有限，以及模式对降水的模拟能力尚有不足有关。

4. 简单降水强度

图 3.27 分析的是 PRECIS 对中国区域 1979~1993 年的简单降水强度模拟结果与观测值的分析结果。对比分析图中模拟值与观测值可知：与观测值分析结果相比，PRECIS 模拟出了中国区域简单降水强度的大尺度分布主要特征，即中国大陆东北大部、内蒙古、西北地区、西南地区、新疆南北疆盆地和青藏高原简单降水强度较弱，其中西部荒漠地区简单降水强度量值最低；中国南方地区和青藏高原南麓简单降水强度较强。但模式对中国南方简单降水强度模拟值的高值中心位置与观测值相比偏差明显。而模式对华北地区和青藏高原南部的简单降水强度模拟结果较好。究其原因，主要与气候模式对降水的模拟能力尚且不足有关。

5. 小结

总体来说，PRECIS 对与降水有关的极端事件的模拟结果基本上反映了实际观测资料分析统计的中国区域极端降水事件的大尺度分布特征。值得注意的是，与温度有关的极端事件的模拟结果相比，PRECIS 对部分地区，如青藏高原西南等地和青藏高原南部的模拟结果与实际观测结果相比更为合理。

但是很明显，PRECIS 对与温度相关的极端事件指数的模拟结果要好于对与降水有关的极端事件指数的模拟结果。这与模式对中国气温的模拟要好于对中国平均降水的模拟有关。模式对我国降水的模拟能力尚有不足。

3.5 本章小结

通过以上验证分析，可以充分了解到 PRECIS 对中国区域气候具有很强的模拟能力。PRECIS 模式对中国历史气温的模拟要好于对降水的模拟。而且，整体上而言，PRECIS 不仅对中国区域 1979~1993 年的气候平均状态的模拟与实际观测较为接近，而且对中国极端气候事件统计状态的模拟再现也很出色。

总结前面的分析结果，PRECIS 对中国气候特征的模拟能力表现在以下几个方面：

1) 对年平均温度、冬季和夏季平均温度模拟结果的时空分布与观测结果较接近。

2) 中国气温模拟值的频率统计分布与全国 740 个台站实际观测气温频率统计分布非常相似，降水模拟值的频率统计图与观测降水频率统计分布图非常接近，PRECIS 尤其具有模拟极端降水天气的能力。

3) 对中国极端天气事件的模拟能力与观测数据统计结果相比，与温度相关的高温日数、高温指数及霜冻日数，其空间分布的主要特征二者非常一致，而与降水有关的极端指数，即连续干日数、湿日数、连续 5 日最大降水量及简单降水强度等，模拟结果与实际观测值统计结果在北方地区大体相符，在中国东南地区有明显偏差。这与模式对降水模拟偏差有关。

4) 模式对夏季高温区域的温度模拟较好，对夏季和年平均降水的空间分布模拟结果与实际观测结果有一定的偏差，对冬季降水的模拟能力要好过对夏季降水和年平均降水的模拟能力。这其中的原因之一，可能与冬夏影响中国降水的天气系统不一样有关，冬季以受副热带天气系统和冷空气活动影响为主，夏季以受热带和夏季风系统影响为主，而模式有限的模拟区域在东部和南部边界包含的区域范围不足以包含副热带和热带天气系统的影响，所以模拟的长江流域的降水中心偏西；其中的原因之二，可能与模式对高大地形较敏感有关，因而在中国西南到西北地区山区降水偏多，模式对降水的模拟能力尚有不足。

参 考 文 献

王芳栋, 许吟隆, 李涛. 2010. 区域气候模式PRECIS对中国气候的长期数值模拟试验. 中国农业气象, 31(3): 327-332.

熊伟, 许吟隆, 林而达, 等. 2003. 气候变化对中国水稻生产的模拟研究. 中国农业气象, 4: 1-7.

熊伟, 许吟隆, 林而达, 等. 2005a. 两种温室气体排放方案下中国水稻产量变化模拟. 应用生态学报, 16(1): 65-69.

熊伟, 许吟隆, 林而达, 等. 2005b. IPCC SRES A2和B2情景下中国玉米产量变化模拟. 中国农业气象, 26(1): 11-15.

熊伟, 杨婕, 林而达, 等. 2008. 未来不同气候变化情景下中国玉米产量的初步预测. 地球科学进展, 23(10): 1092-1102.

许吟隆, Jones R. 2004. 利用ECMWF再分析数据验证PRECIS对中国区域气候的模拟能力. 中国农业气象, 25(1): 5-9.

许吟隆, 张勇, 林一骅, 等. 2006. 利用PRECIS分析SRES B2情景下中国区域的气候变化响应. 科学通报, 51(17): 2068-2074.

Bosilovich M G, Chen J Y, Robertson F R, et al. 2008. Evaluation of global precipitation in reanalyses. Journal of Applied Meteorology and Climatology, 47: 2279-2299.

图 目 录

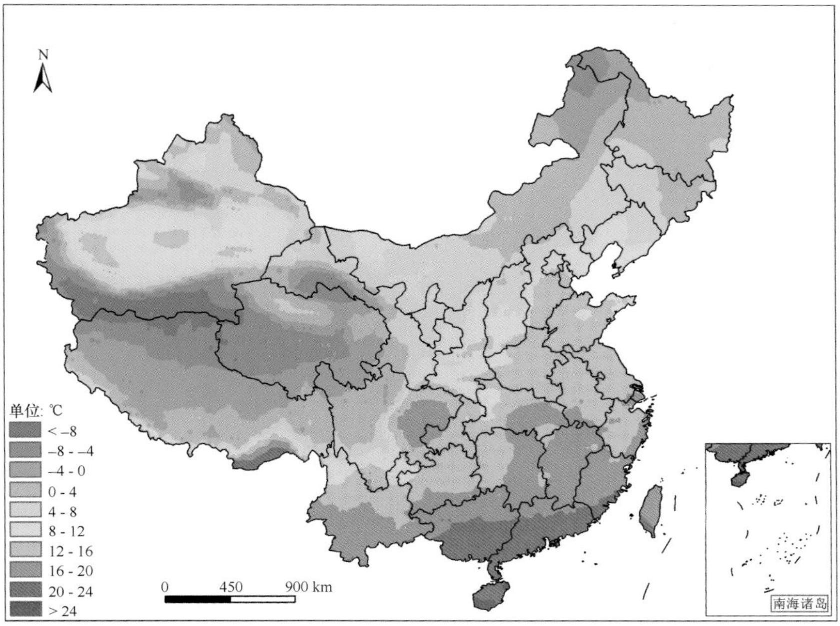

图 3.1(a)　基于观测数据 CN05 的 1979~1993 年气温年均值的空间分布

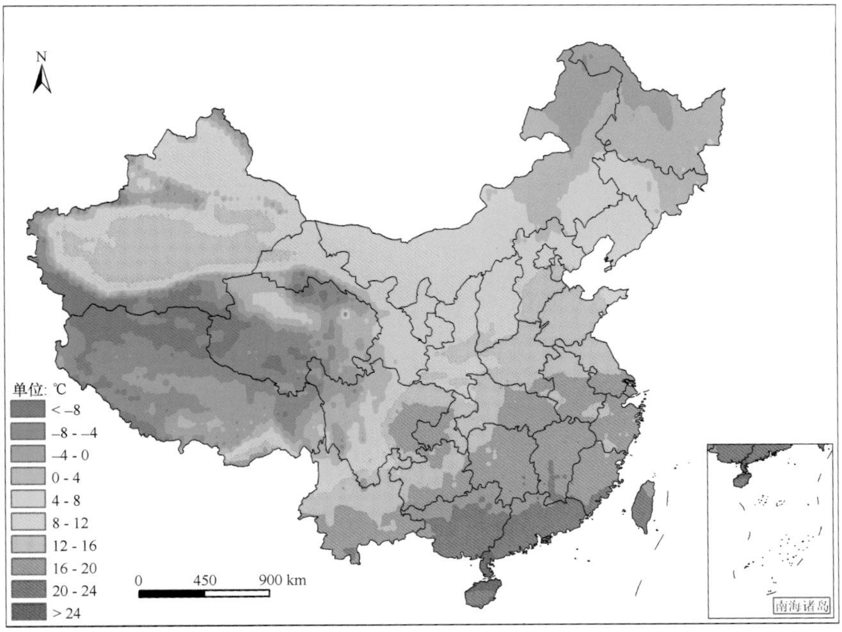

图 3.1(b)　基于欧洲中期天气预报中心 (ECMWF)1979~1993 年再分析数据 (ERA-15) 驱动 PRECIS 模拟的气温年均值的空间分布

从图 3.1 给出的 PRECIS 对中国区域 1979~1993 年的年平均气温的模拟结果与观测值的对比可以看出：PRECIS 很好地模拟出了中国区域年平均气温自南向北递减的温度梯度大尺度分布特征，纬度越低气温越高，高纬度的东北地区、高海拔的青藏高原地区气温年平均值较低。但模式对中国南方年平均气温的模拟值比观测值偏高，尤其是长江中下游地区。新疆盆地年平均气温的模拟值高温范围要比观测值大，青藏高原、华北和东北地区的年平均气温模拟值与观测值非常接近。

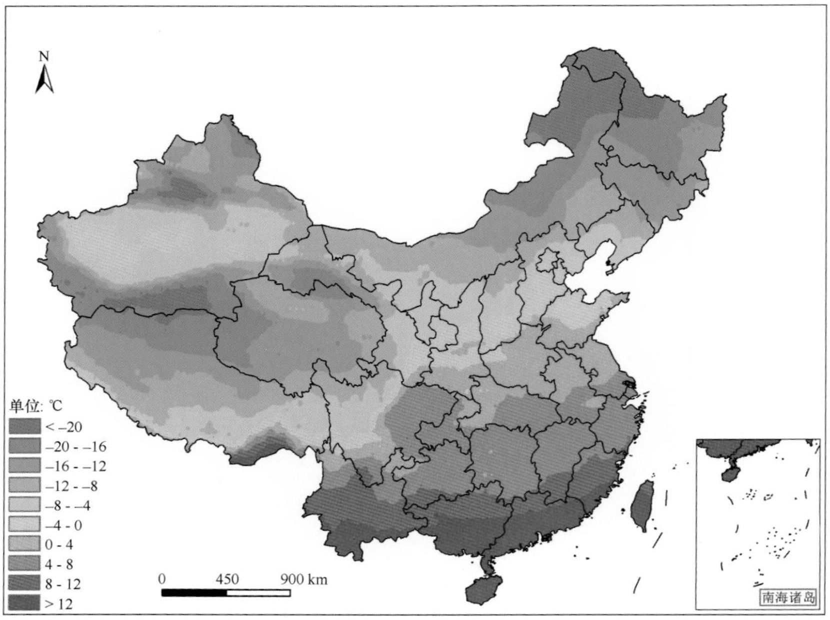

图 3.2(a) 基于观测数据 CN05 的 1979~1993 年冬季气温平均值的空间分布

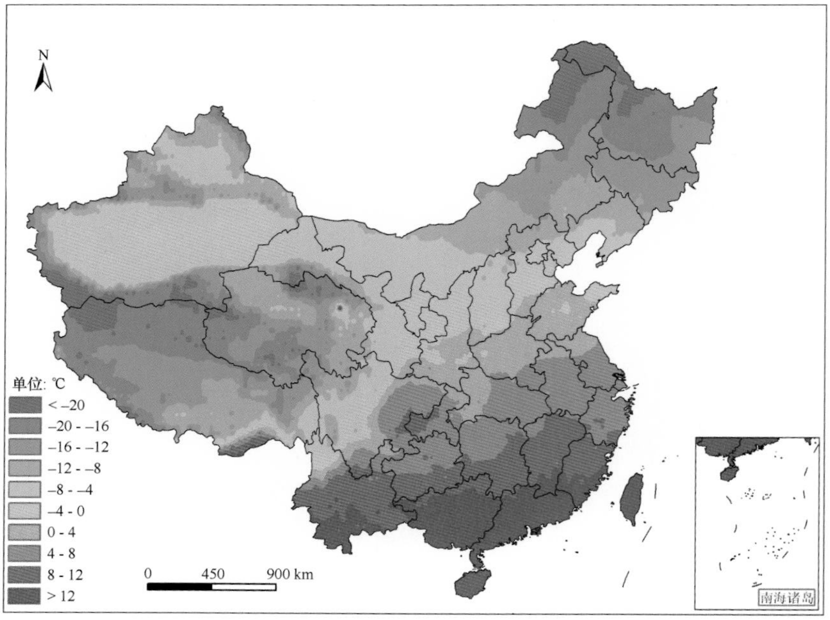

图 3.2(b) 基于欧洲中期天气预报中心 (ECMWF)1979~1993 年再分析数据 (ERA-15) 驱动 PRECIS 模拟的冬季气温平均值的空间分布

对比图 3.2 给出的 PRECIS 对中国区域 1979~1993 年的冬季气温平均值模拟结果与观测值，可以看出：PRECIS 很好地模拟出了中国区域冬季气温平均值自南向北递减的温度梯度大尺度分布特征，即纬度越低气温越高，高海拔青藏高原地区气温较低。但模式对中国南方冬季平均气温的模拟值要比观测值偏低，青藏高原的模拟值稍高于观测值，新疆塔里木盆地、准噶尔盆地的模拟值高温范围要比观测值稍高，而华北和东北地区的冬季平均气温的模拟值与观测值很接近，青藏高原南部冬季平均气温的模拟值明显偏低。

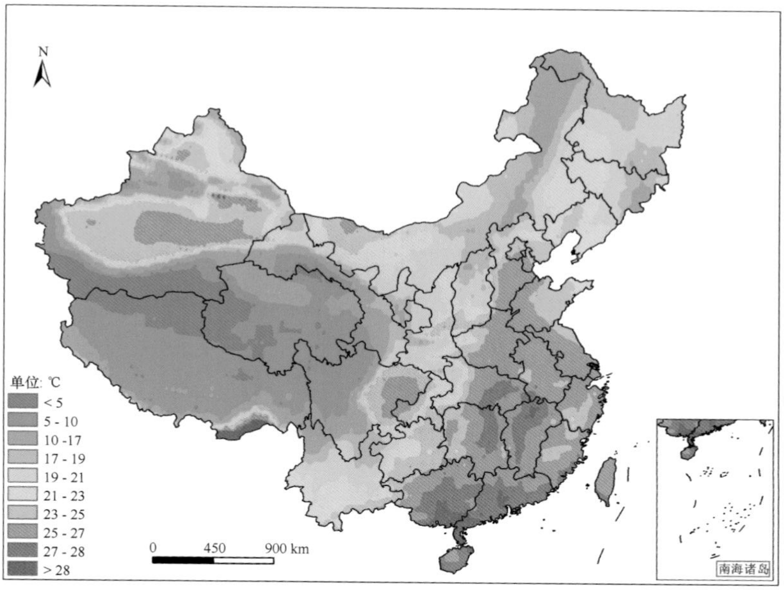

图 3.3(a)　基于观测数据 CN05 的 1979~1993 年夏季气温平均值的空间分布

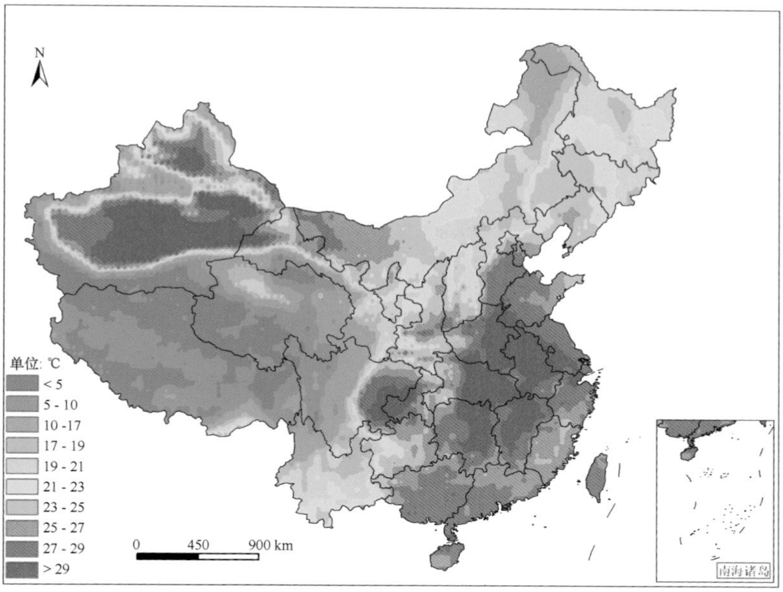

图 3.3(b)　欧洲中期天气预报中心 (ECMWF) 再分析数据 (ERA-15) 驱动 PRECIS 模拟的夏季气温平均值的空间分布

图 3.3 是 PRECIS 对中国区域 1979~1993 年的夏季气温年平均值模拟结果与观测值的对比，可以看出：PRECIS 很好地模拟出了中国区域夏季气温平均值自南向北递减的大尺度分布特征，中国大陆中东部地区、四川盆地和新疆南北疆盆地气温较高，青藏高原、东北地区气温较低，但模式对中国中东部和新疆南北疆盆地夏季平均气温的模拟值要比观测值高，高温范围偏大，对东北、西南、东南沿海到华南地区夏季平均气温的模拟值与观测值较为接近。模拟的青藏高原夏季平均气温空间变化层次较观测的精细，尤其是柴达木盆地的夏季平均气温的模拟值比观测插值 (高原地区观测站点较少，分布不匀) 合理，青藏高原南部夏季平均气温的模拟值较观测值明显偏低。

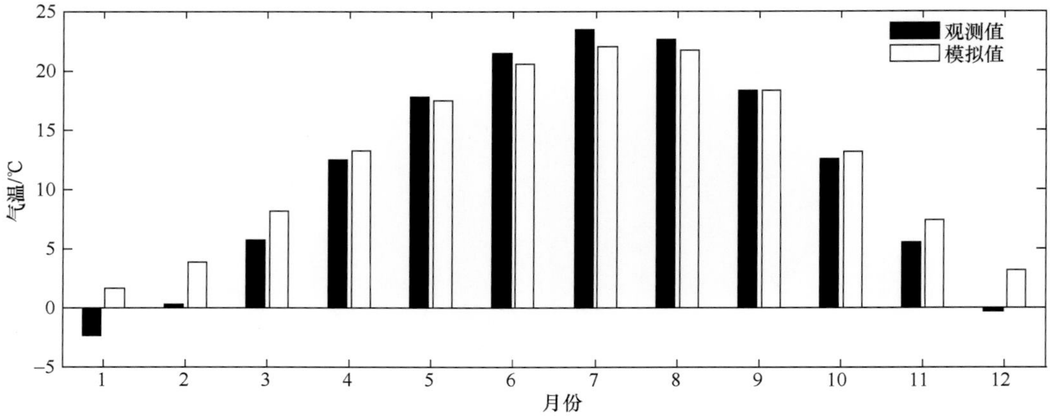

图 3.4 中国区域 1979~1993 年 PRECIS 模拟与观测的月平均气温对比

从图 3.4 中可以看出，除冬季观测值与模式模拟稍有差别外，其余各月份模式模拟值与观测值较为一致，5 月、9 月和 10 月两者的偏差最小。模式模拟值在 5~9 月较观测值小，其余月份较观测值略大。总之，与大多数气候模式类似，模式模拟的季节变率偏小，冬季偏暖，夏季偏冷。

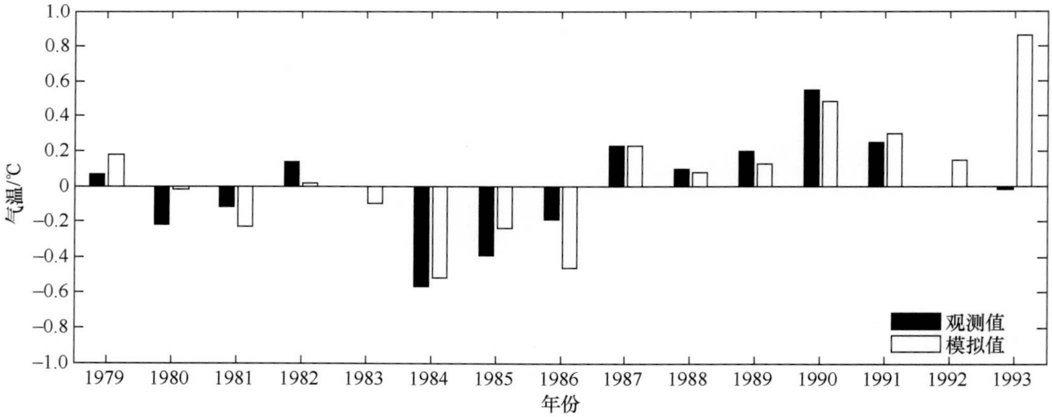

图 3.5 中国区域 1979~1993 年 PRECIS 模拟与观测的平均气温距平年际变化对比

图 3.5 反映的是中国区域 1979~1993 年的年平均气温的年际变化，从图中可以看出，年平均气温模拟的结果虽然在量值上与观测结果稍有差别，但其年际变化趋势与观测的变化趋势较一致，尤其是模拟出了中国区域年平均气温距平在 1987 年出现转折特征，1987 年之后年平均气温总体上呈增加趋势。

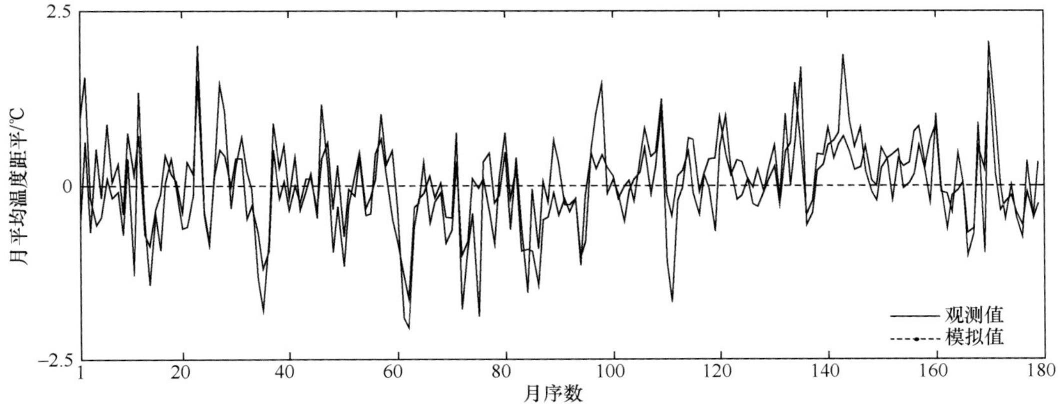

图 3.6　中国区域 1979~1993 年 PRECIS 模拟与观测的月平均气温距平时间序列变化图

图 3.6 为中国区域 1979~1993 年月平均气温距平逐月时间序列变化图，从中可以看出，模式模拟的月平均气温高值较观测值低，而模拟的月平均气温低值较观测值高，但两者的总体趋势基本一致。

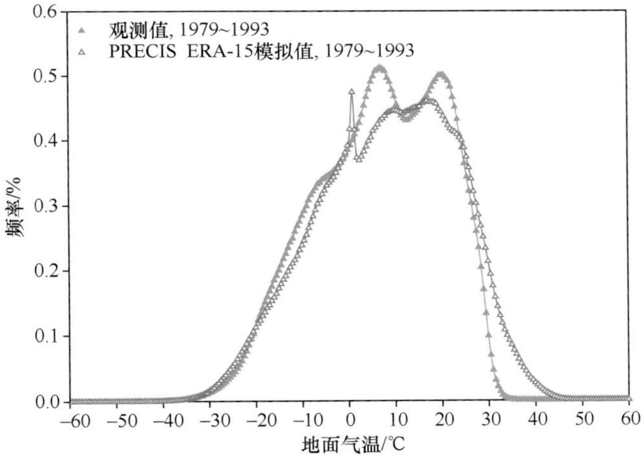

图 3.7　中国区域 1979~1993 年 740 个台站日平均气温观测值与 PRECIS 模拟值的统计分布

图 3.7 为 1979~1993 年全国范围内 740 个台站日平均气温的观测值与模式模拟结果的统计分布曲线，用以验证 PRECIS 的模拟能力。从图中可以看出，日平均气温统计分布的模拟结果与观测值统计分布相当吻合。就模式结果在总体上的变化范围和变化趋势而言，与观测值的统计结果相比，其具有很好的相似性，只是在高温 30~38℃区间两者略有差别。

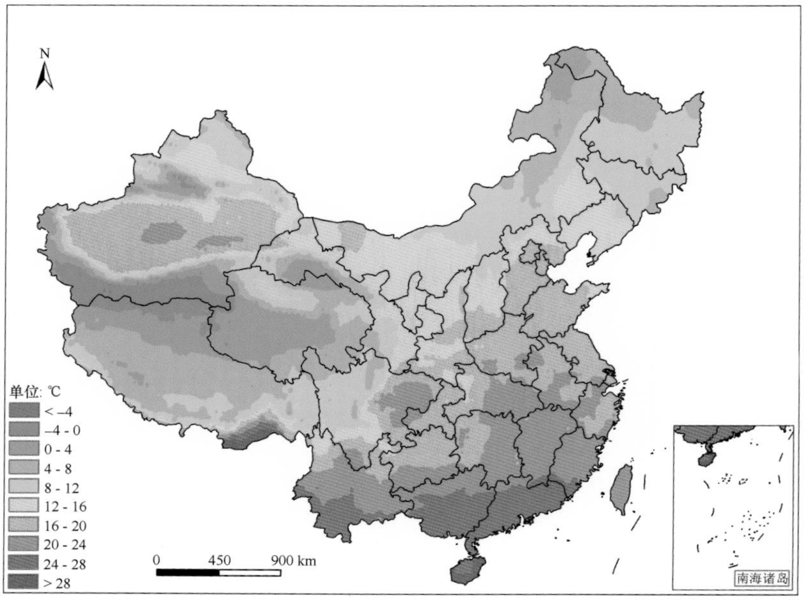

图 3.8(a) 基于观测数据 CN05 的 1979~1993 年最高气温年均值的空间分布

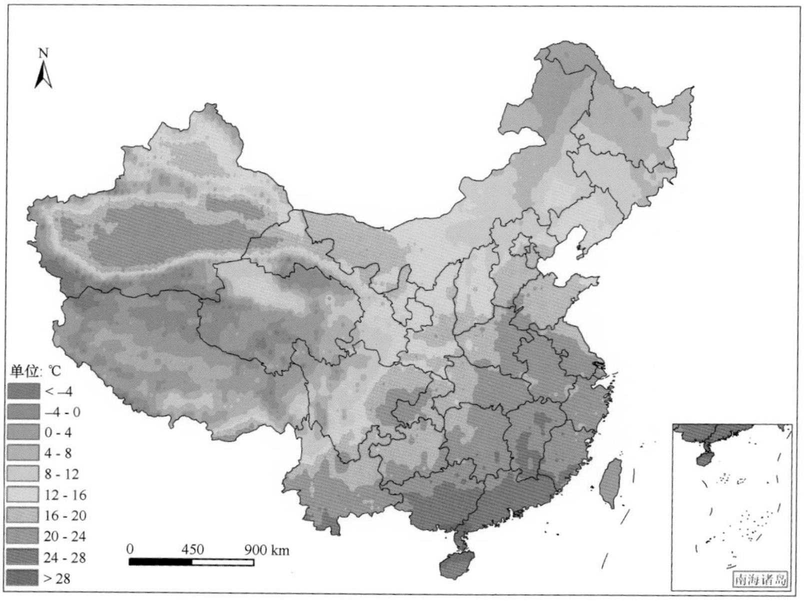

图 3.8(b) 基于欧洲中期天气预报中心 (ECMWF) 再分析数据 (ERA-15) 驱动 PRECIS 模拟的最高气温年平均值的空间分布

通过对比图 3.8(a)、(b) 给出的 PRECIS 对中国区域 1979~1993 年的最高气温年平均值的模拟结果与观测值可以看出：PRECIS 很好地模拟出了中国区域最高气温年平均值自南向北递减的温度梯度大尺度分布特征，即中国大陆南部地区、新疆盆地和青藏高原南麓部分地区最高气温值较大，青藏高原、东北地区最高气温值较小。但模式对中国南部、新疆盆地和青藏高原南麓地区年平均最高气温的模拟值要比观测值低，对华北和东北地区年平均最高气温的模拟值与观测值很接近。模式在 20℃以上的区域分布与观测值吻合较好，只在新疆盆地的平均气温的高值范围明显扩大。

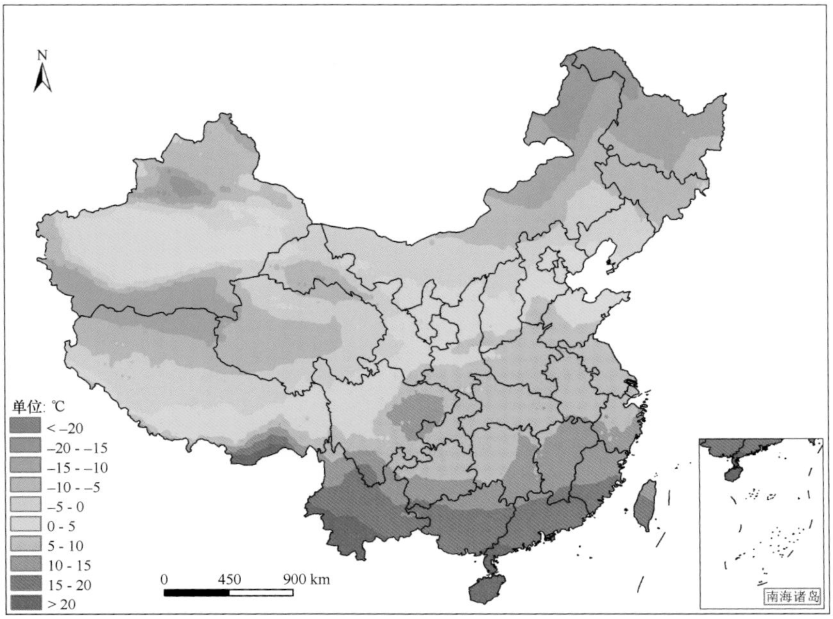

图 3.9(a)　基于观测数据 CN05 的 1979~1993 年的冬季最高气温平均值的空间分布

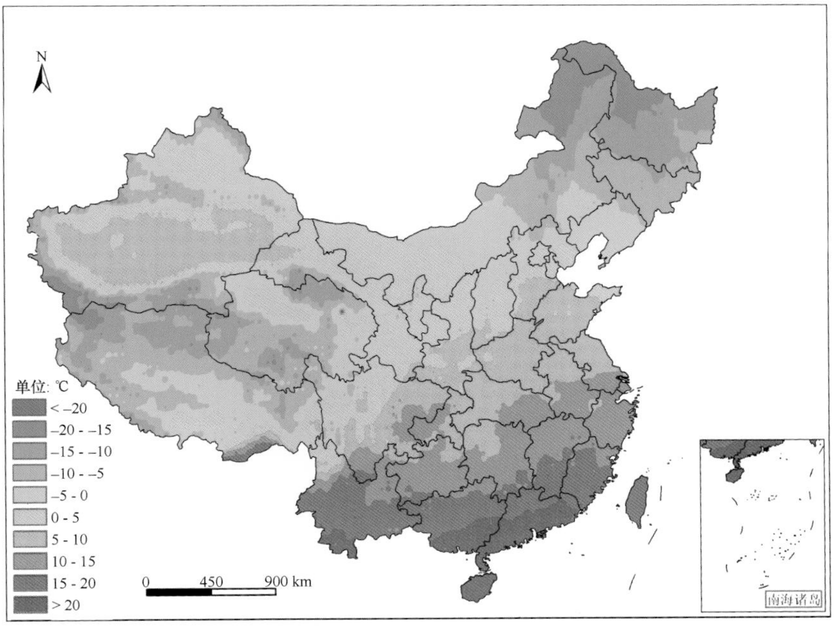

图 3.9(b)　基于欧洲中期天气预报中心 (ECMWF) 再分析数据 (ERA-15) 驱动 PRECIS 模拟的冬季最高气温平均值的空间分布

对比分析图 3.9 给出的 PRECIS 对中国区域 1979~1993 年的冬季平均最高气温模拟结果与观测值可以看出：PRECIS 很好地模拟出了中国区域冬季最高气温平均值自南向北递减的大尺度分布特征，中国大陆南部地区、新疆盆地和青藏高原南麓部分地区的冬季最高气温量值较大，青藏高原、东北地区的冬季最高气温量值较小。总的看来，模式对冬季平均最高气温的模拟值总体上与观测值很接近，模拟效果较好。

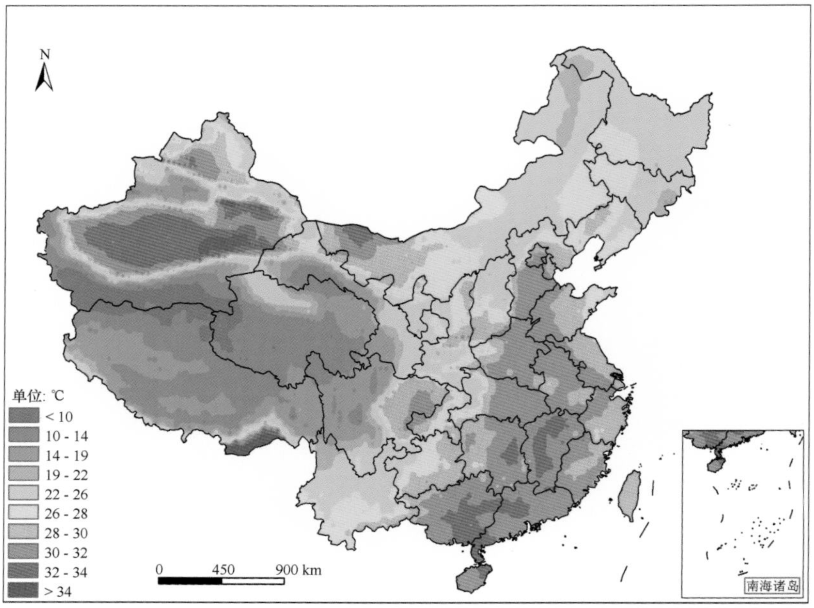

图 3.10(a) 基于观测数据 CN05 的 1979~1993 年的夏季最高气温平均值的空间分布

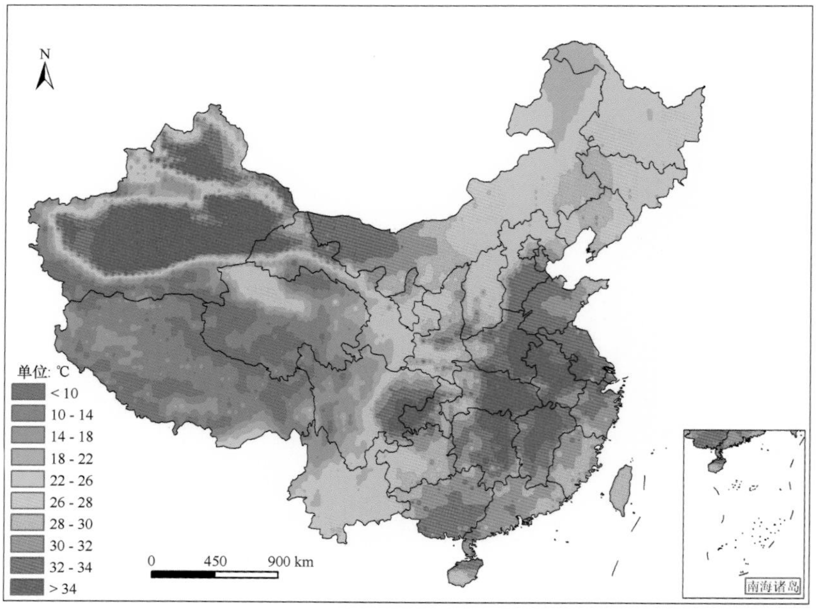

图 3.10(b) 基于欧洲中期天气预报中心 (ECMWF) 再分析数据 (ERA-15) 驱动 PRECIS 模拟的夏季最高气温平均值的空间分布

对比分析图 3.10 中 PRECIS 对中国区域 1979~1993 年的夏季最高气温平均值模拟结果与观测值可知，PRECIS 很好地模拟出了中国区域夏季最高气温平均值自南向北递减的温度梯度大尺度分布特征，具体为：中国大陆中东部、新疆南北疆盆地、内蒙古西部、四川东部地区夏季最高气温值较高，青藏高原、东北地区夏季最高气温值较低。但与观测值相比，模式对上述高值区的模拟值要偏高，对青藏高原南部模拟的夏季最高气温偏低。而青藏高原大部、西南、东北等地区的模拟值与观测值相近。

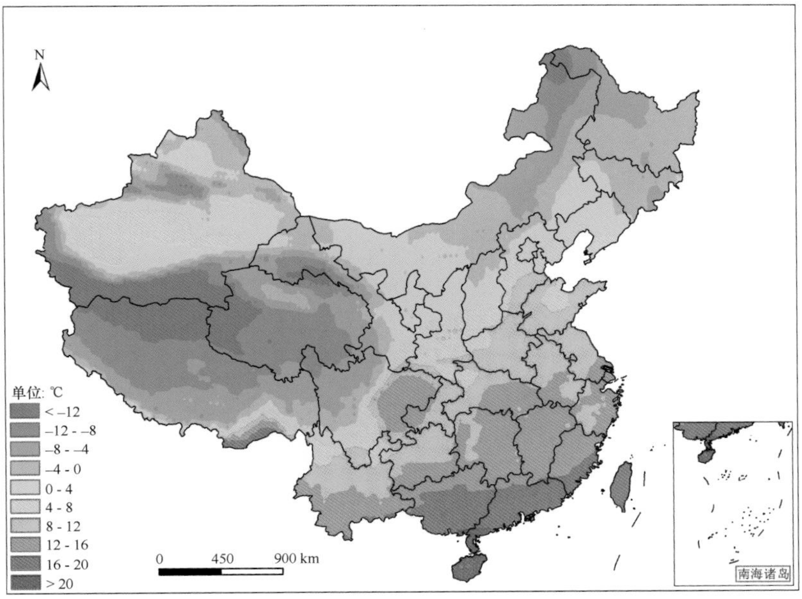

图 3.11(a)　基于观测数据 CN05 的 1979~1993 年最低气温年均值的空间分布

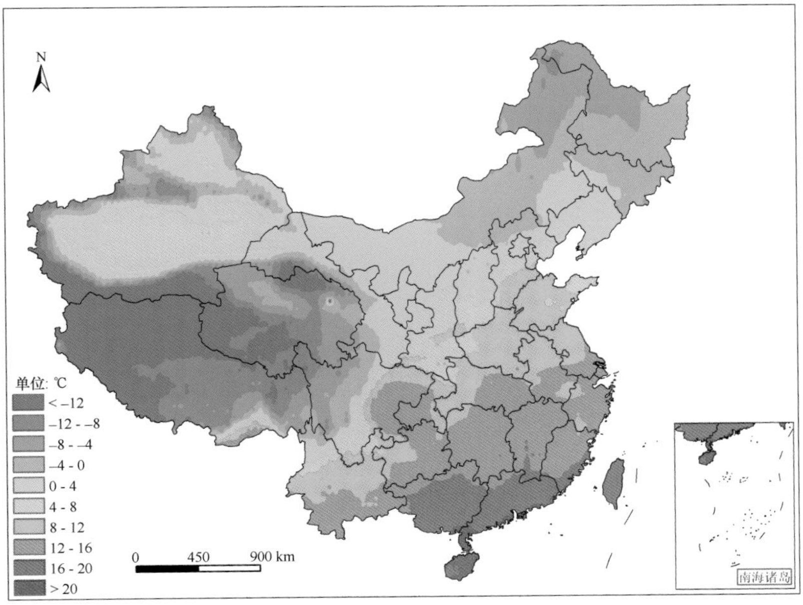

图 3.11(b)　基于欧洲中期天气预报中心 (ECMWF) 再分析数据 (ERA-15) 驱动 PRECIS 模拟的最低气温年均值的空间分布

对比分析图 3.11 中 PRECIS 对中国区域 1979~1993 年的最低气温年平均值的模拟结果与观测值可以看出：PRECIS 很好地模拟出了中国区域最低气温年平均值自南向北递减的温度梯度空间分布特征，较好地模拟出了中国大陆华北、华东到华南的广大地区的较高的最低气温年平均值，青藏高原、东北地区最低气温年平均值较低的突出特征。但相对于观测值，模式在中国西南到华南、青藏高原南部及川东地区的最低气温年均值的模拟值要偏低。模式对中国其他地区最低气温年均值的模拟值与观测值较接近。

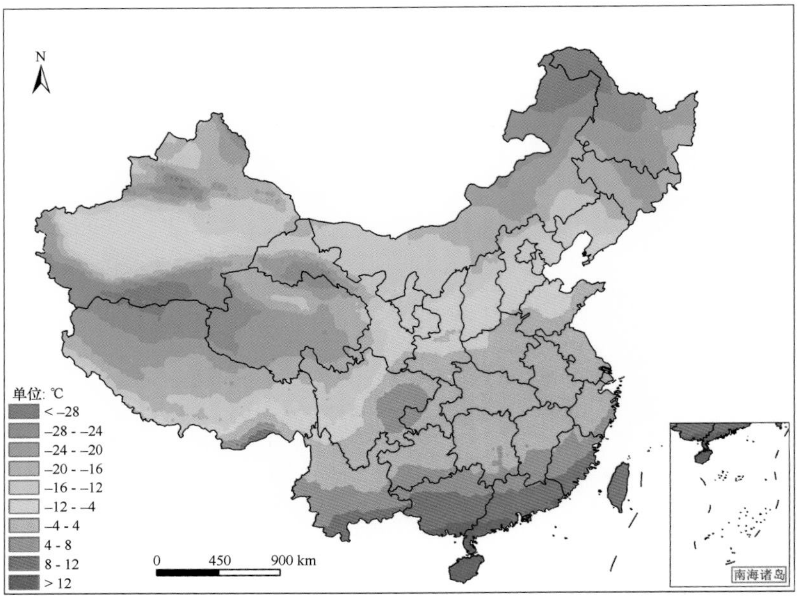

图 3.12(a) 基于观测数据 CN05 的 1979~1993 年冬季最低气温平均值的空间分布

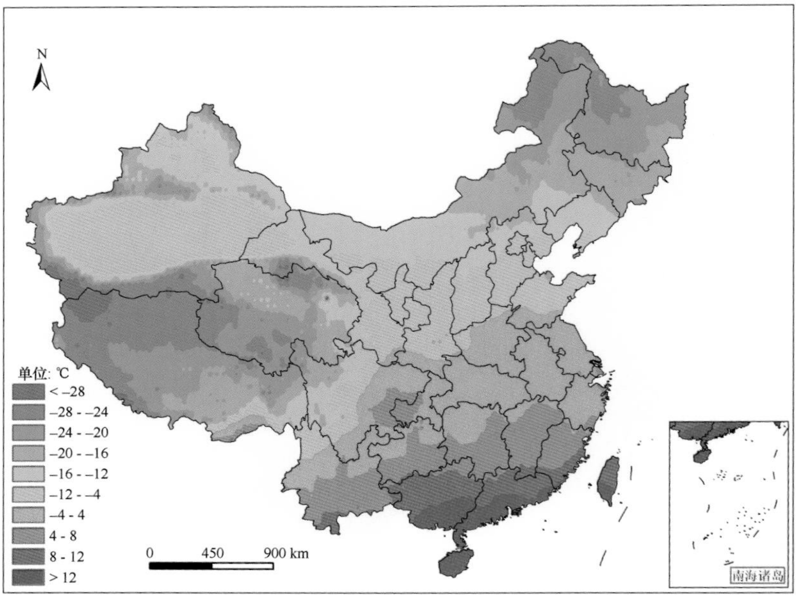

图 3.12(b) 基于欧洲中期天气预报中心 (ECMWF) 再分析数据 (ERA-15) 驱动 PRECIS 模拟的冬季最低气温平均值的空间分布

通过分析比较图 3.12 中 PRECIS 对中国区域 1979~1993 年 15 年的冬季最低气温平均值模拟结果与观测值可以看出：PRECIS 很好地模拟出了中国区域冬季最低气温平均值自北向南递增的空间分布特征，如高海拔的青藏高原、高纬度的东北地区冬季平均最低气温值较低，中国大陆东南地区、青藏高原南部地区冬季平均最低气温值较高的特征也较好地被模拟出来。模式对冬季平均最低气温的模拟值总体上与观测值很接近，模拟效果较好。

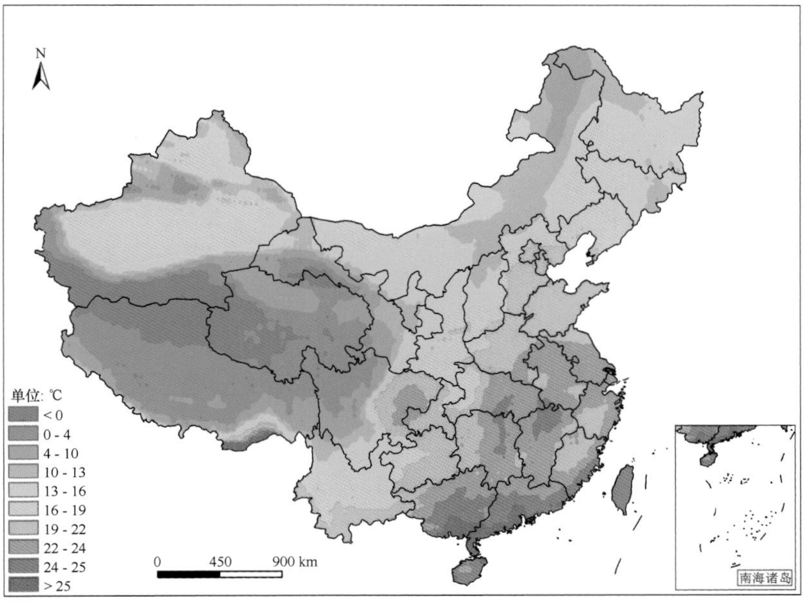

图 3.13(a) 基于观测数据 CN05 的 1979~1993 年夏季最低气温平均值的空间分布

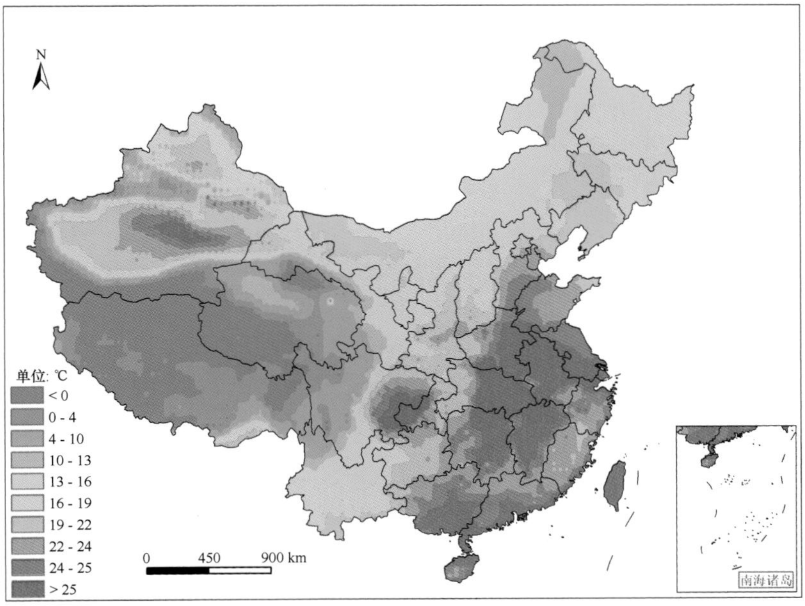

图 3.13(b) 基于欧洲中期天气预报中心 (ECMWF) 再分析数据 (ERA-15) 驱动 PRECIS 模拟的夏季最低气温平均值的空间分布

对比分析图 3.13 给出的 PRECIS 对中国区域 1979~1993 年的夏季最低气温平均值模拟结果与观测值可以看出：PRECIS 很好地模拟出了中国区域夏季最低气温平均值自南向北递减的大尺度空间分布特征，中国大陆中东部地区、新疆盆地和青藏高原东部的西南地区夏季平均最低气温值较高，青藏高原、东北地区夏季平均最低气温值较低。但模式模拟的中国中东部、新疆南北疆盆地的夏季平均最低气温值比观测值高，而青藏高原南部地区夏季最低气温的平均值要比观测值低，其他地区夏季平均最低气温的模拟值与观测值较接近。

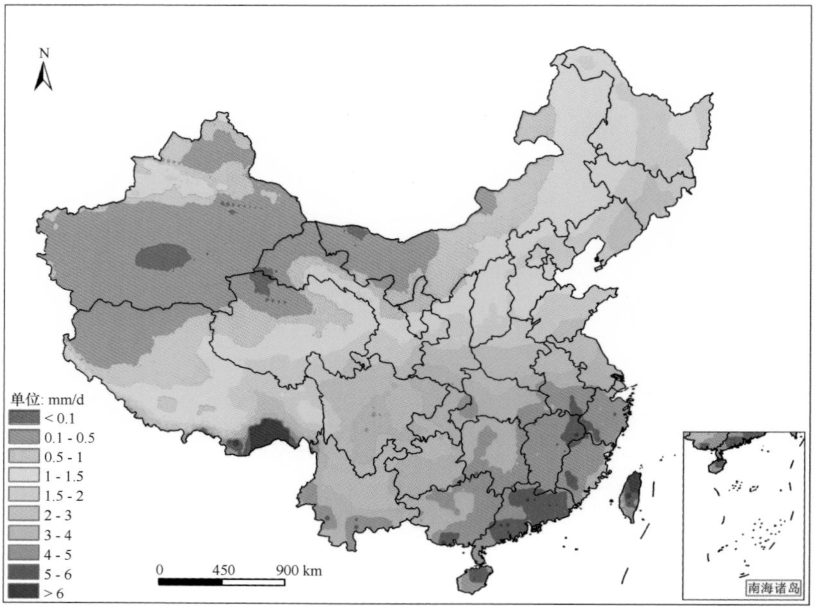

图 3.14(a) 基于观测数据 CN05 的 1979~1993 年年平均降水量的空间分布

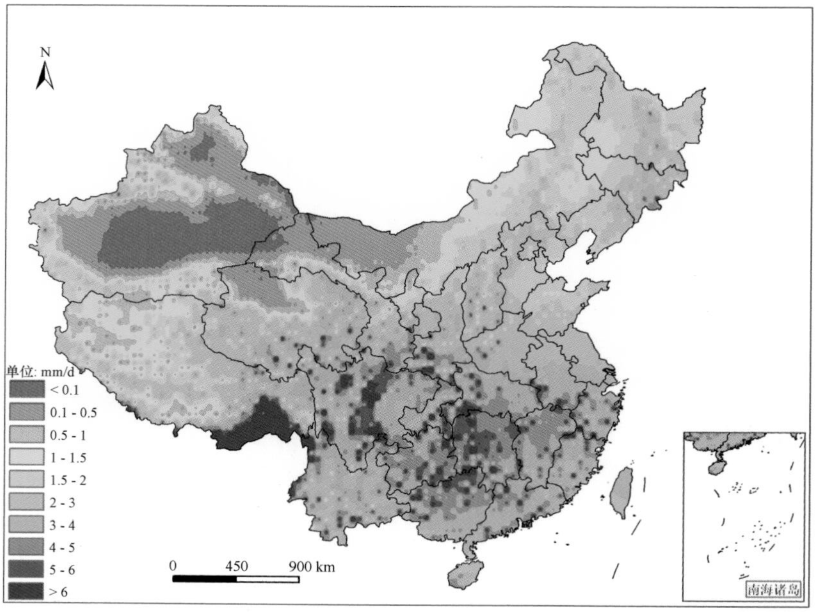

图 3.14(b) 基于欧洲中期天气预报中心 (ECMWF) 再分析数据 (ERA-15) 驱动 PRECIS 模拟的年平均降水量的空间分布

通过分析图 3.14 中的 PRECIS 对中国区域 1979~1993 年的年平均降水量模拟结果与观测值可以得到：PRECIS 基本上模拟出了中国区域年平均降水量自东南向西北递减的大尺度分布特征，但模式模拟的中国内陆地区降水多于东南沿海地区。在四川、陕西与甘肃交界地区、青藏高原南部模拟出了由地形作用引起的平均降水量高值区，PRECIS 对华南地区、东南沿海平均降水量的模拟值比观测值低。

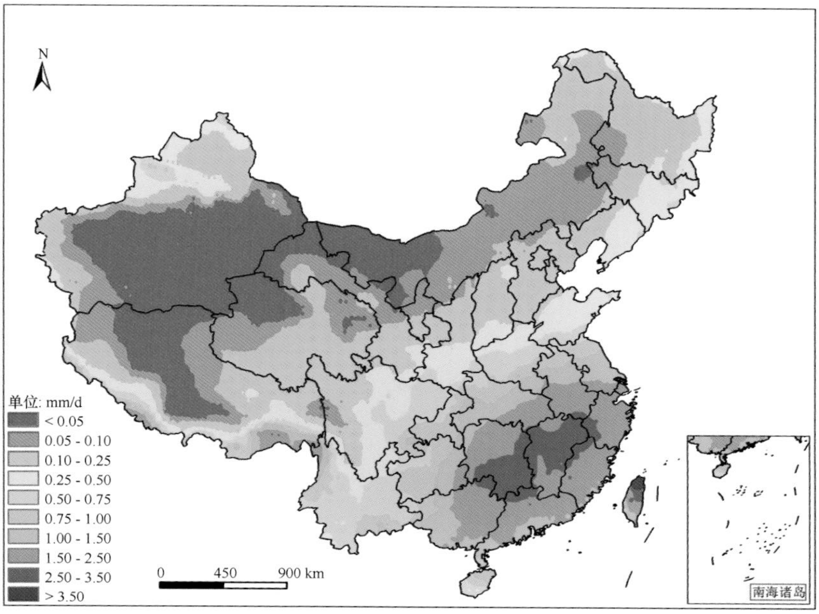

图 3.15(a)　基于观测数据 CN05 的 1979~1993 年冬季平均降水量的空间分布

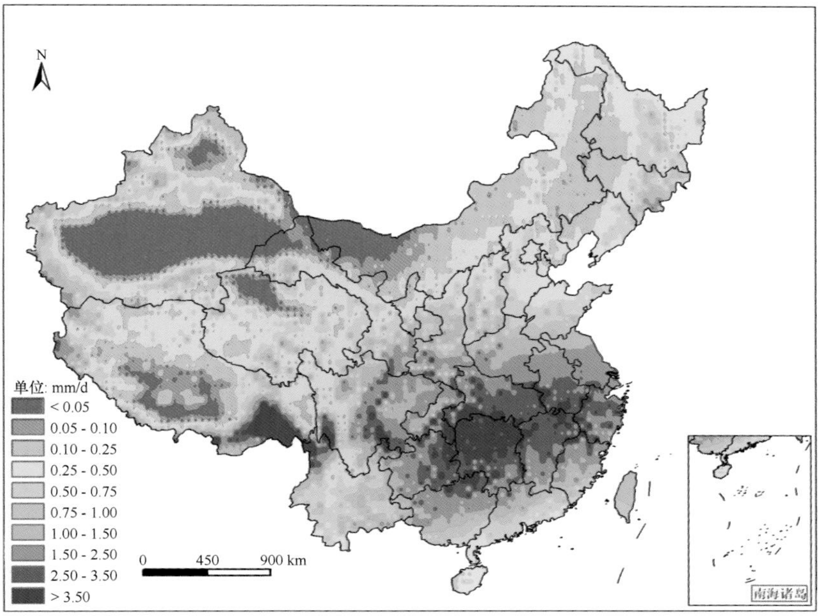

图 3.15(b)　基于欧洲中期天气预报中心 (ECMWF) 再分析数据 (ERA-15) 驱动 PRECIS 模拟的冬季平均降水量的空间分布

依据图 3.15 给出的 PRECIS 对中国区域 1979~1993 年的冬季平均降水量模拟结果与观测值，对比分析后得到：PRECIS 基本上模拟出了中国区域冬季平均降水量自东南向西北递减的大尺度分布特征，但模式模拟的中国西北和东北地区冬季平均降水量结果与观测值相比偏高。在四川、陕西与甘肃交界地区及青藏高原南麓模拟出由地形作用引起的平均降水量高值区，PRECIS 对华南地区冬季平均降水量的模拟值比观测值明显偏小。

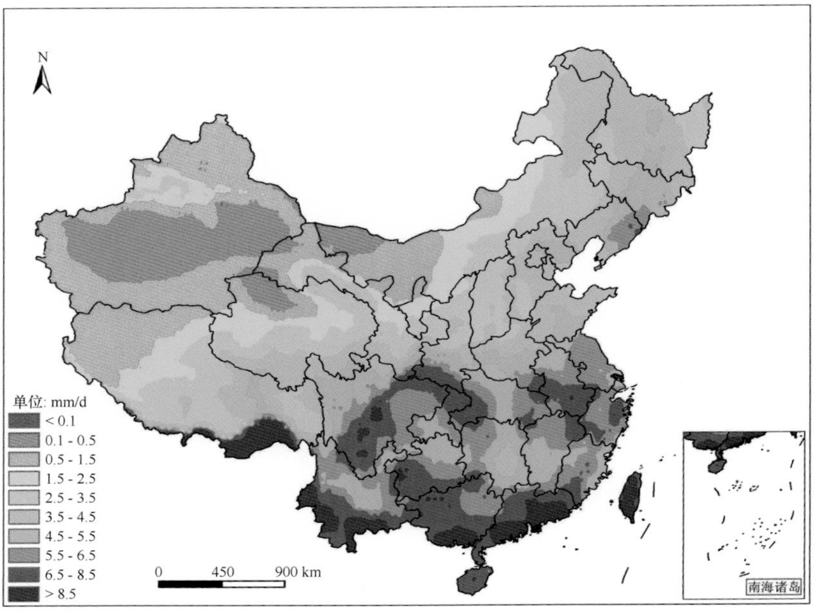

图 3.16(a) 基于观测数据 CN05 的 1979~1993 年夏季平均降水量的空间分布

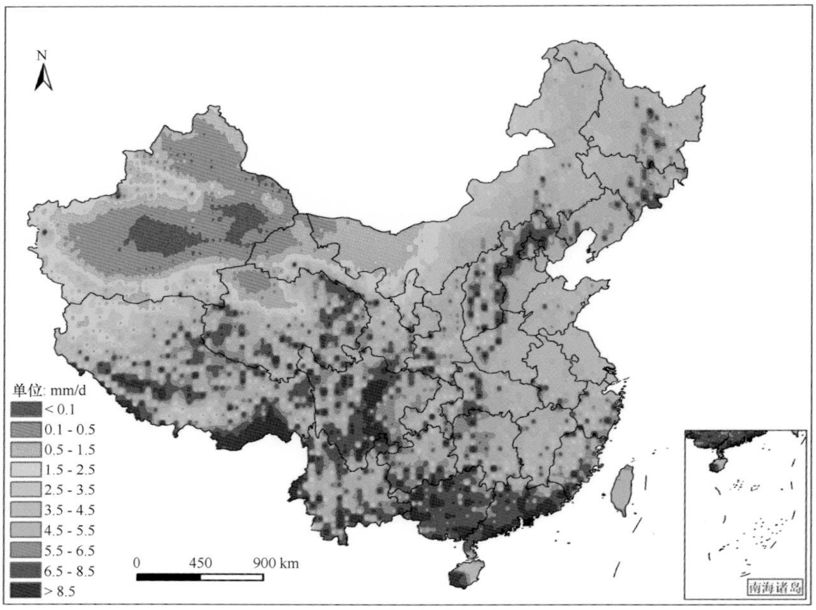

图 3.16(b) 基于欧洲中期天气预报中心 (ECMWF) 再分析数据 (ERA-15) 驱动 PRECIS 模拟的夏季平均降水量的空间分布

依据图 3.16 中 PRECIS 对中国区域 1979~1993 年的夏季平均降水量模拟结果与观测值，对比分析可以看出：PRECIS 基本上模拟出了中国区域夏季平均降水量自东南向西北递减的大尺度分布特征，但模式模拟的中国西北、青藏高原、华北和东北地区夏季平均降水量的日均值与观测值相比偏高，对长江中下游流域、川东、西南、东南沿海地区夏季平均降水量的模拟值比观测值小。

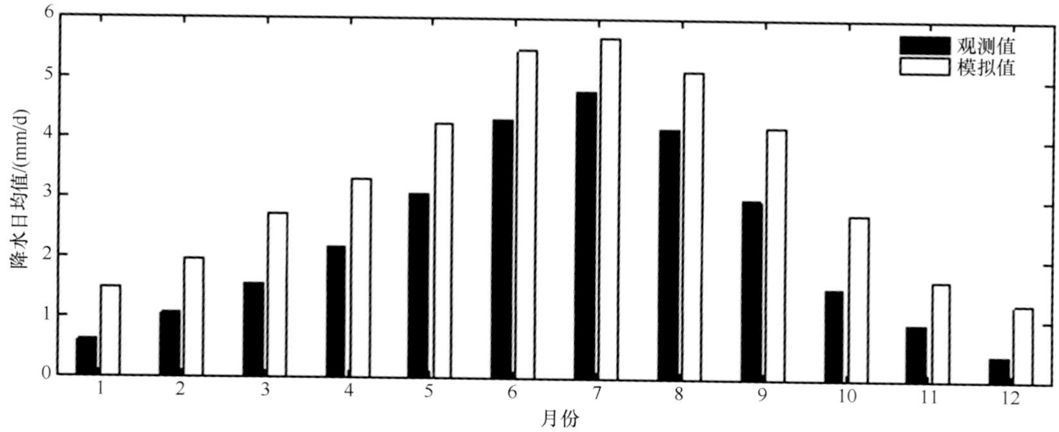

图 3.17　中国区域 1979~1993 年 PRECIS 模拟与实际观测的月平均降水量距平

由图 3.17 可以看出，模式模拟的月均降水量日均值距平的逐月变化趋势与相应的观测值距平的变化趋势相当一致，但模拟值较观测值大。PRECIS 对我国区域降水季节变化主要特征模拟得相当成功。

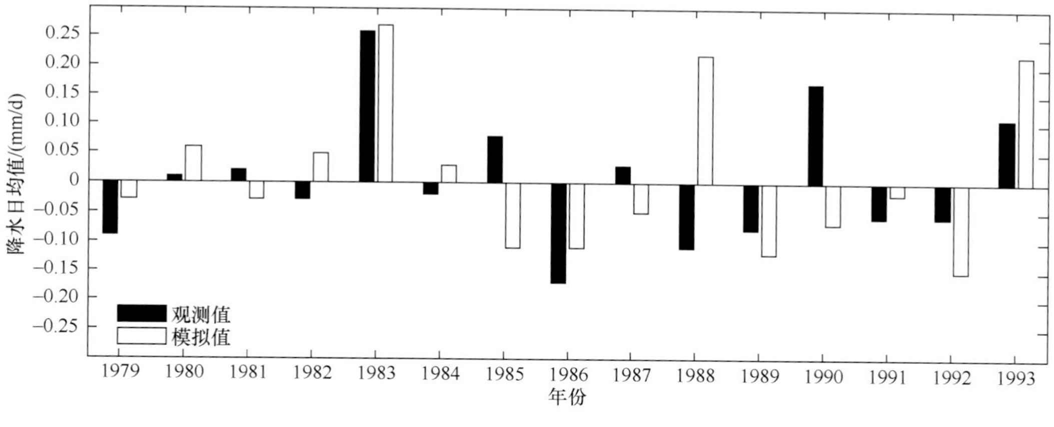

图 3.18　中国区域 1979~1993 年 PRECIS 模拟与观测的年均降水量距平

从图 3.18 中可以看出，PRECIS 模拟的与观测的年平均降水量日均值距平在量值上有不同程度的偏差，共有 8 个年份模拟和观测的距平同号，7 个年份模拟和观测的距平异号。总体上看，模拟的年均降水量日均值距平与观测降水日均值距平相差很小。

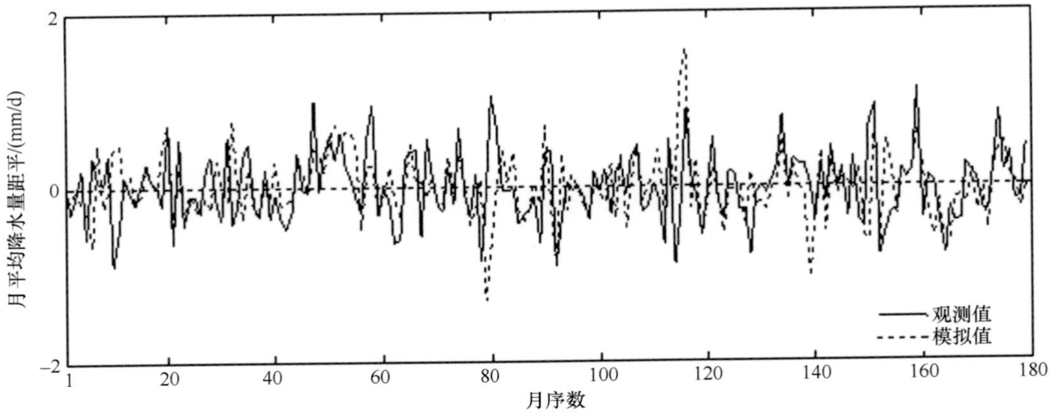

图 3.19 中国区域 1979~1993 年 PRECIS 模拟与观测的月平均降水量距平逐月时间序列

从图 3.19 给出的中国区域 1979~1993 年月平均降水量日均值距平逐月时间序列变化可以看出，模式模拟的高值较观测值高，而模拟的低值较观测值低，但两者的总体趋势基本一致。

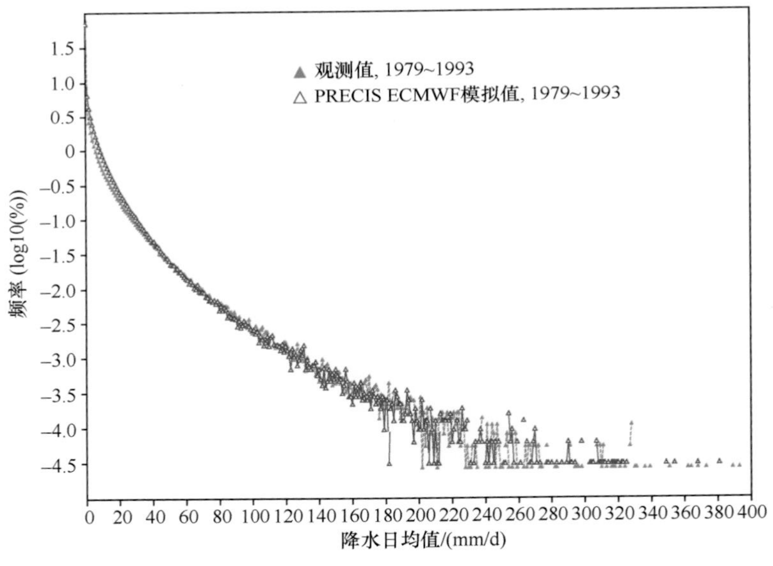

图 3.20 中国区域 1979~1993 年 740 个台站日平均降水量观测值与 PRECIS 模拟的日平均降水量的统计分布

图 3.20 给出的是中国区域 1979~1993 年 740 个台站日平均降水量的观测值与 PRECIS 模拟的日平均降水量的统计分布。从图中可以看出，二者总体上的分布型式非常接近。差异之处在于，在小于 40mm/d 的降水频段，PRECIS 模拟的降水频率与观测结果相比偏大，而大于 40mm/d 的降水发生频率则小于观测结果。两者的总体趋势基本一致。模式模拟的平均日总降水量的分布在低值频段略高，而在 50~230mm/d 的频段模拟结果较观测值低；在大于 230mm/d 的超强度降水频段模拟结果仍然很好。

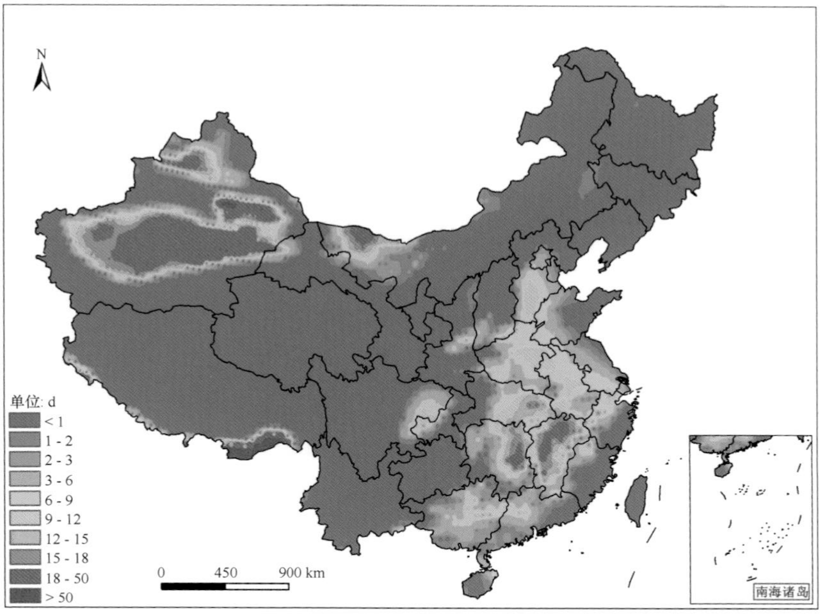

图 3.21(a)　基于观测数据 CN05 的 1979~1993 年高温日数的空间分布

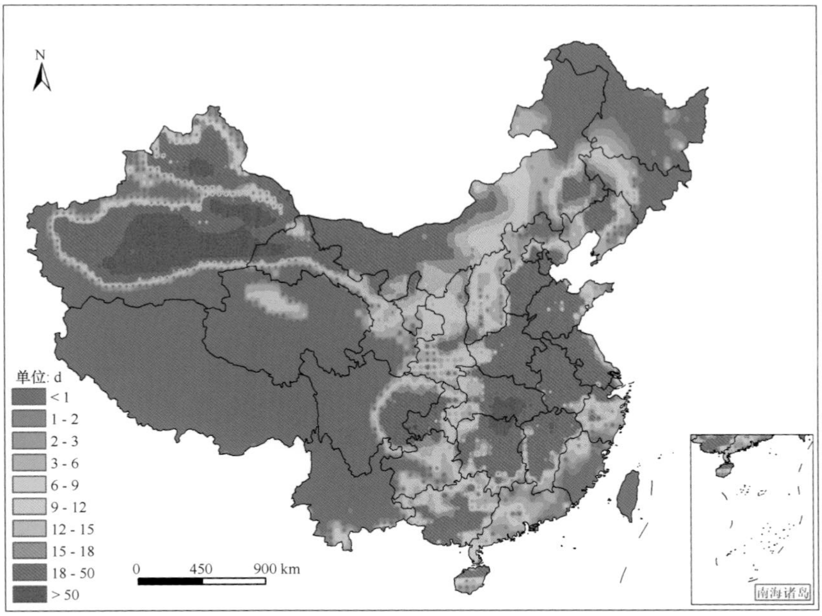

图 3.21(b)　基于欧洲中期天气预报中心 (ECMWF) 再分析数据 (ERA-15) 驱动 PRECIS 模拟的高温日数的空间分布

依据图 3.21 中给出的 PRECIS 对中国区域 1979~1993 年的高温日数模拟结果与观测结果，对比分析可以看出：PRECIS 基本上模拟出了中国区域高温日数的主要空间分布特征，中国大陆中东部、新疆南北疆盆地和广西等地区高温日数值较大，其他大部分地区高温日数模拟与观测值差别不大。但模式对上述几个高值区的模拟值都要比观测值高，高值区的范围也偏大，对青藏高原南部的高值区没有模拟出来，环渤海地区的模拟结果也与观测值结果差别很大。

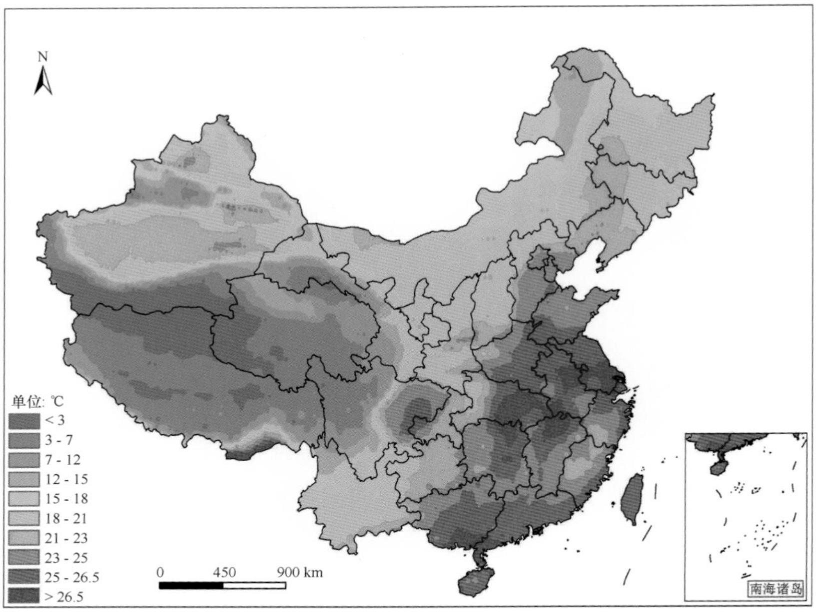

图 3.22(a)　基于观测数据 CN05 的 1979~1993 年高温事件的空间分布

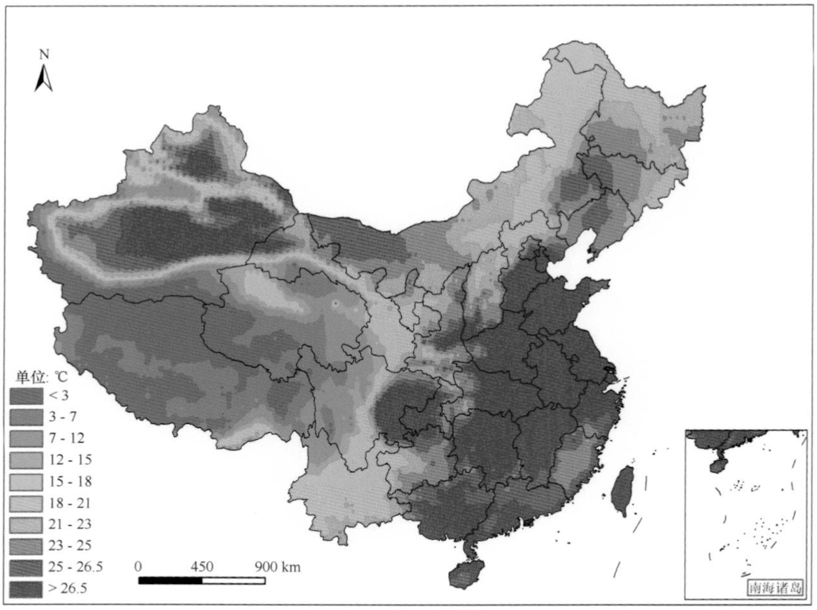

图 3.22(b)　基于欧洲中期天气预报中心 (ECMWF) 再分析数据 (ERA-15) 驱动 PRECIS 模拟的高温事件的空间分布

依据图 3.22 中 PRECIS 对中国区域 1979~1993 年的高温事件模拟结果与观测结果经对比分析可以得出：PRECIS 基本上模拟出了中国区域高温事件的大尺度空间分布特征，中国大陆东部 (除西南地区外)、新疆南北疆盆地、内蒙古西部和川东地区高温事件量值较大，青藏高原、内蒙古和黑龙江北部地区量值较小。但模式对上述几个高值区的模拟值都要比观测值高，高值的范围也偏大，青藏高原南部高值区的模拟值较观测值偏低。

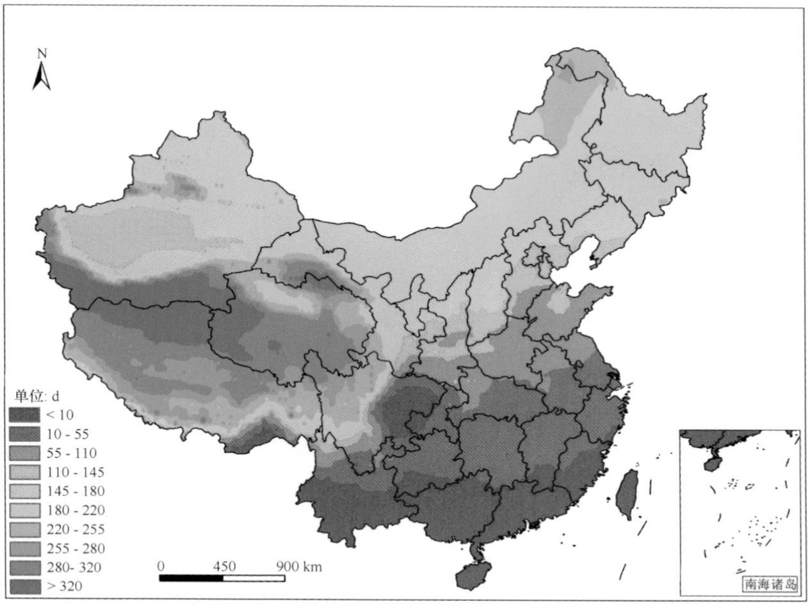

图 3.23(a)　基于观测数据 CN05 的 1979~1993 年霜冻日数的空间分布

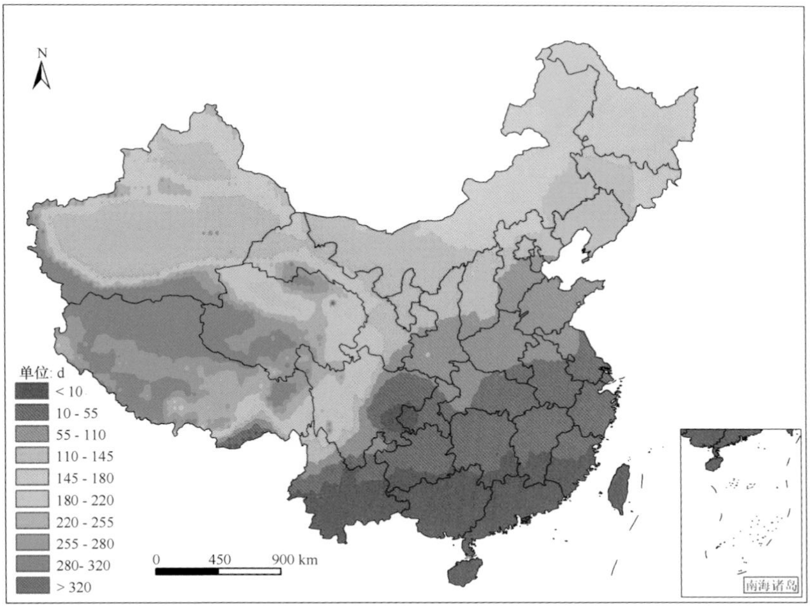

图 3.23(b)　基于欧洲中期天气预报中心 (ECMWF) 再分析数据 (ERA-15) 驱动 PRECIS 模拟的霜冻日数的空间分布

根据图 3.23 中 PRECIS 对中国区域 1979~1993 年的霜冻日数模拟结果与观测值分析结果可以得到：PRECIS 很好地模拟出了中国区域霜冻日数的空间分布特征，中国大陆东南地区 (华北东南部、华东、华南和西南)、新疆南北疆盆地和青藏高原南部地区霜冻日数较少，青藏高原和东北地区霜冻日数较多。但模式对霜冻日数较少的南方地区的模拟值都与观测值很相似，分布区域范围较一致，对青藏高原部分区域和东北地区霜冻日数的模拟值较观测值偏低。

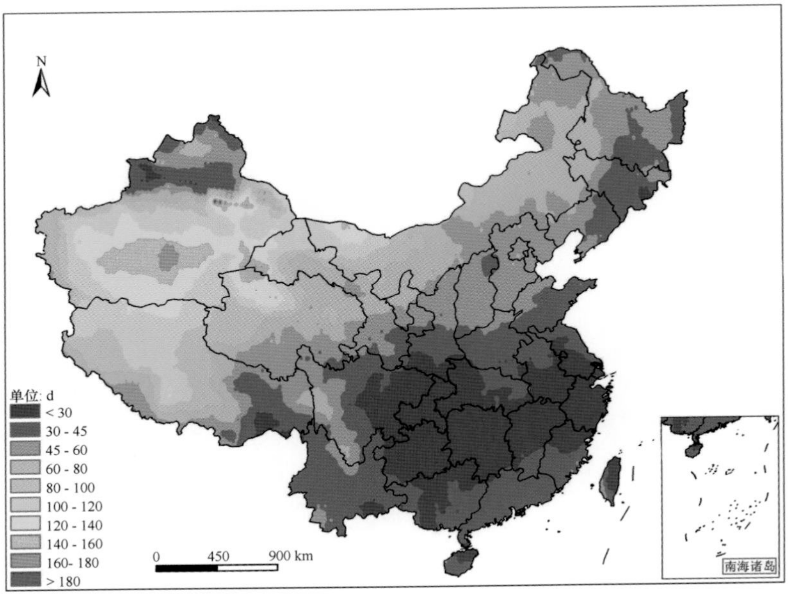

图 3.24(a) 基于观测数据 CN05 的 1979~1993 年连续干日数的空间分布

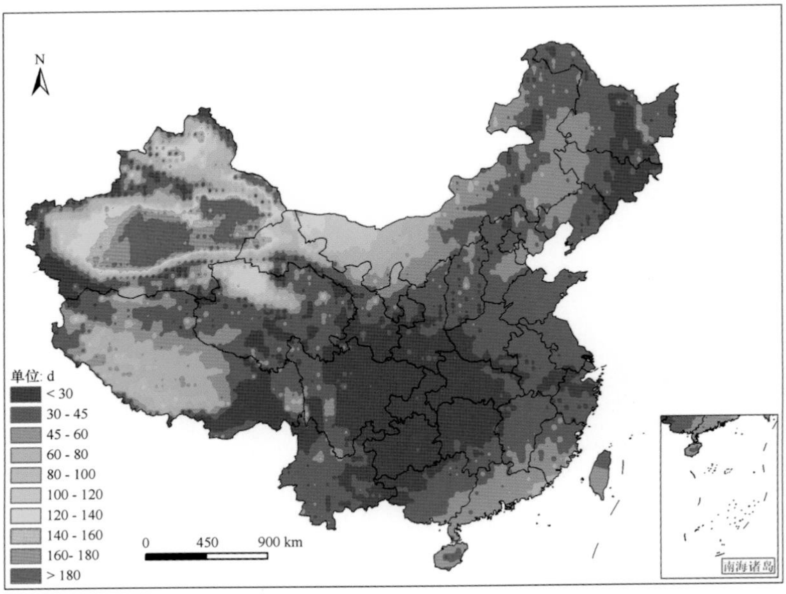

图 3.24(b) 基于欧洲中期天气预报中心 (ECMWF) 再分析数据 (ERA-15) 驱动 PRECIS 模拟的连续干日数的空间分布

依据图 3.24 中的 PRECIS 对中国区域 1979~1993 年的连续干日数模拟结果与观测值分析结果可以看出：PRECIS 基本上模拟出了中国区域连续干日数的主要空间分布特征，中国地区的内蒙古大部分地区、西北地区和青藏高原等地连续干日数较高，其中新疆南北疆盆地、柴达木盆地及内蒙古西部最多，而中国东部大部分地区连续干日数较少。但与观测场分析结果比较，模式对内蒙古大部分地区和青藏高原的模拟值偏低，对新疆南北疆盆地的连续干日数模拟值偏高，高值范围也偏大，这也可能与观测场盆地荒漠地区测站少有关，或许模式模拟结果的可信度更高。

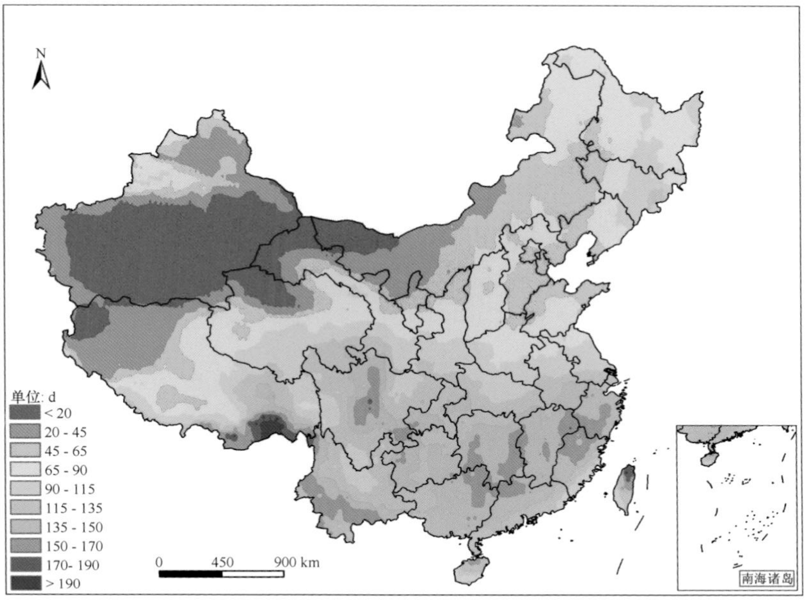

图 3.25(a) 基于观测数据 CN05 的 1979~1993 年湿日数的空间分布

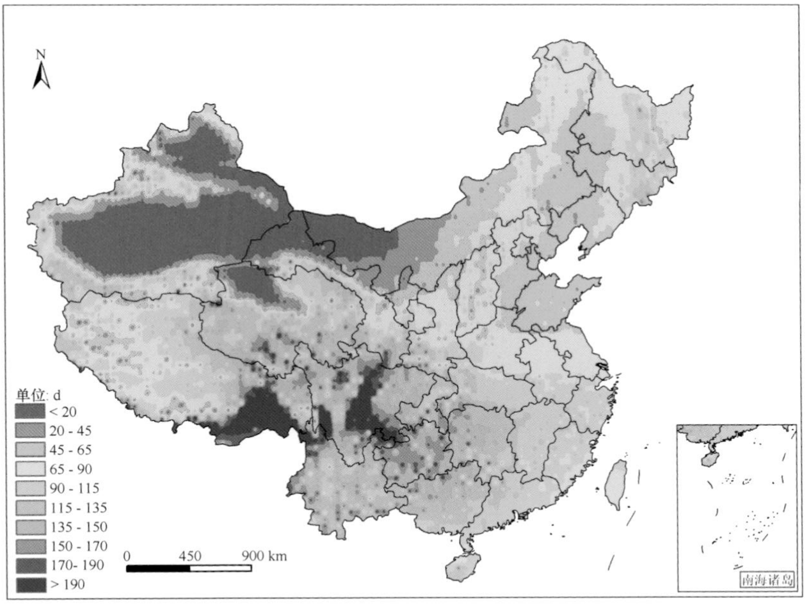

图 3.25(b) 基于欧洲中期天气预报中心 (ECMWF) 再分析数据 (ERA-15) 驱动 PRECIS 模拟的湿日数的空间分布

根据图 3.25 中 PRECIS 对中国区域 1979~1993 年的湿日数模拟结果与观测值分析的湿日数结果的对比分析可以得出：PRECIS 基本上模拟出了中国区域湿日数的大尺度空间分布特征，与连续干日数分布图相反，中国地区的内蒙古大部分地区、西北地区和新疆盆地湿日数较少，中国南方地区湿日数较高。但模式对南方湿日数模拟值的高值中心位置不准确，与观测值相比，高值位置偏西，主要集中在西南地区和青藏高原东南，而长江中下游地区、华南地区等地模拟的湿日数比观测偏少。这与模式对我国大的降水中心模拟的系统偏差有关。

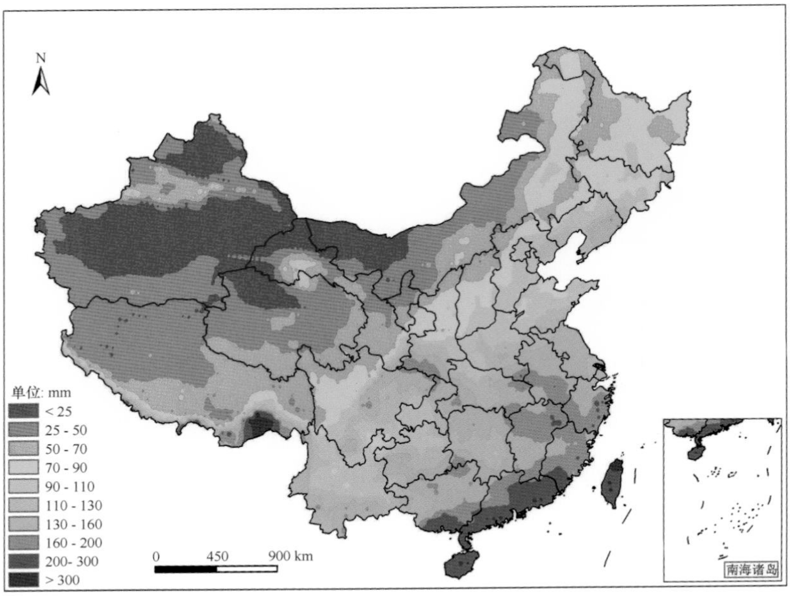

图 3.26(a) 基于观测数据 CN05 的 1979~1993 年连续 5 日最大降水量的空间分布

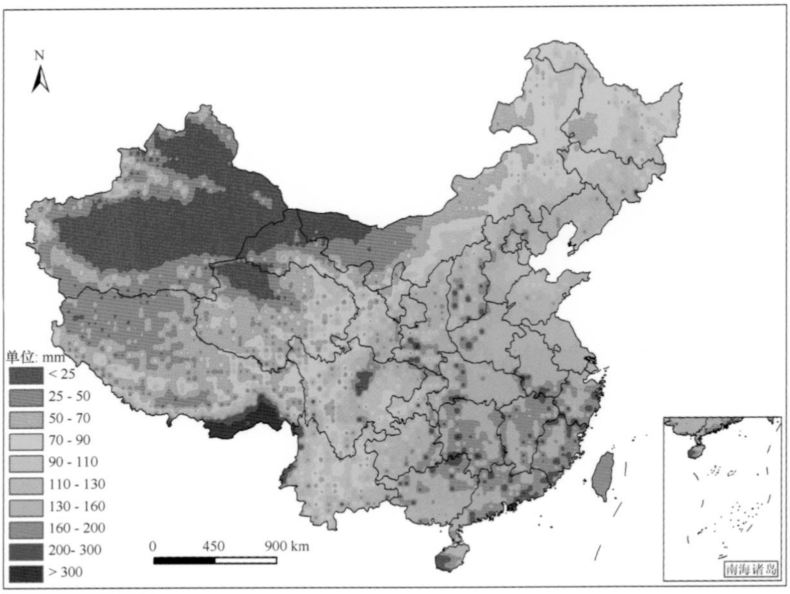

图 3.26(b) 基于欧洲中期天气预报中心 (ECMWF) 再分析数据 (ERA-15) 驱动 PRECIS 模拟的连续 5 日最大降水量的空间分布

依据图 3.26 中 PRECIS 对中国区域 1979~1993 年的连续 5 日最大降水量模拟结果与观测值的对比分析可以看出：PRECIS 基本上模拟出了中国区域连续 5 日最大降水量的空间分布特征，中国大陆东北大部、内蒙古、西北地区、新疆南北疆盆地和青藏高原连续 5 日最大降水量较少，中国东南沿海地区和青藏高原南部连续 5 日最大降水量较多。但模式对中国南方连续 5 日最大降水量模拟值的高值中心位置与观测结果有明显偏差。而模式对环渤海地区和青藏高原南部的连续 5 日最大降水量模拟结果很好。

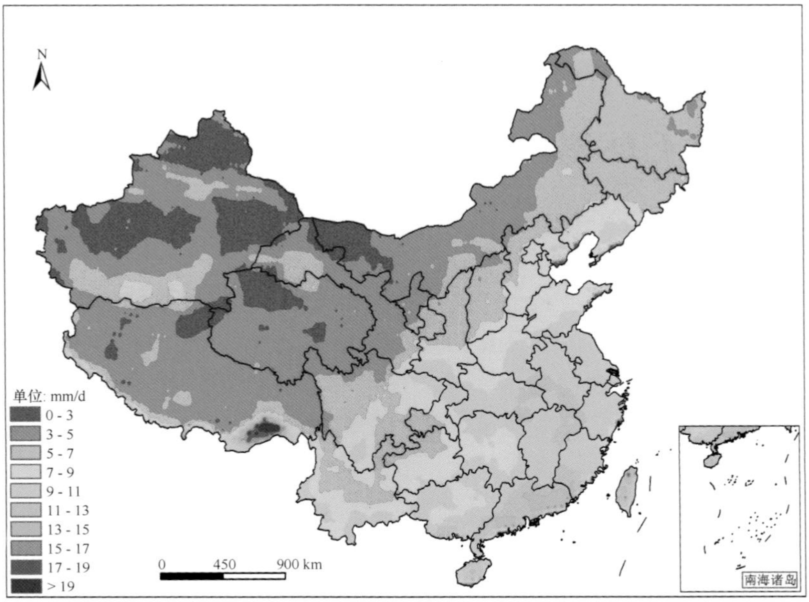

图 3.27(a)　基于观测数据 CN05 的 1979~1993 年简单降水强度的空间分布

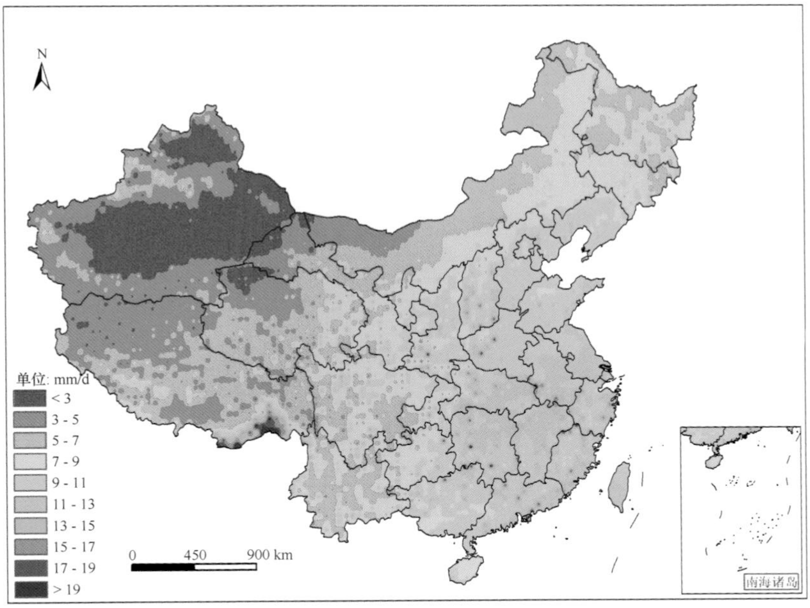

图 3.27(b)　基于欧洲中期天气预报中心 (ECMWF) 再分析数据 (ERA-15) 驱动 PRECIS 模拟的简单降水强度的空间分布

依据图 3.27 中 PRECIS 对中国区域 1979~1993 年的简单降水强度模拟结果与观测值的对比分析可以看出：PRECIS 基本上模拟出了中国区域简单降水强度的大尺度空间分布特征，中国大陆东北大部、内蒙古、西北地区、西南地区、新疆南北疆盆地和青藏高原简单降水强度较弱，其中西部荒漠地区简单降水强度量值最低。中国南方地区和青藏高原南麓简单降水强度较强。但模式对中国南方简单降水强度模拟值的高值中心位置、范围与观测值相比偏差明显。而模式对华北地区和青藏高原南部的简单降水强度模拟结果较好。

第4章 PRECIS模式系统气候模拟能力验证-Online

本章应用 Hadley 气候中心的全球气候模式 HadCM3 在气候基准时段 (1961~1990) 的模拟结果驱动区域气候模式系统 PRECIS，即 PRECIE 在线 (Online) 模拟获得中国基准气候时段的气候模拟结果，然后与观测数据 (国家气候中心的 CN05) 结果相比较，分析 PRECIS 模式系统的模拟能力。主要工作是通过 PRECIS 模拟的气候基准时段的温度和降水空间分布特征、温度与降水距平的时间序列变化、温度与降水统计结果与实际观测比较，以及标准差的分析，验证 PRECIS 模拟中国当代气候平均状态的能力。另外，选择高温日数、高温事件、极端低温事件、霜冻日数、连续干日数、湿日数、连续 5 日最大降水量、极端降水事件频数、简单降水强度等极端气候事件指标，验证 PRECIS 模拟极端气候事件的能力。本章的验证分析表明，PRECIS 模式系统嵌套 GCM 能够很好地模拟中国区域气候基准时段的气候状态，为应用 PRECIS 构建未来气候情景奠定了基础。

4.1 引　　言

区域气候模式 (RCM) 是将 GCM 模拟的大尺度气候背景场动力降尺度到更小尺度上的一种有效方法，是目前应用较多的区域化降尺度分析技术，能够有效弥补 GCM 分辨率不足的缺陷，从而改善气候模式对区域气候的模拟效果。但区域气候模式的一个明显不足是其模拟结果中既包含了 RCM 本身的系统误差，也包含了 GCM 所带来的误差，因此，在应用 RCM 进行降尺度的模拟分析之前，需要对其嵌套 GCM 后的气候模拟能力进行验证分析。

HadCM3 是英国 Hadley 气候中心开发的全球海气耦合环流模式，是 IPCC 评估报告所引用的全球气候模式之一。本书涉及的 GCM 驱动 PRECIS 情景模拟结果为 PRECIS 对 Hadley 气候中心的全球气候模式 HadCM3 及其大气模式部分 HadAM3 模拟结果的动力降尺度结果，HadCM3 模拟能力的好坏，直接影响 PRECIS 的模拟结果，因此，本章首先必须概述 HadCM3 的模拟能力。通过文献调研可知，目前国内外已有不少学者对各种全球气候模式进行了验证和比较。IPCC 第四次评估报告 (IPCC，2007) 中对包括 HadCM3 在内的 23 个全球气候模式进行了验证和比较，证明了全球气候模式对全球气候的模拟能力是较令人满意的。同时，中国很多学者也对全球气候模式对中国气候变化的模拟能力做了不少研究，均认为气候模式能够较好地再现中国温度的分布状态，对降水的模拟偏差较大 (姜大膀等，2004；Jiang et al.，2005；刘敏和江志红，2009；许崇海等，2010)。

已有的研究工作表明，与其他全球气候模式相比，HadCM3 在全球气候变化的模拟，尤其是东亚地区的气候变化模拟上具有优势。刘敏和江志红 (2009) 评估了 13 个 IPCC AR4

模式对中国区域近 40 年的气候模拟能力，比较多种评估指标后认为 HadCM3 对降水的模拟效果最好。许崇海等 (2007；2010) 使用观测和多模式集合的降水资料，评估全球气候模式对中国降水时空分布特征的模拟能力，结果表明，HadCM3 对东亚地区多年平均温度与降水模拟水平较高，其多年平均温度和降水模拟与观测值的空间相关系数比较，在 22 个 GCM 中分别位列第二与第一。姜大膀等 (2004) 和 Jiang 等 (2005) 对比了 7 个海气耦合模式模拟的东亚地区地表气温和降水等要素的年平均值和季节平均值，发现 HadCM3 对温度和降水的模拟能力要优于其他耦合模式，与观测数据有较高的相关性。在对温度的模拟上，HadCM3 又优于 7 种耦合模式的集合平均。

与第 3 章的分析一样，本章主要分析的温度和降水的气候平均状态及其变化特征和极端气候事件指标，包括：平均气温 (年、冬、夏)、最高气温 (年、冬、夏)、最低气温 (年、冬、夏)、降水 (年、冬、夏)、高温日数、高温事件、极端低温事件、霜冻日数、连续干日数、湿日数、连续 5 日最大降水量、极端降水事件频数、简单降水强度等。极端气候事件指标的定义同样请见本书“概述篇”中的表 2.3。本章对 PRECIS 嵌套 GCM 对中国当代气候模拟能力的评估，是中国区域开展未来气候变化的情景的构建、分析和应用的基础。

4.2 不同情景下对中国区域气温模拟能力的验证

4.2.1 对中国区域平均气温模拟能力的验证

1. 空间分布特征

中国区域气候基准时段 (1961~1990) 的年、冬季、夏季的平均气温观测值和 A2/B2、A1B 情景模拟值的空间分布如图 4.1、图 4.2 及图 4.3 所示。可以看出：GCM (HadCM3) 驱动 PRECIS 能够模拟出中国区域的平均气温空间分布的基本特征，即气温平均值自南向北递减的温度梯度大尺度分布特征，纬度越低气温越高，高海拔的青藏高原地区气温较低。华北和东北地区的平均气温的模拟值与观测值很接近，东北地区模拟的等温线分布与观测值基本一致，华南地区高温区的模拟结果也与观测值比较一致。但是，无论年平均气温，还是冬夏的平均气温，PRECIS 的模拟结果中在某些地方与观测值也存在一些不一致。如模式对中国南方平均气温的模拟值要比观测值低，长江中下游地区平均气温的模拟结果比观测值高，青藏高原平均气温的模拟值稍高于观测值，新疆塔里木盆地、准噶尔盆地平均气温模拟值的高温范围要比观测值稍高。对青藏高原南部平均气温的模拟值较观测值明显偏低。

青藏高原及新疆塔里木盆地、准噶尔盆地等地区的模式模拟的高温范围要比观测值稍大，这是由于这些地区测站较少，而模式的输出网格值分布均匀且空间分辨率相对较高 (约 50km × 50km)，因此，模式模拟结果的合理性还有待进一步验证。

总体来看，PRECIS 模式系统对中国气候基准时段的平均气温的空间梯度变化模拟得很成功。而且 A2/B2、A1B 情景下的模拟结果差别很小。这说明，由 HadCM3 模拟结果驱动 PRECIS 模式系统对中国的气温空间分布特征具有很强的模拟能力。

2. 温度月变化特征

中国区域 1961~1990 年 30 年平均的月平均气温的观测值和 A2/B2、A1B 情景的 PRECIS 在线相应的模拟值的比较如图 4.4 和图 4.5 所示。从图中可以看出，各月份 A2/B2 及 A1B 情景模式的模拟值与观测值较为一致。其中 A1B 情景模拟值与观测值最为接近，A2/B2 情景模式模拟的下半年各月的月平均气温值要比观测的平均温度略高。这些结果同样反映出用 HadCM3 驱动 PRECIS，模式系统能够很好地模拟中国区域的温度月变化特征。

3. 统计分析比较

图 4.6 与图 4.7 分别绘出了气候基准时段 30 年全国范围内 740 个台站日平均气温的年平均观测值与 PRECIS 模拟的 A2/B2、A1B 情景年平均气温统计分布曲线，用以验证 PRECIS 对气温统计分布的模拟能力。从图中可以看出：模式在 A2/B2、A1B 情景模拟结果在总体上的变化范围和变化趋势而言，与观测值的统计结果相比，具有较大的相似性。具体而言，模式系统在 A1B 情景模拟年平均值与观测的年均值概率统计分布相当相似，模拟值在 30~40℃ 比实测统计频率大一些。A1B 情景的模拟结果与观测年平均值统计分布相似，在 0~28℃ 为双峰，但模拟的双峰间的低谷稍偏右。A2/B2 情景模拟结果与观测结果不一样，年平均值统计分布为单峰型。以上分析结果表明：HadCM3+PRECIS 对中国年平均温度的统计分布的主要特征具有较强的模拟能力。

4.2.2 对中国区域最高气温模拟能力的验证

PRECIS 对中国区域气候基准时段 30 年的 A2/B2 情景及 A1B 情景下年均最高气温、冬季和夏季平均最高气温分布的模拟结果与观测值 (CN05) 的对比如图 4.8、图 4.9 及图 4.10 所示。从图中对比分析可以看出：PRECIS 模式系统能够较好地模拟出中国 30 年年平均、冬季平均和夏季平均最高气温的主要空间分布特征，与观测值吻合较好，并能体现出与观测值较为一致的细节特征，且在量级上模拟值与观测值较为吻合。

依实测资料分析结果可知，在 30 年气候平均状态下，中国大陆东部的最高气温高值区主要分布在长江流域以及华南地区。由 A2/B2 情景及 A1B 情景的模拟结果可以看出，PRECIS 模式系统可以模拟出此特征，而且模拟出的中国最高气温由南向北的递减趋势，各条等温线的分布与观测大体一致。但是在江淮流域和黄河流域下游，模式模拟值较观测值高。模式对于新疆地区出现的高温区模拟出的范围也较大。这其中的可能原因，在上文平均温度的模拟结果验证部分做过说明。

依据实测资料分析可知，中国东北北部地区冬季常年处于 0℃ 以下，无论 A2/B2 情景还是 A1B 情景，模式系统能够模拟出这一地区多年平均冬季最高气温的分布。模式系统对冬季长江中下游最高气温的模拟值较观测值大。模式对青藏高原的模拟值同观测值较为接近，对新疆中部模式模拟值较观测值高，同时在华南地区模式模拟出的 20℃ 以上的高温区在观测中没有出现。

在中国东北北部地区，PRECIS 模拟系统模拟的多年平均夏季最高气温较观测值小，其对夏季 30℃以上最高气温的分布模拟较好，但是对青藏高原模拟的 10~20℃范围比观测值大，几乎覆盖了整个青藏高原。

总之，模式系统对 A2/B2 情景和 A1B 情景的中国气候基准时段的最高气温气候空间分布的主要特征几乎一样，且与实际观测结果相近。

4.2.3　对中国区域最低气温模拟能力的验证

PRECIS 对中国区域气候基准时段的年、冬季和夏季平均最低气温分布的模拟结果与观测值的对比如图 4.11、图 4.12 及图 4.13 所示。可以看出，无论 A2/B2 情景还是 A1B 情景，PRECIS 在线模式系统能够较好地模拟中国区域气候基准时段 30 年的年平均最低气温、冬季平均最低气温和夏季平均的最低气温的局地分布特征，与观测值吻合较好，并能体现出与观测值空间分布和空间变化梯度较为一致的细节特征，且量值分布在数量级上同观测值较为一致。

分析最低气温的模拟结果可以看出，虽然从全国范围来看模式模拟结果与观测值相当一致，但是 PRECIS 模式系统对黄河下游模拟值较观测值高，对青藏高原西部及南部及西南地区模拟值较观测值小。

此外，通过模拟结果与观测值的对比还可以看出，PRECIS 模式系统能够模拟出中国北方大部分地区多年平均冬季最低气温的分布。在中国东北北部地区，模式模拟值较观测值大。PRECIS 对冬季江淮流域以及华南地区最低气温模拟与观测值较为吻合，但是模式对青藏高原西部及南部地区模拟值较观测值低，范围小。

总体看来，A2/B2 和 A1B 情景模拟的结果具有高度一致性，PRECIS 模式系统对中国夏季最低气温平均值模拟结果与观测值相当接近。

4.2.4　模式对中国气温模拟能力评估小结

通过上文分析比较模式系统在 A1B、A2/B2 情景下模拟结果与实测场，HadCM3+PRECIS 对中国气温和降水的主要空间分布及时间变化特征模拟得相当好。对温度模拟而言，无论 A2/B2 情景还是 A1B 情景，对全国温度（年平均温度、最高温度、最低温度）的模拟值与观测值在空间温度梯度分布方面比较一致。在模拟中国区域温度的时间变化方面（季节变化、年际变化、30 年逐月时间序列变化）也与观测值趋势相似，基本较准确地刻画出了中国温度随时间的变化的主要特征。对中国区域平均气温的统计分布的模拟与实际观测统计分析分布特征大体上一致，尤其 A1B 情景，与实际观测温度的统计分析结果一致性更好。

4.3　不同情景下对中国区域降水模拟能力的验证

1. 空间分布特征分析

以 HadCM3 驱动 PRECIS，模式系统模拟的气候基准时段 30 年的 A2/B2、A1B 情景的年平均、冬季平均和夏季平均降水量的日均值与同期观测数据 (CN05) 分析的相应降水量平均的日均值空间分布图如图 4.14、图 4.15 及图 4.16 所示。总体看来，无论 A2/B2 情景，还是 A1B 情景，模式系统基本上模拟出了中国区域夏季平均降水由南向北、自东向西递减的大尺度空间分布特征，但模式模拟的中国内陆地区降水多于东南沿海地区。在四川、陕西与甘肃交界地区模拟的降水比实测高，华北沿太行山一线出现另一地形降水高值带。青藏高原南部地区模拟出由地形作用引起的降水高值区，与实测一致。然而，华南地区、东南沿海年均降水的模拟值比观测值明显低。

实际上，从这些图中还可以看出，无论 A2/B2 情景还是 A1B 情景，PRECIS 模拟的气候基准时段 (1961~1990) 的冬季平均降水量空间分布与同期观测结果相近似，较为成功地模拟出了位于长江流域的主要降水带和降水中心，明显优于对夏季降水和年均降水空间分布和量值的模拟。在 A2/B2 情景下，模式系统模拟的长江流域夏季降水明显偏少，江淮流域的降水中心没有准确地模拟出来，PRECIS 在 A1B 情景下比 A2/B2 情景时对中国东部夏季季风区降水模拟与观测值较接近，但是对 A1B 情景下位于长江中下游的降水中心模拟偏弱。

2. 降水月变化特征分析

图 4.17 和图 4.18 分别绘出中国区域气候基准时段 30 年实际观测的月降水日均值和 A2/B2、A1B 情景的 PRECIS 模拟的月平均降水量的比较。从图中分析可以看出，总体上，各月份模式的模拟值与观测值较为一致。不一致的地方是：A1B、A2/B2 情景模式模拟的下半年各月值与观测值较接近，只比观测值高一点，而上半年 A2/B2 情景及 A1B 情景模拟值明显比观测值大。

从图中可以看出，大多数情况下，无论 A2/B2 还是 A1B 情景，模拟值与观测值的距平季节变化总体趋势基本一致。从这方面可以看出，模式基本能模拟出中国的降水季节变化特征。

3. 统计特征分析

图 4.19 和图 4.20 分别绘出中国区域气候基准时段年 740 个台站日平均降水观测值与同期 PRECIS 在 A2/B2、A1B 情景下的模拟值的统计分布图。可以看到，模式系统在 A2/B2、A1B 情景模拟结果与观测的降水概率统计分布相当吻合。具体而言，就模式在 A2/B2、A1B 情景下的模拟结果在总体上的变化范围和变化趋势而言，与观测值的统计结果相比，具有很好的相似性。且在大于 200mm/d 的极端降水模拟得与观测值分布吻合得很好。这说明 PRECIS 对中国极端降水事件具有较好的模拟能力。

4. 小结

从上文的分析可以了解到，在中国区域的降水模拟方面 PRECIS 也能模拟出中国降水的时空分布和变化的一些主要特征。无论 A1B 情景还是 A2/B2 情景，模式系统对中国冬季的降水分布模拟的结果与实测场相近，位于长江中下游流域的降水中心模拟了出来，但是对华南地区、东南沿海的冬季降水的模拟值明显比观测值低；而对年平均和夏季降水的模拟与实测差别较明显，主要是西部山区地形降水较强，而位于江淮流域的降水中心没有模拟出来。

无论 A1B 情景还是 A2/B2 情景，模式系统对中国区域降水的统计分布特征的模拟能力也很突出，尤其是对小概率事件的强降水统计分布特征的模拟结果与实测场的统计形态特征相当近似。

4.4　观测与模拟的气温与降水标准差对比分析

图 4.21 绘出了气候基准时段的平均气温的实测和 PRECIS 模拟的 A2/B2、A1B 情景气温的标准差。从图中可以看出：区域气候模式系统模拟出的中国区域 A2/B2、A1B 情景的平均温度标准差的大尺度分布特征相互间的差别比较大。A2/B2 情景与 A1B 情景相比，长江中下游地区、东南沿海地区、华北地区及东北东南部的温度标准差偏大。与观测值相比，模拟的各情景的结果标准差大值落区大致相同，但范围明显偏大，而且华北和东北东南部的标准差值比观测的要明显偏大。

图 4.22 为气候基准时段 (1961~1990) 的降水实测与 PRECIS 模拟的 A2/B2、A1B 情景降水标准差。可以看出，PRECIS 模拟出的中国区域 A2/B2 和 A1B 情景的降水标准差的大尺度分布特征比较相近，长江中下游地区、东南沿海地区、华北地区及东北东南部为降水标准差高值区。与观测值的标准差相比，模拟的各情景的结果标准差大值落区大致相同，北方地区到青藏高原、西南地区的量值和空间分布特征较接近，而且华北和东北东南部的标准差比观测值的标准差要略大，且高值区域范围明显偏大。然而，降水标准差最大值与最小值的差值的绝对值大约为 0.70，标准差空间差别其实并不很大。

总体看来，模式模拟的年平均温度场与实测很接近，但是模拟的年平均温度场标准差与实测年均温度场标准差差别明显；模式模拟的年平均降水与实测降水偏差较大，但模拟的年均降水标准差与实测年均降水标准差却很接近。

4.5　对中国区域极端气候事件模拟能力的验证

4.5.1　与气温相关的极端事件模拟验证

1. 高温日数

图 4.23 是基于全球模式 HadCM3 的模拟结果驱动 PRECIS 模拟的气候基准时段 A2/B2、A1B 情景的高温日数与同期观测数据 (CN05) 分析的高温日数空间分布图。从图中给出的高温日数模拟结果与观测值的对比可以看出：PRECIS 基本上模拟出了中国区域高温日数的主要空间分布特征，中国大陆中东部、新疆南北疆盆地和广西等地区高温日数值较大，其他大部分地区高温日数模拟值与观测值差别不大。但模式对上述几个高值区的模拟值都要比观测值偏高，高值区的范围也偏大，对青藏高原南部观测到的高值区没有模拟出来，环渤海地区的模拟结果也与观测值结果差别很大。

2. 高温事件

图 4.24 是基于全球模式 HadCM3 驱动 PRECIS 模拟的气候基准时段 A2/B2、A1B 情景的高温事件与同期观测数据 (CN05) 分析的高温事件空间分布图。从高温事件模拟结果与观测值的对比可以看出：PRECIS 在线基本上模拟出了中国区域高温事件的大尺度空间分布特征，中国大陆东部 (除西南地区外)，新疆南北疆盆地、内蒙古西部和川东地区高温事件量值较大，青藏高原、内蒙古北部和黑龙江北部地区量值较小。但模式对上述几个高值区的模拟值都要比观测值高，高值的范围也偏大，青藏高原南部实测高值区的模拟值偏低。

3. 极端低温事件

图 4.25 是基于全球模式 HadCM3 的模拟结果驱动 PRECIS 模拟的气候基准时段 A2/B2、A1B 情景的极端低温事件与同期观测数据 (CN05) 分析的极端低温事件空间分布图。对比模拟结果与观测值分析结果的可以看出：HadCM3 驱动 PRECIS 在 A2/B2、A1B 情景下模拟的极端低温事件分布相差很大，与观测值 CN05 统计分析结果差别也很大。观测值分析结果表明，中国大陆东部 (除西南地区外)，新疆南北疆盆地、内蒙古西部、川西和云南东南等地区极端低温事件量值较大，青藏高原、内蒙古北部和黑龙江北部地区量值较小。但模式对上述几个高值区的模拟值都要比观测值高，高值的范围也偏大，青藏高原南部高值区的模拟值偏低。具体来说，A1B 情景的极端低温事件主要分布在山东、安徽、河北南部、山西和河南一带。A2/B2 情景的极端低温事件主要分布在华北平原和长江中下游平原，以及塔里木盆地、青藏高原地区。

4. 霜冻日数

图 4.26 给出的是基于全球模式 HadCM3 的模拟结果驱动 PRECIS 模拟的气候基准时段 A2/B2、A1B 情景的霜冻日数与同期观测数据 (CN05) 分析的霜冻日数空间分布图。对比图中的霜冻日数模拟结果与观测值分析结果可以看出：无论 A2/B2 情景还是 A1B 情景，HadCM3 驱动 PRECIS 模式能很好地模拟出了中国区域霜冻日数的空间分布特征，中国大陆东南地区 (华北东南部、华东、华南和西南)、新疆南北疆盆地和青藏高原南部地区霜冻日数较少，青藏高原和东北地区霜冻日数较多。但模式对霜冻日数较少的南方地区的模拟值都与观测值很相似，分布区域范围较一致，对青藏高原部分区域和东北地区霜冻日数的模拟值比实测略低。总体而言，模式模拟的结果很合理，对霜冻日数分布模拟与实际观测的基本一致。

5. 小结

总体来说，除极个别情况外，HadCM3 驱动 PRECIS 的模拟结果基本上显示出观测值分析出的与温度有关的极端事件的大尺度分布特征。这说明 PRECIS 嵌套 HadCM3 对与气温相关的中国极端气候事件具有较好的模拟能力。

模式模拟的极端低温事件的空间分布与实测相差很大，A1B 情景与 A2/B2 情景的结果差别也较大。但是模式系统对其他与温度相关的极端事件指数的模拟结果与依据实测温度场分析的结果有较好的一致性。

4.5.2　与降水相关的极端事件模拟验证

1. 连续干日数

图 4.27 是 HadCM3+PRECIS 模拟的气候基准时段 A2/B2、A1B 情景的连续干日数与同期观测数据 (CN05) 分析的连续干日数空间分布图。从图中给出的 A2/B2、A1B 情景下模式模拟结果与观测值分析结果的对比分析可以得出：PRECIS 模式系统基本上能模拟出中国区域连续干日数的主要空间分布特征，即中国内蒙古西部地区、西北荒漠地区和青藏高原等地连续干日数较高，其中新疆南北疆盆地、柴达木盆地最多，内蒙古西北部也较多，而中国东部大部分地区连续干日数较少。模式对 A2/B2、A1B 情景模拟的连续干日数分布特征很相似，且与观测值很接近。

但是，与观测场分析结果比较，模式对内蒙古大部分地区和青藏高原及东南部分地区 (浙江和福建交界地区) 的模拟值偏大，对新疆南北疆盆地的连续干日数模拟值偏高，高值范围也偏大。这也可能与观测场盆地荒漠地区测站少有关，或许模式模拟结果的可信度更高。

2. 湿日数

图 4.28 给出的是 HadCM3 驱动 PRECIS 模拟的气候基准时段 A2/B2、A1B 情景的湿日数与同期观测数据 (CN05) 分析的湿日数空间分布图。从图中 PRECIS 对中国区域气候基准时段的湿日数模拟结果与观测值对比分析后可以看出：PRECIS 基本上模拟出了中国区域湿日数的大尺度分布特征，也就是说，与连续干日数分布图相反，中国地区的内蒙古大部分地区、西北地区和新疆盆地湿日数较少，中国南方地区湿日数较高。

然而，模式对 A2/B2、A1B 情景模拟的南方湿日数模拟值的高值中心位置与实测比偏西，不准确。湿日数模拟值与观测值相比高值位置偏西，主要集中在西南地区和青藏高原东南部，而长江中下游地区、华南地区等地模拟的湿日数比观测的少。这与模式对中国大的降水中心模拟的系统偏差有关。

3. 连续 5 日最大降水量

图 4.29 为 HadCM3+PRECIS 模拟的气候基准时段 A2/B2、A1B 情景的连续 5 日最大降水量与同期观测数据 (CN05) 分析的连续 5 日最大降水量空间分布图。从图中给出的气候基准时段的连续 5 日最大降水量模拟结果与观测值对比分析后可以看出：无论 A2/B2 情景还是 A1B 情景，模式系统模拟出了中国区域连续 5 日最大降水量的基本空间分布特征，A1B 情景比 A2/B2 情景在中国东南部的模拟值更合理，与实测场接近。具体来讲，中国大陆东北大部、内蒙古、西北地区、新疆南北疆盆地和青藏高原连续 5 日最大降水量较少，中国东南沿海地区和青藏高原南部连续 5 日最大降水量较多。但模式对中国南方连续 5 日最大降水量模拟值的高值中心位置与观测结果有明显偏差。而模式对环渤海地区和青藏高原南

部的连续 5 日最大降水量模拟结果很好。

4. 极端降水事件频数

图 4.30 是 HadCM3+PRECIS 模拟的气候基准时段 A2/B2、A1B 情景的极端降水事件频数与同期观测数据 (CN05) 分析的极端降水事件频数空间分布图。从图中给出的 PRECIS 对中国区域气候基准时段的极端降水事件频数模拟结果与观测值的对比可以看出：无论在 A2/B2 情景还是 A1B 情景下，PRECIS 基本上模拟出了中国区域极端降水事件频数的主要空间分布特征，中国大陆东北大部、内蒙古、西北地区、新疆南北疆盆地和青藏高原极端降水事件频数较少，中国东南沿海地区和藏东南极端降水事件频数较多。但模式对中国南方地区极端降水事件频数模拟值的高值中心位置偏西，与观测结果有明显偏差，尤其是中国东南地区偏低。而模式对环渤海地区和青藏高原南部的极端降水事件频数模拟结果较合理。

5. 简单降水强度

图 4.31 分析绘出了 HadCM3+PRECIS 模拟的气候基准时段 A2/B2、A1B 情景的简单降水强度与同期观测数据 (CN05) 分析的简单降水强度空间分布。通过分析对比图中给出的模式系统对中国区域气候基准时段 30 年的简单降水强度模拟结果与观测值可以看出：与实测相比，PRECIS 基本上模拟出了中国区域简单降水强度的大尺度分布特征。模式在 A2/B2 情景与 A1B 情景的简单降水强度模拟空间分布相似，A1B 情景下长江中下游地区模式模拟的简单降水强度比 A2/B2 情景下略强。具体来看，中国大陆东北大部、内蒙古、西北地区、西南地区、新疆南北疆盆地和青藏高原简单降水强度较弱，其中西部荒漠地区简单降水强度量值最低。中国南方地区和青藏高原南麓简单降水强度较强。但模式对中国南方简单降水强度模拟值的高值中心位置与观测值相比偏差明显。而模式对华北地区和青藏高原南部的简单降水强度模拟结果较好。

6. 小结

通过以上综合分析可知，除湿日数外，其他与降水有关的极端事件指数的模拟结果与依据实测温度场分析的结果有较好的一致性。

模式模拟的湿日数的空间分布，A2/B2 情景与 A1B 情景的结果相似，主要中心位于西南地区和长江上游，与实测降水资料的统计结果差别较明显，这与模式对中国平均降水的模拟值与实测场偏差较大有关。

4.6 本章小结

通过以上验证分析，可以充分肯定 HadCM3 的模拟结果驱动 PRECIS 模式系统 (PRECIS 在线) 对中国区域历史气候的主要特征具有较强模拟再现能力。分析以 HadCM3 模拟的 A1B、A2/B2 情景结果为初、边值驱动的 PRECIS 模式系统对气候基准年的历史气候状态的模拟结果，可知 PRECIS 在线模拟的结果不仅对中国气候平均状态的模拟与实际观测较为接近，而且对中国极端气候事件的统计状态的模拟再现也很出色。HadCM3 驱动 PRECIS 模式系统对中国区域气温的模拟要好于对降水的模拟。

综合上文所分析结果，HadCM3 驱动 PRECIS 模式系统对中国气候较好的模拟能力主要表现在以下几个方面：

(1) 无论 A2/B2 情景还是 A1B 情景，对气候基准年 (1961~1990)30 年年平均温度、冬季和夏季平均温度的模拟结果的时空分布与观测较接近。

(2) 分析模式系统对中国气温的模拟值频率的统计分布结果表明，A1B 情景的模拟结果与全国 740 个台站实测气温频率统计分布非常相似，为双峰型，A2/B2 情景的模拟结果为单峰型，除此之外，总体分布特征与观测场统计结果相近；无论 A2/B2 情景还是 A1B 情景，模式系统对降水的模拟值频率统计分布图与观测值频率统计分布图非常接近，尤其是此结果凸显了 HadCM3 驱动 PRECIS 模式系统具有模拟中国气候极端高温事件和极端降水事件的能力。

(3) 模式模拟的年平均温度场标准差与实测年均温度场标准差差别明显；但模拟的年均降水标准差与实测年均降水标准差却很接近。

(4) 对中国极端气候事件指标的模拟结果与实测数据统计结果相比，与温度相关的高温日数、高温指数及霜冻日数，其空间分布的主要特征二者非常一致，而与降水有关的极端指数，如干日数、极端降水事件频数、连续 5 日最大降水量及简单降水强度等，模拟结果与实测统计值在北方地区大体相符，在中国东南地区有明显偏差。这与模式对降水模拟偏差有关。而且模拟与实测结果差别最明显的是极端低温事件和湿日数。

(5) 无论 A1B 情景还是 A2/B2 情景，模式系统对气候基准时段 30 年的夏季高温区域的温度模拟较好，对夏季和年平均降水的空间分布模拟结果与实测有一定的偏差，对冬季降水的模拟能力要优于夏季降水和年平均降水。正如验证篇第 3 章所述，究其原因，其一可能与冬夏影响中国降水的天气系统不一样有关，冬季以受副热带天气系统和冷空气活动影响为主，夏季以受热带和夏季风系统影响为主，而模式有限的模拟区域在东部和南部边界包含的区域范围不足以包含副热带和热带天气系统的影响，所以模拟的长江流域的降水中心偏西；其二可能与模式对高大地形较敏感有关，因而在中国西南到西北地区山区降水偏多；其三，模式系统存在的系统误差，必然对模拟结果产生影响。

总体上看来，HadCM3 驱动 PRECIS 对中国区域的温度模拟优于对降水的模拟，对与温度相关的极端事件指数的模拟结果同样地优于对与降水有关的极端事件指数的模拟结果。

综合验证篇第 3 章和本章的验证分析结果可以充分证明：PRECIS 模式系统本身 (PRECIS 离线) 及 PRECIS 模式系统嵌套 HadCM3 对中国气候具有较强的模拟能力，可以应用于发展中国区域未来的气候情景。

参考文献

胡亚男，柴绍忠，许吟隆，等. 2008. CERES-Maize模型在中国主要玉米种植区域的适用性. 中国农业气象，29(4): 383-386.

姜大膀，王会军，郎咸梅. 2004. 全球变暖背景下东亚气候变化的最新情景预测. 地球物理学报，47: 590-596.

居煇, 熊伟, 许吟隆. 2008. 东北春麦对气候变化的响应预测. 生态环境, 17(4): 1595-1598.
林而达, 许吟隆, 蒋金荷, 等. 2006. 气候变化国家评估报告(Ⅱ): 气候变化的影响与适应. 气候变化研究进展, 02: 51-56.
刘敏, 江志红. 2009. 13个IPCC AR4模式对中国区域近40a气候模拟能力的评估. 南京气象学院学报, 32(2): 256-268.
陶福禄, 熊伟, 许吟隆, 等. 2000. 气候变化情景下中国花生产量变化模拟. 中国环境科学, 20(5): 392-395.
王芳栋, 许吟隆, 李涛. 2010. 区域气候模式PRECIS对中国气候的长期数值模拟试验. 中国农业气象, 31(3): 327-332.
熊伟. 2009. 站点CERES-Rice模型区域应用效果和误差来源. 生态学报, 29(4): 2003-2009.
熊伟, 许吟隆, 林而达, 等. 2001. 气候变化对中国水稻生产的模拟研究. 中国农业气象, (4): 1-7.
熊伟, 许吟隆, 林而达, 等. 2004. 气候变化对中国水稻生产的模拟研究. 中国农业气象. 2001, 4: 1-7.
熊伟, 许吟隆, 林而达, 等. 2005. IPCC SRES A2和B2情景下中国玉米产量变化模拟. 中国农业气象, 26(1): 11-15.
熊伟, 许吟隆, 林而达, 等. 2005. 两种温室气体排放方案下中国水稻产量变化模拟. 应用生态学报, 16(1): 65-68.
熊伟, 杨婕, 林而达, 等. 2008. 未来不同气候变化情景下中国玉米产量的初步预测. 地球科学进展, 23(10): 1092-1102.
许崇海, 罗勇, 徐影. 2010. 全球气候模式对中国降水分布时空特征的评估和预估, 气候变化研究进展, 6(6): 398-404.
许崇海, 沈新勇, 徐影. 2007. IPCC AR4模式对东亚地区气候模拟能力的分析. 气候变化研究进展, 3(5): 287-292.
许吟隆, Jones R. 2004. 利用ECMWF再分析数据验证PRECIS对中国区域气候的模拟能力. 中国农业气象, 25(1): 5-9.
许吟隆, 张勇, 林一骅, 等. 2006. 利用PRECIS分析SRES B2情景下中国区域的气候变化响应. 科学通报, 51(17): 2068-2074.
IPCC. 2007. Climate Change 2007: The physical science basis. Contribution of working group I to the fourth assessment report of the intergovernmental panel on climate change. Cambridge: Cambridge University Press.
Jiang D B, Wang H J, Lang X M. 2005. Evaluation of East Asian climatology as simulated by seven coupled models. Advances in Atmospheric Sciences, 22(4): 479-495.
Nakicenovic N, Alcamo J, Davis G, et al. 2000. IPCC Special Report on Emissions Scenarios. Cambridge: Cambridge University Press.

图　目　录

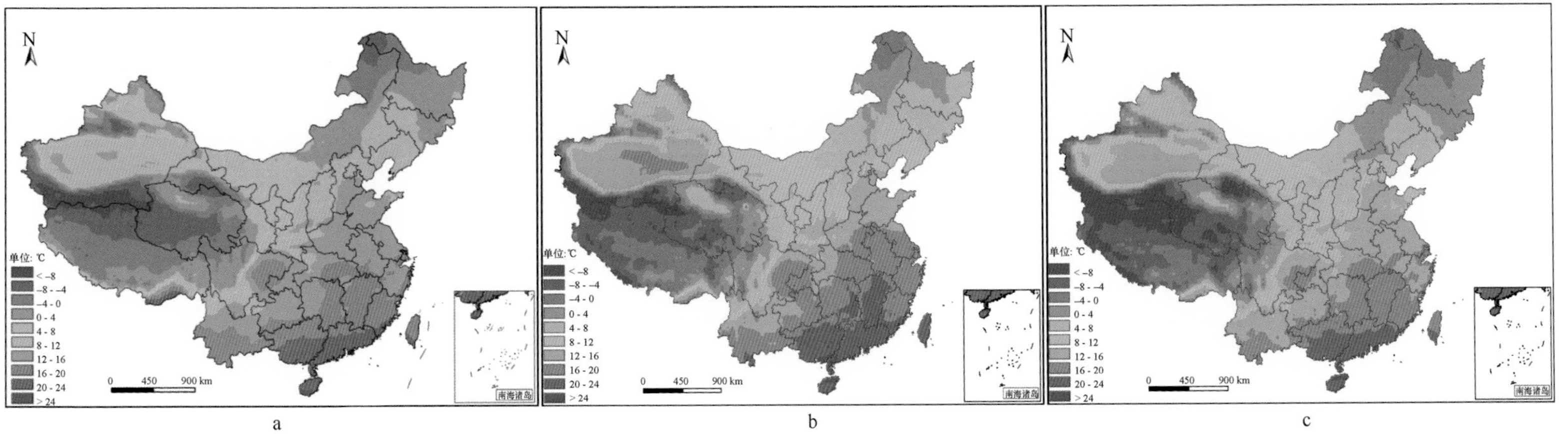

图 4.1　基于全球模式 HadCM3 驱动 PRECIS 模拟的气候基准时段 (1961~1990)A2/B2、A1B 情景的气温年均值与同期观测数据 (CN05) 分析的气温年均值的空间分布图

a. 观测数据的分析结果；b. A2/B2 情景下模拟的结果；c. A1B 情景下模拟的结果

从图 4.1 给出的 PRECIS 对中国区域气候基准时段 (1961~1990) 的气温年平均值模拟结果与观测值的对比可以看出：PRECIS 很好地模拟出了中国区域气温年平均值自南向北递减的温度梯度大尺度分布特征，纬度越低气温越高，高纬度的东北地区、高海拔的青藏高原地区气温年平均值较低。但模式对中国南方气温年平均的模拟值要比观测值高，尤其是长江中下游地区。对新疆盆地的模拟值高温范围要比观测值大，对青藏高原、华北和东北地区的气温年平均模拟值与观测值非常接近。

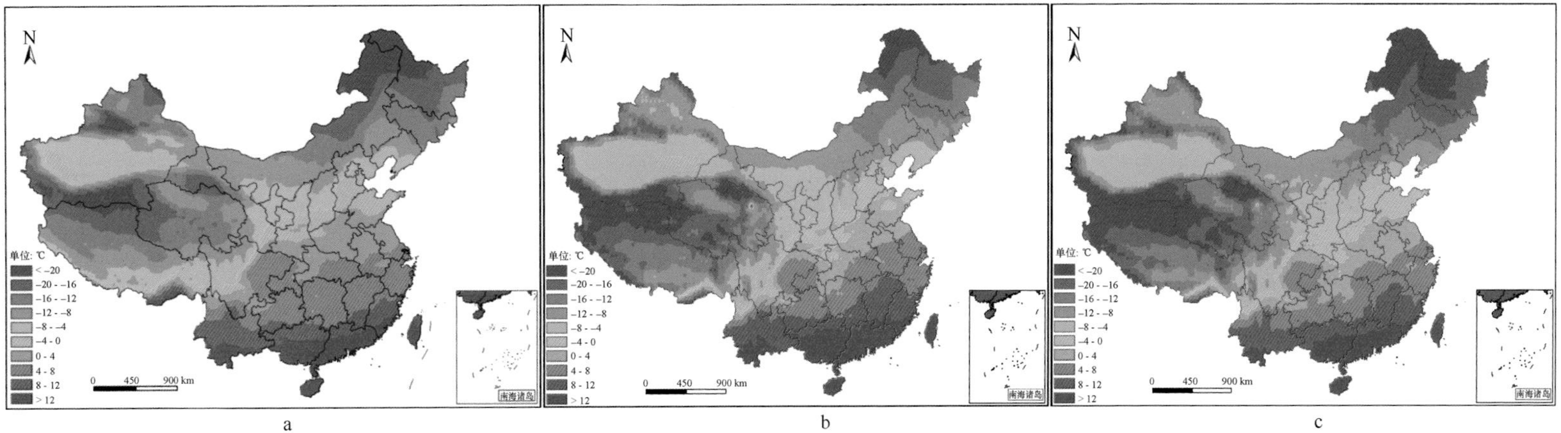

图 4.2　基于全球模式 HadCM3 驱动 PRECIS 模拟的气候基准时段 (1961~1990)A2/B2、A1B 情景的冬季气温平均值与同期观测数据 (CN05) 分析的冬季气温平均值的空间分布图

a. 观测数据的分析结果；b. A2/B2 情景下模拟的结果；c. A1B 情景下模拟的结果

从图 4.2 给出的 PRECIS 对中国区域气候基准时段 (1961~1990) 的冬季气温年平均值模拟结果与观测值的对比可以看出：PRECIS 很好地模拟出了中国区域冬季气温平均值自南向北递减的温度梯度大尺度分布特征，即纬度越低气温越高，高海拔的青藏高原地区气温较低。但模式对中国南方冬季气温平均的模拟值要比观测值低，青藏高原的模拟值稍高于观测值，新疆塔里木盆地、准噶尔盆地的模拟值高温范围要比观测值稍大，而华北和东北地区的冬季平均气温的模拟值与观测值很接近，对青藏高原南部气温的模拟值明显偏低。

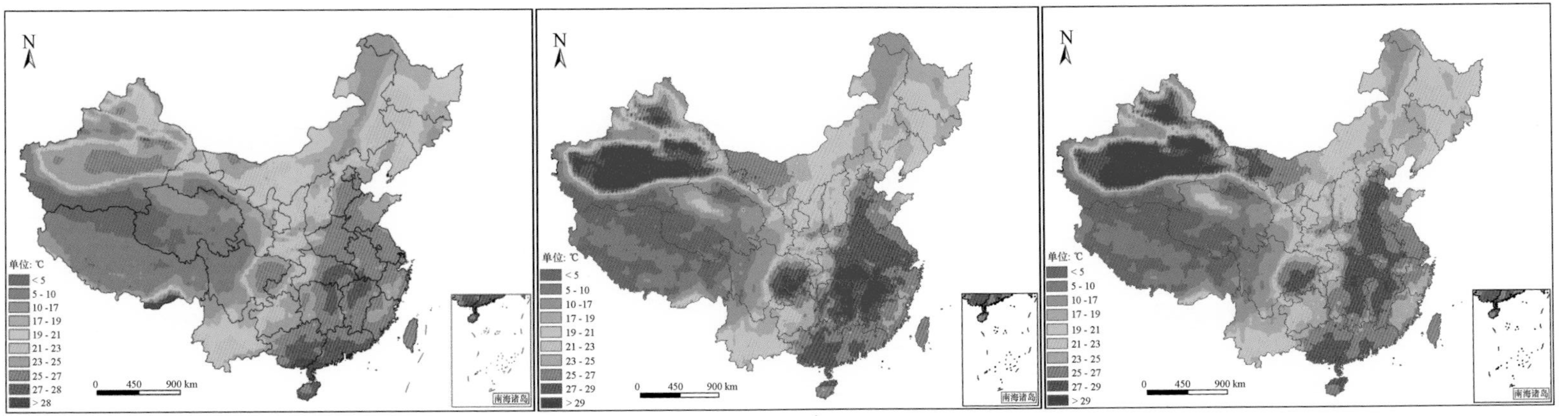

a b c

图 4.3 基于全球模式 HadCM3 驱动 PRECIS 模拟的气候基准时段 (1961~1990)A2/B2、A1B 情景的夏季气温平均值与同期观测数据 (CN05) 分析的夏季气温平均值的空间分布图

a. 观测数据的分析结果；b. A2/B2 情景下模拟的结果；c. A1B 情景下模拟的结果

从图 4.3 中给出的 HadCM3+PRECIS 对中国区域气候基准时段 (1961~1990) 的夏季气温年平均值模拟结果与观测值的对比可以看出：PRECIS 很好地模拟出了中国区域夏季气温平均值自南向北递减的大尺度分布特征，中国大陆中东部地区、四川盆地和新疆南北疆盆地气温较高，青藏高原、东北地区气温较低，但模式对中国中东部和新疆南北疆盆地夏季气温平均的模拟值要比观测值高，高温范围偏大，对东北、西南、东南沿海到华南地区夏季气温平均的模拟值与观测值较为接近。模拟的青藏高原温度空间变化层次较观测的精细，尤其是柴达木盆地温度模拟结果比插值的观测值 (高原地区观测站点较少，分布不匀) 合理，对青藏高原南部气温的模拟值明显偏低。

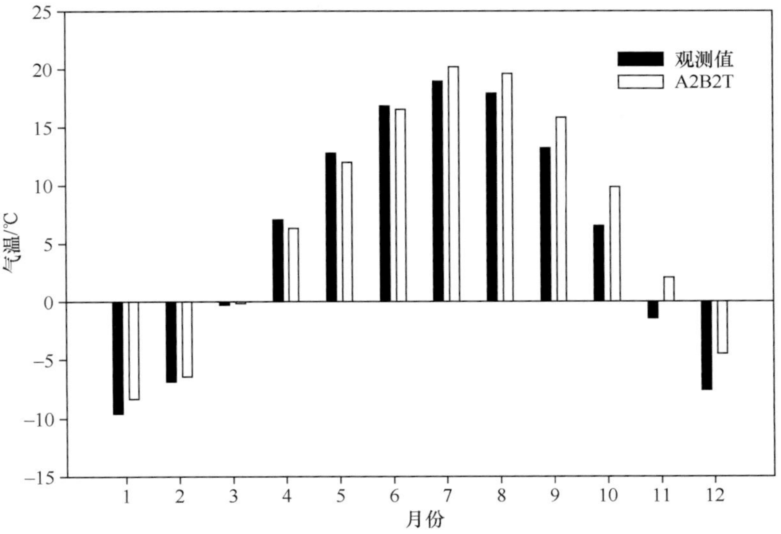

图 4.4　中国区域气候基准时段 (1961~1990)30 年的月平均气温观测值与 A2/B2 情景的月平均气温模拟结果的比较

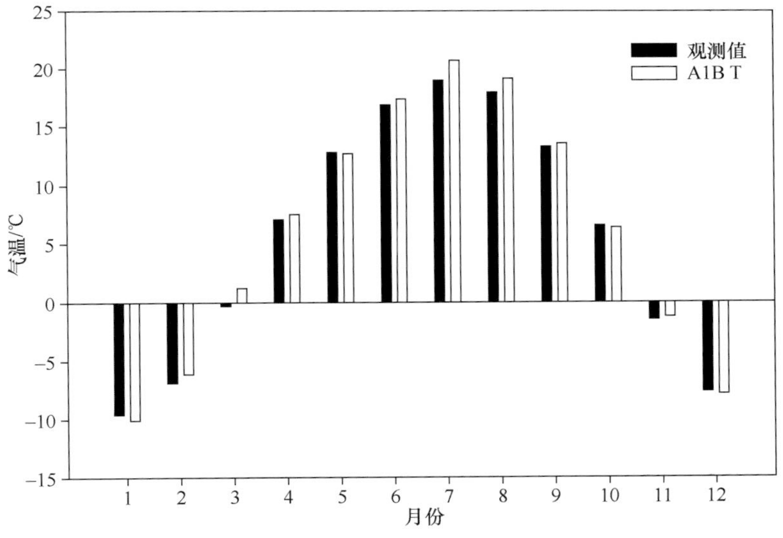

图 4.5　中国区域气候基准时段 (1961~1990)30 年的月平均气温观测值与 A1B 情景的月平均气温模拟结果的比较

图 4.4 和图 4.5 分别给出的是中国区域 1961~1990 年 30 年的月平均气温观测值和 A2/B2、A1B 情景的月平均气温的 PRECIS 模拟值的比较，可以看出，各月份模式在 A2/B2 及 A1B 情景的月平均气温的模拟值与月平均气温的观测值较为一致。其中 A1B 情景的月平均气温的模拟值与观测值最为接近，A2/B2 情景模式模拟的下半年各月的月平均气温值要比实际观测的月平均温度高一点。

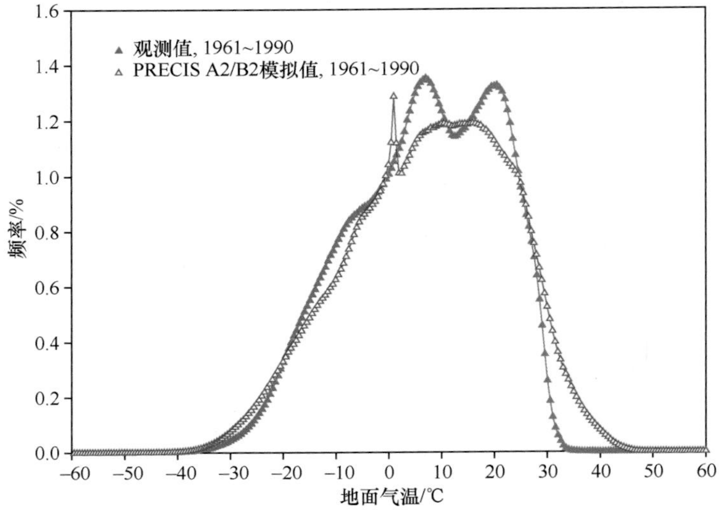

图 4.6　中国区域气候基准时段 (1961~1990)30 年的我国 740 个台站日平均气温观测值与 A2/B2 情景 PRECIS 模拟值的统计分布

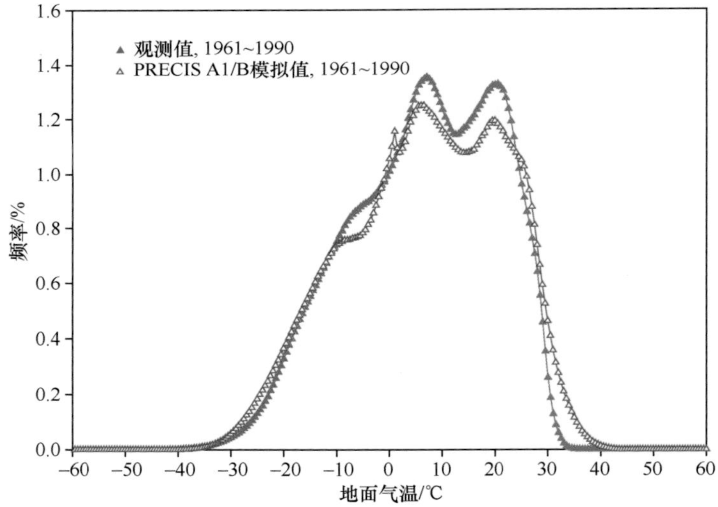

图 4.7　中国区域气候基准时段 (1961~1990)30 年的我国 740 个台站日平均气温观测值与 A1B 情景 PRECIS 模拟值的统计分布

模式系统在 A1B 情景下日平均气温的模拟值与日平均气温的观测值的概率统计分布相当相似，与日平均气温的观测值统计分布一样，0℃到 28℃之间为双峰，模拟的双峰间的低谷稍偏右。A2/B2 情景模拟结果日平均气温值统计分布为单峰型，A1B 和 A2/B2 情景下的模拟结果在 0℃处均有跳跃尖点。具体而言，就模式在 A2/B2、A1B 情景下的模拟结果在总体上的变化范围和变化趋势而言，与观测值的统计结果相比，具有相似性，在 30~40℃比实际观测结果的统计频率大一些。

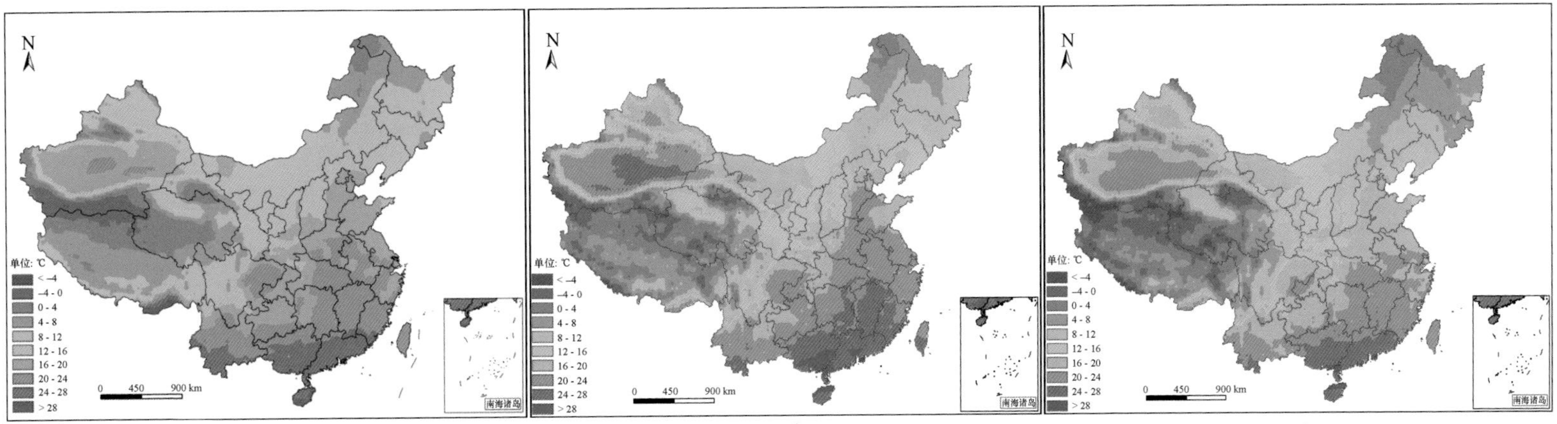

图 4.8　基于全球模式 HadCM3 驱动 PRECIS 模拟的气候基准时段 (1961~1990)A2/B2、A1B 情景的最高气温年均值与同期观测数据 (CN05) 分析的最高气温年均值的空间分布图

a. 观测数据的分析结果；b. A2/B2 情景下模拟的结果；c. A1B 情景下模拟的结果

从图 4.8 中给出的 HadCM3+PRECIS 对中国区域气候基准时段 (1961~1990) 的最高气温年平均值模拟结果与观测值的对比可以看出：无论 A2/B2 情景还是 A1B 情景，PRECIS 模式系统很好地模拟出了中国区域最高气温年平均值自南向北递减的温度梯度大尺度分布特征，即中国大陆南部地区、新疆盆地和青藏高原北部部分地区最高气温值较大，青藏高原、东北地区最高气温值较小。但模式对中国南部、新疆盆地和青藏高原南部地区最高气温年平均的模拟值要比观测值低、范围偏小，对华北和东北地区最高气温年平均的模拟值与观测值很接近。模式在 20℃以上的区域分布与观测值吻合较好，只在新疆盆地范围明显扩大。总之，A2/B2 和 A1B 情景模拟的结果很相似，模式系统对我国最高气温年均值模拟结果与实测场相当接近。

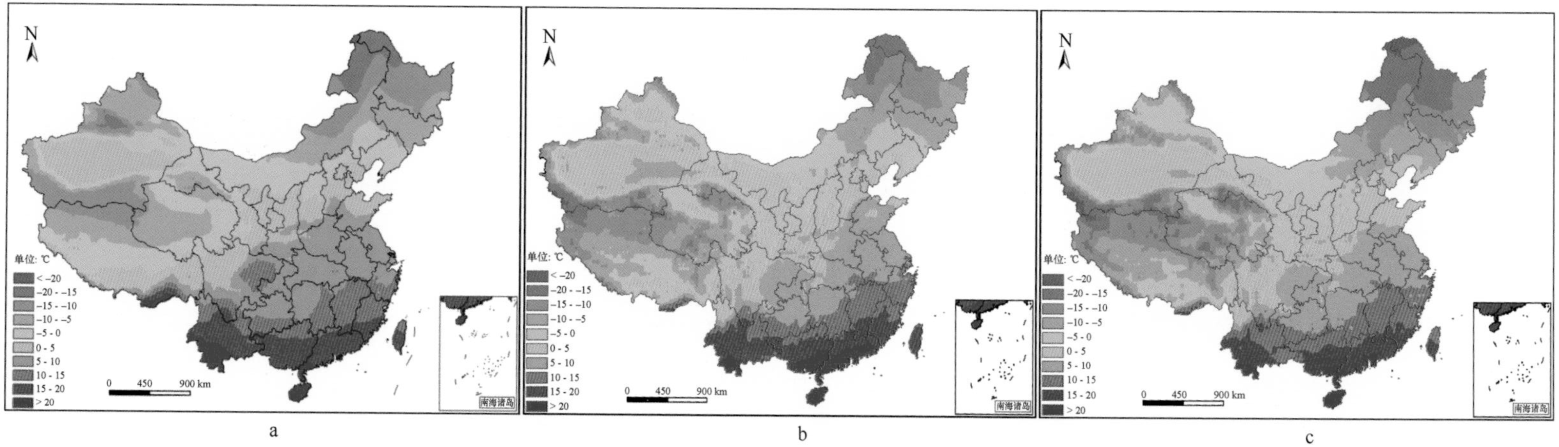

图 4.9 基于全球模式 HadCM3 驱动 PRECIS 模拟的气候基准时段 (1961~1990)A2/B2、A1B 情景的冬季最高气温平均值与同期观测数据 (CN05) 分析的冬季最高气温平均值的空间分布图

a. 观测数据的分析结果；b. A2/B2 情景下模拟的结果；c. A1B 情景下模拟的结果

从图 4.9 中给出的 PRECIS 对中国区域气候基准时段 (1961~1990) 的冬季最高气温平均值模拟结果与观测值的对比可以看出：无论 A2/B2 情景还是 A1B 情景，PRECIS 很好地模拟出了中国区域冬季最高气温平均值自南向北递减的大尺度分布特征，中国大陆南部地区、新疆盆地和青藏高原南麓部分地区冬季最高气温较高，青藏高原、东北地区冬季最高气温较低，模式对不同情景下冬季最高气温平均的模拟值总体上与观测值很接近，模拟效果较好。A2/B2 和 A1B 情景模拟的结果很相似，我国东部温度的南北梯度的模拟与实际观测结果相当接近。

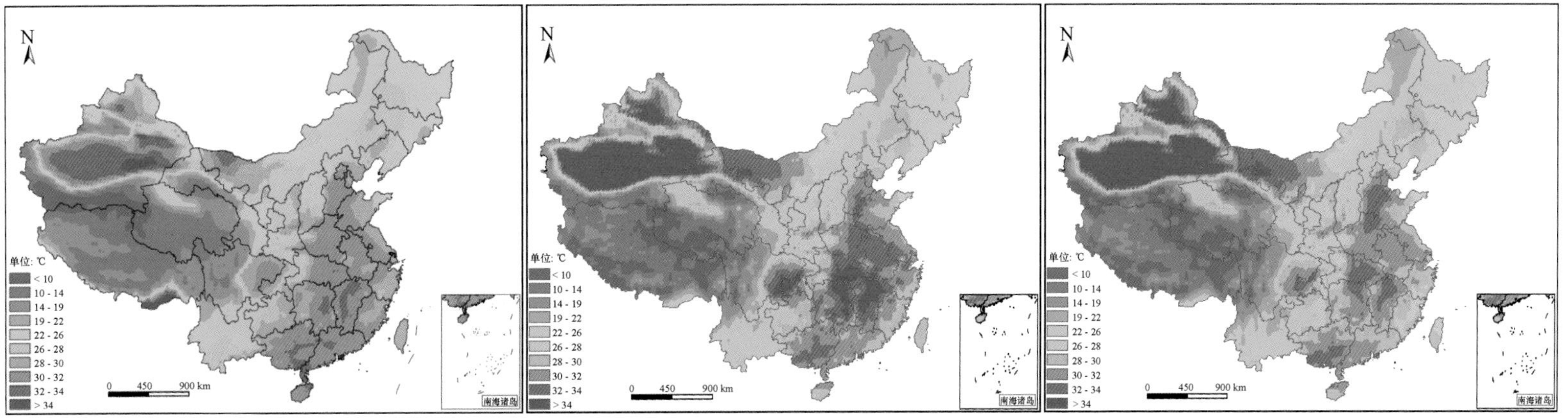

a b c

图 4.10 基于全球模式 HadCM3 驱动 PRECIS 模拟的气候基准时段 (1961~1990)A2/B2、A1B 情景的夏季最高气温平均值与同期观测数据 (CN05) 分析的夏季最高气温平均值的空间分布图

a. 观测数据的分析结果；b. A2/B2 情景下模拟的结果；c. A1B 情景下模拟的结果

从图 4.10 中给出的 PRECIS 对中国区域气候基准时段 (1961~1990) 的夏季最高气温平均值模拟结果与观测值的对比可以看出：无论 A2/B2 情景还是 A1B 情景，PRECIS 很好地模拟出了中国区域夏季最高气温平均值自南向北递减的温度梯度大尺度分布特征，具体为：模式在青藏高原、西南、东北等地区的模拟值与观测值相近。模拟的最高气温空间分布特征与实际观测相似，即中国大陆中东部地区、新疆南北疆盆地、内蒙古西部、四川东部地区夏季最高气温较高，青藏高原、东北地区夏季最高气温较低。但与观测值相比，模式对上述高值区的模拟值要偏高，对青藏高原南部夏季最高气温的模拟值偏低，范围偏小。总的看来，A2/B2 和 A1B 情景模拟的结果很相似，模式系统对我国夏季最高气温平均值模拟结果与实际观测结果相当接近。

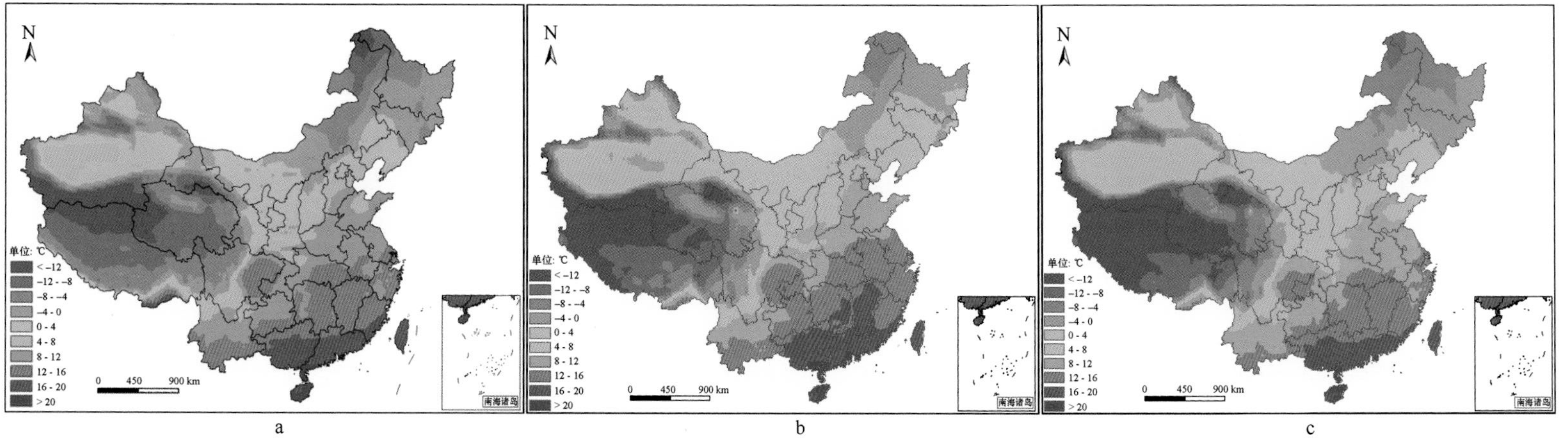

图 4.11　基于全球模式 HadCM3 驱动 PRECIS 模拟的气候基准时段 (1961~1990)A2/B2、A1B 情景的最低气温年均值与同期观测数据 (CN05) 分析的最低气温年均值的空间分布图

a. 观测数据的分析结果；b. A2/B2 情景下模拟的结果；c. A1B 情景下模拟的结果

从图 4.11 中给出的 PRECIS 模式系统对中国区域气候基准时段 (1961~1990) 的最低气温年平均值模拟结果与观测值的对比可以看出：无论 A2/B2 情景还是 A1B 情景，PRECIS 模式系统很好地模拟出了中国区域最低气温年平均值自南向北递减的温度梯度空间分布特征，较好地模拟出了中国大陆华北、华东到华南的广大地区的较高的最低气温年平均值，青藏高原、东北地区最低气温年平均值较低的突出特征。A2/B2 和 A1B 情景模拟的结果很相似，只在华南到华中、川东的温度大值区范围不一样，与实测场相当一致。但是，相对于观测值，模式系统在青藏高原南部最低气温年均值的模拟值要偏低，范围偏小，对中国其他地区最低气温年均值的模拟值与观测值较接近。

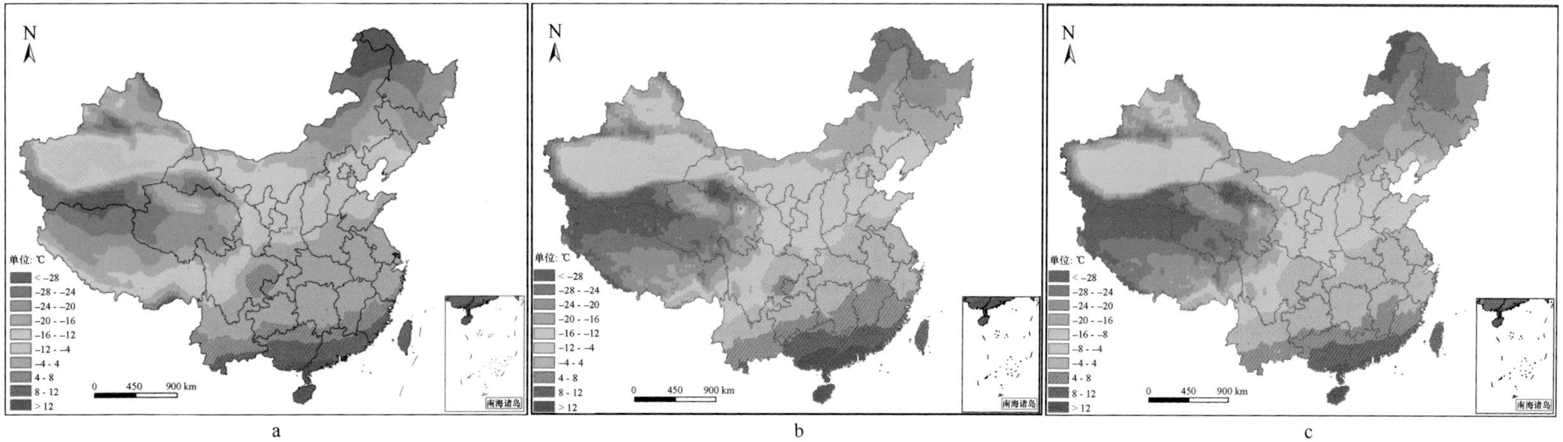

图 4.12　基于全球模式 HadCM3 驱动 PRECIS 模拟的气候基准时段 (1961~1990)A2/B2、A1B 情景的最低气温冬季平均值与同期观测数据 (CN05) 分析的最低气温冬季平均值的空间分布图

a. 观测数据的分析结果；b. A2/B2 情景下模拟的结果；c. A1B 情景下模拟的结果

从图 4.12 中给出的 PRECIS 对中国区域气候基准时段 (1961~1990)30 年的冬季最低气温平均值模拟结果与观测值的对比可以看出：无论 A2/B2 情景还是 A1B 情景，PRECIS 模式系统很好地模拟出了中国区域冬季最低气温平均值自北向南递增的空间分布特征，如高海拔的青藏高原、高纬度的东北地区冬季最低气温较低，中国大陆东南地区、青藏高原南部地区冬季最低气温较高的特征也较好地被模拟出来。模式对冬季平均最低气温的模拟值总体上与观测值很接近，模拟效果较好。

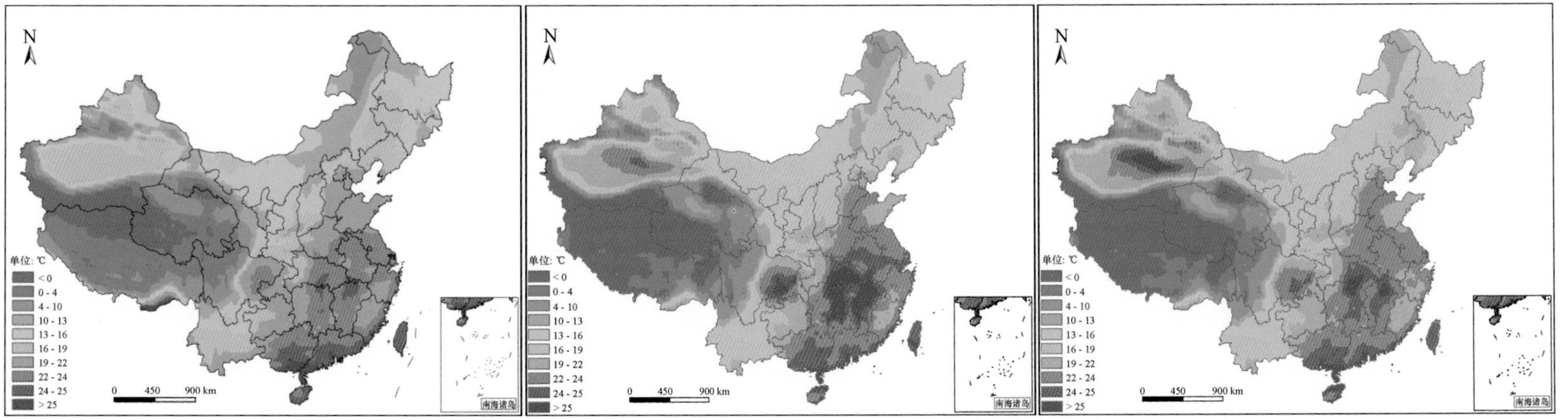

a b c

图 4.13　基于全球模式 HadCM3 驱动 PRECIS 模拟的气候基准时段 (1961~1990)A2/B2、A1B 情景的夏季最低气温平均值与同期观测数据 (CN05) 分析的夏季最低气温平均值的空间分布图

a. 观测数据的分析结果；b. A2/B2 情景下模拟的结果；c. A1B 情景下模拟的结果

从图 4.13 给出的 PRECIS 对中国区域气候基准时段 (1961~1990) 的夏季最低气温平均值模拟结果与观测值的对比可以看出：无论 A2/B2 情景还是 A1B 情景，PRECIS 模式系统很好地模拟出了中国区域夏季最低气温平均值自南向北递减的大尺度空间分布特征，中国大陆中东部地区、新疆盆地和青藏高原东部的西南地区夏季最低气温较高，青藏高原、东北地区夏季最低气温较低。但模式模拟的中国中东部、新疆南北疆盆地的夏季最低气温比观测值高，而青藏高原南部地区夏季最低气温的平均值要比观测值低，其他地区模拟值与观测值较接近。A2/B2 和 A1B 情景模拟的结果很相似，模式系统对我国夏季最低气温平均值模拟结果与实际观测结果相当接近。

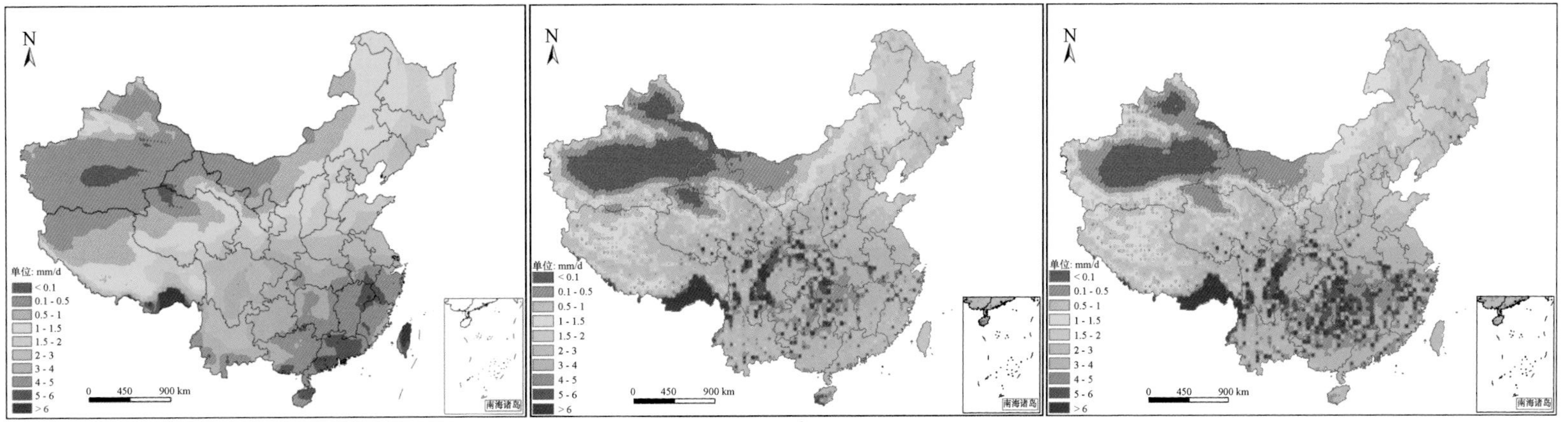

a　　b　　c

图 4.14　基于全球模式 HadCM3 驱动 PRECIS 模拟的气候基准时段 (1961~1990)A2/B2、A1B 情景的年平均降水量的日均值与同期观测数据 (CN05) 分析的年平均降水量的空间分布图

a. 观测数据的分析结果；b. A2/B2 情景下模拟的结果；c. A1B 情景下模拟的结果

从图 4.14 中年平均降水量模拟结果与观测值的对比可以看出：无论 A2/B2 还是 A1B，模式系统基本上模拟出了中国区域年平均降水量由南向北、自东向西递减的大尺度空间分布特征，但模式模拟的中国内陆地区降水多于东南沿海地区。在四川、陕西与甘肃交界地区模拟的降水量比实测高，青藏高原南部地区模拟出由地形作用引起的降水高值区，与实际观测一致。然而，华南地区、东南沿海的年均降水量的模拟值明显比观测值低。模式在 A1B 情景下对我国东部季风区降水的模拟明显比其在 A2/B2 情景下模拟得要好得多。

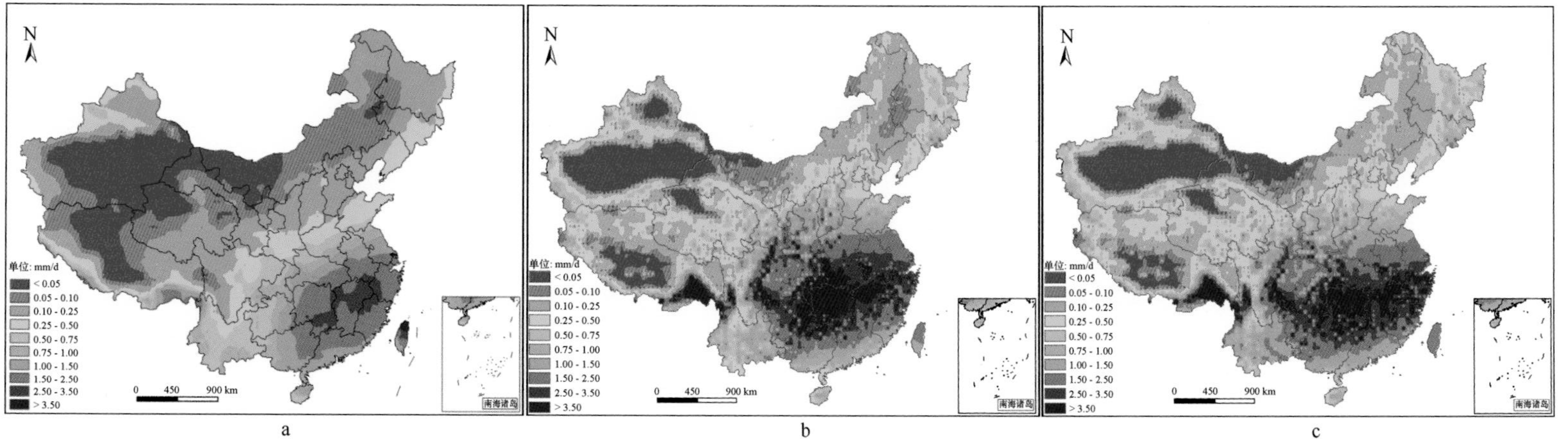

图 4.15 基于全球模式 HadCM3 驱动 PRECIS 模拟的气候基准时段 (1961~1990)A2/B2、A1B 情景的冬季平均降水量的日均值与同期观测数据 (CN05) 分析的冬季平均降水量的空间分布图

a. 观测数据的分析结果；b. A2/B2 情景下模拟的结果；c. A1B 情景下模拟的结果

从图 4.15 中冬季平均降水量模拟结果与观测值的对比可以看出：无论在 A2/B2 情景还是 A1B 情景下，模式基本上模拟出了中国区域冬季平均降水量自东南向西北递减的大尺度分布特征，而且对冬季长江流域的主要降水带模拟得较为成功，但模拟值与观测值相比偏高；另外模式模拟的中国西北的陕西和山西、东北的黑龙江和吉林东部地区冬季平均降水量与观测值相比偏高；在四川、陕西与甘肃交界地区及青藏高原南麓，模拟的由地形作用引起的降水量明显比观测值高，而模式对华南地区冬季平均降水量的模拟结果与观测的较一致。总体来说，模式对我国冬季降水特征模拟得较好。

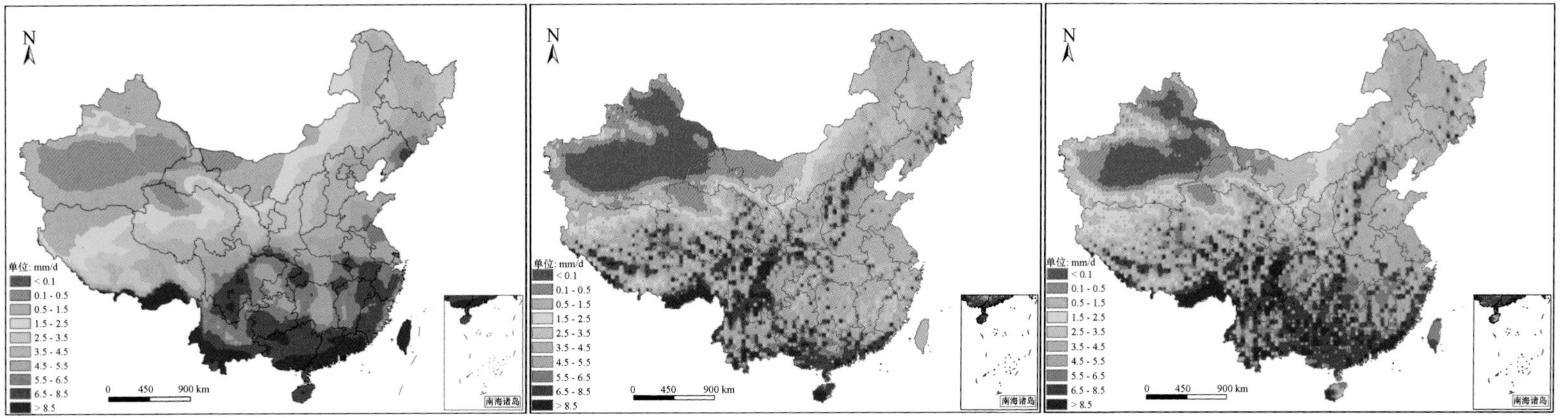

图 4.16 基于全球模式 HadCM3 驱动 PRECIS 模拟的气候基准时段 (1961~1990)A2/B2、A1B 情景的夏季平均降水量的日均值与同期观测数据 (CN05) 分析的夏季平均降水量的空间分布图

a. 观测数据的分析结果；b. A2/B2 情景下模拟的结果；c. A1B 情景下模拟的结果

从图 4.16 中夏季平均降水量模拟结果与观测值的对比可以看出：模式系统基本上模拟出了中国区域夏季平均降水量由南向北、自东向西递减的大尺度分布特征，但无论 A2/B2 情景还是 A1B 情景，模式模拟的中国秦岭以西、青藏高原、华北和东北部等地区夏季平均降水量的模拟值与观测值相比偏高，对长江中下游流域、川东、西南、东南沿海地区夏季平均降水量的模拟结果比观测值小，尤其是 A2/B2 情景，长江流域降水量模拟得明显太少，江淮流域的降水中心没有被准确地模拟出来，A1B 情景下位于长江中下游的降水中心模拟偏弱。而且，显而易见，模式在 A1B 情景对我国东部夏季季风区降水的模拟比在 A2/B2 情景的要好很多。

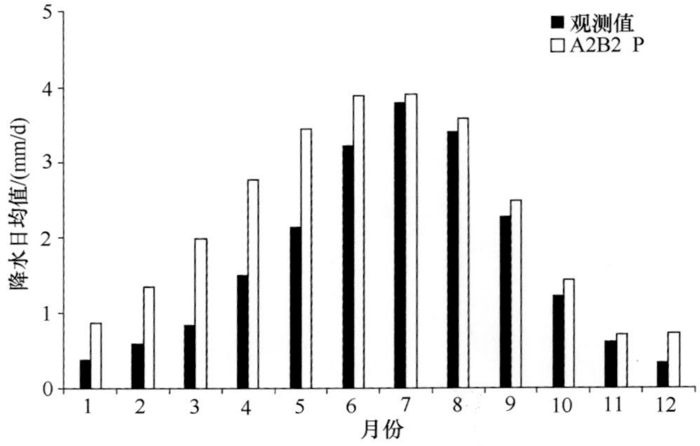

图 4.17 中国区域气候基准时段 (1961~1990)30 年的观测与模式模拟的 A2/B2 情景月平均降水量的比较

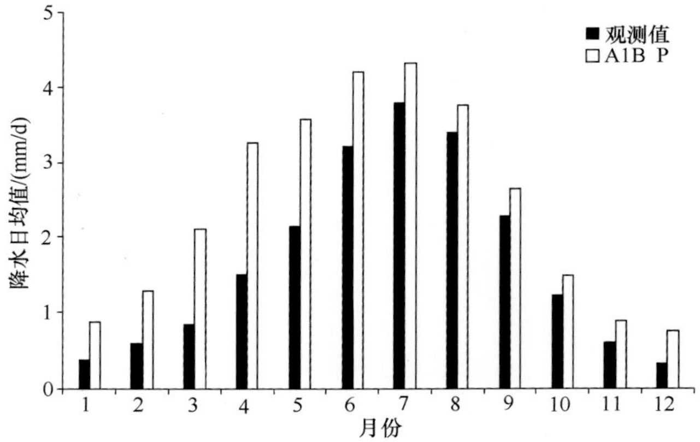

图 4.18 中国区域气候基准时段 (1961~1990)30 年的实际观测的与模式模拟的 A1B 情景月平均降水量的比较

以上两图分别给出的是中国区域 1961~1990 年 30 年的实际观测的月平均降水量的日均值和 A2/B2、A1B 情景的 PRECIS 模拟的月平均降水量的比较。可以看出，各月份模式在 A2/B2 及 A1B 情景的模拟值与观测值较为一致。其中上半年各情景模拟值明显比观测值大，A1B、A2/B2 情景的模式模拟的下半年各月平均降水量的数值与观测值较接近，只比观测值高一点。

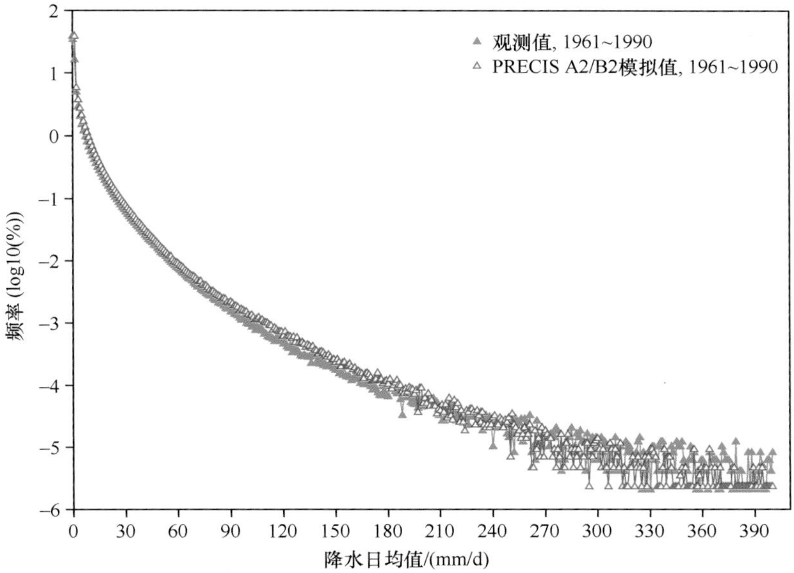

图 4.19　中国区域气候基准时段 (1961~1990) 的 740 个台站日平均降水量的观测值与同期 PRECIS 在 A2/B2 情景的日平均降水量的模拟值的统计分布

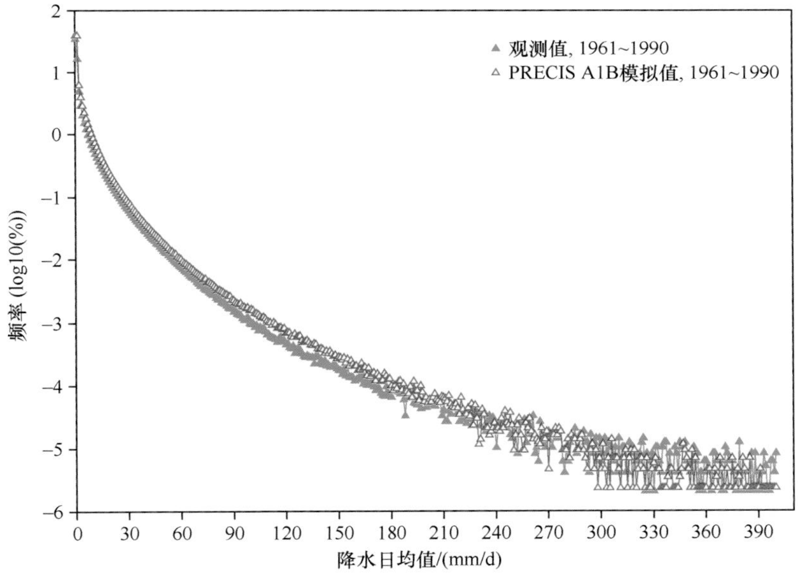

图 4.20　中国区域气候基准时段 (1961~1990) 的 740 个台站日平均降水量的观测值与同期 PRECIS 在 A1B 情景的日平均降水量的模拟值的统计分布

模式系统在 A2/B2、A1B 情景模拟的日平均降水量与观测的降水量的日均值概率统计分布相当吻合。具体而言，就模式在 A2/B2、A1B 情景下的模拟结果在总体上的变化范围和变化趋势而言，与观测值的统计结果相比具有很好的相似性。且在大于 200mm/d 的极端降水模拟结果与观测值分布吻合得很好。这说明 PRECIS 对我国极端降水事件具有较好的模拟能力。

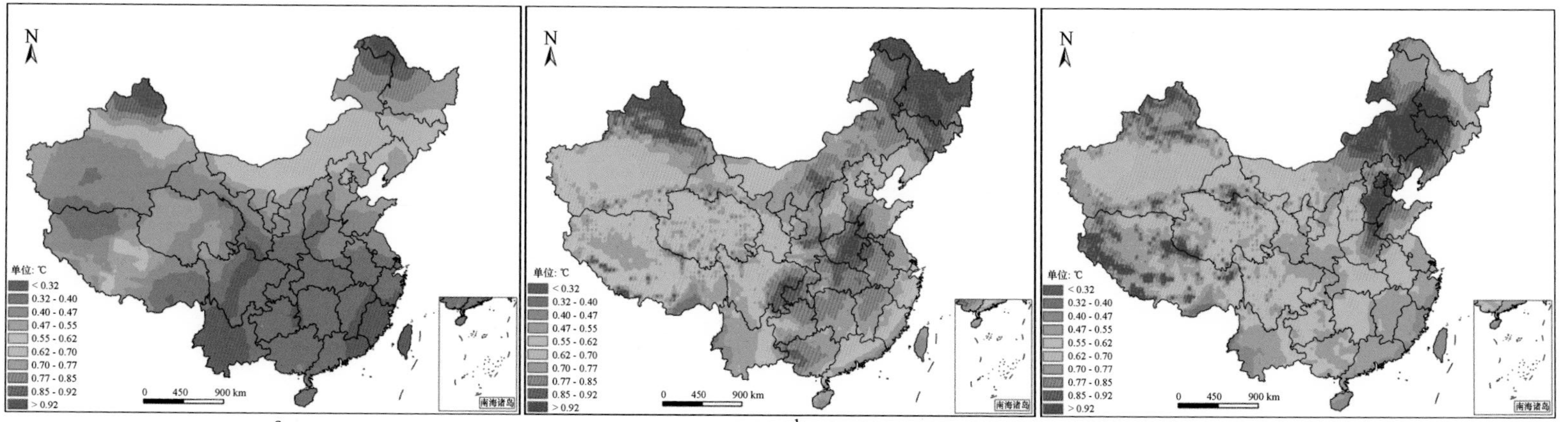

a b c

图 4.21 基于全球模式 HadCM3 驱动 PRECIS 模拟的气候基准时段 (1961~1990)A2/B2、A1B 情景的平均温度标准差与同期观测数据 (CN05) 分析的平均温度标准差的空间分布图

a. 观测数据的分析结果；b. A2/B2 情景下模拟的结果；c. A1B 情景下模拟的结果

从图 4.21 中给出的 HadCM3+PRECIS 模式系统对中国区域气候基准时段 (1961~1990)30 年的 A2/B2、A1B 情景的平均温度标准差与观测 (CN05) 的平均温度标准差的对比可以看出：区域气候模式系统模拟出的中国区域 A2/B2、A1B 情景的平均温度标准差的大尺度分布特征相互间的差别比较大。A2/B2 情景与 A1B 情景的标准差差别也很大。与实测相比，模拟的各情景的结果标准差大值落区大致相同，但范围明显偏大，而且华北和东北东南部的标准差值比实测场要大。然而，标准差最大值与最小值相差约 0.72，标准差空间差别其实并不很大。

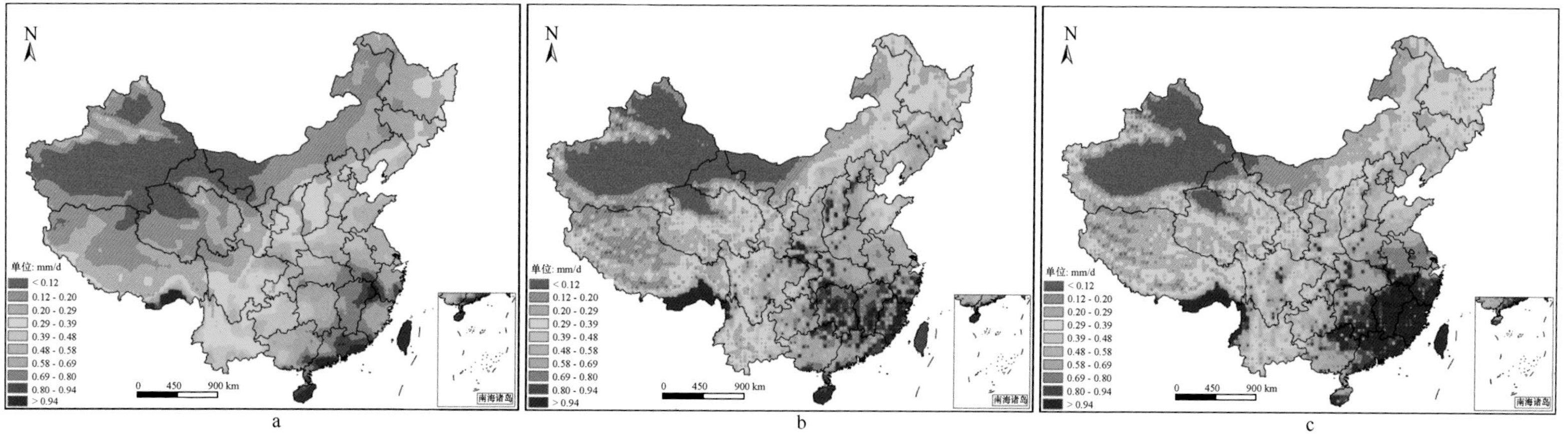

图 4.22 基于全球模式 HadCM3 驱动 PRECIS 模拟的气候基准时段 (1961~1990)A2/B2、A1B 情景的降水标准差与同期观测数据 (CN05) 分析的降水标准差的空间分布图

a. 观测数据的分析结果；b. A2/B2 情景下模拟的结果；c. A1B 情景下模拟的结果

从图 4.22 中给出的 HadCM3+PRECIS 模式系统对中国区域气候基准时段 (1961~1990)30 年的 A2/B2、A1B 情景的降水标准差的模拟结果与观测值的对比可以看出：区域气候模式系统模拟出的中国区域 A2/B2 和 A1B 情景的降水标准差的大尺度分布特征比较相近，长江中下游地区以及东南沿海地区华北地区及东北东南部为降水标准差高值区。与实测相比，模拟的各情景的结果标准差大值落区大致相同，北方地区到青藏高原、西南地区的量值和空间分布特征较接近，而且华北和东北东南部的标准差值比实测场要略大且高值区域范围明显偏大。然而，降水标准差最大值与最小值相差约 0.70，标准差空间差别其实并不很大。

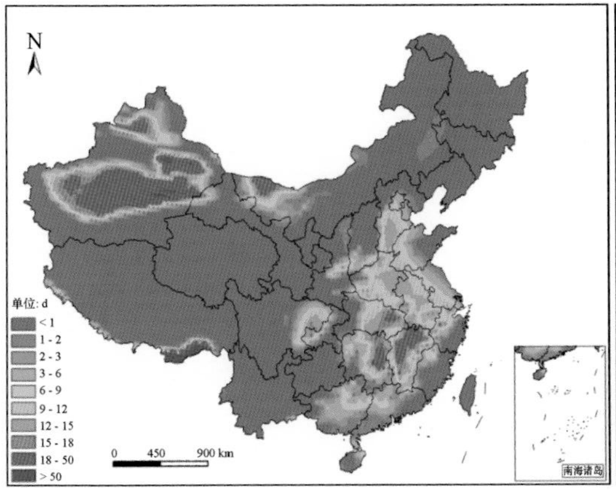

a

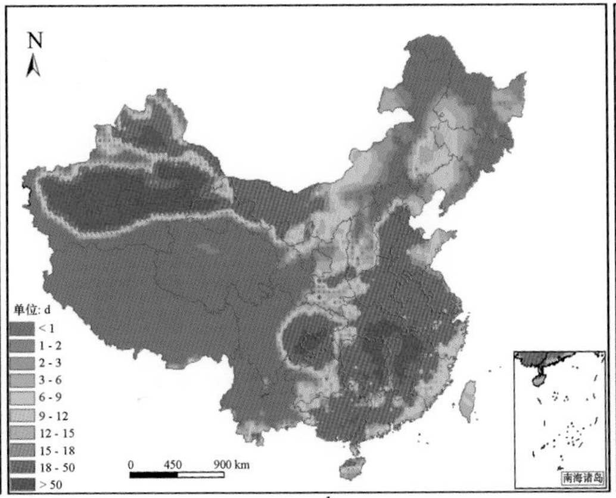

b

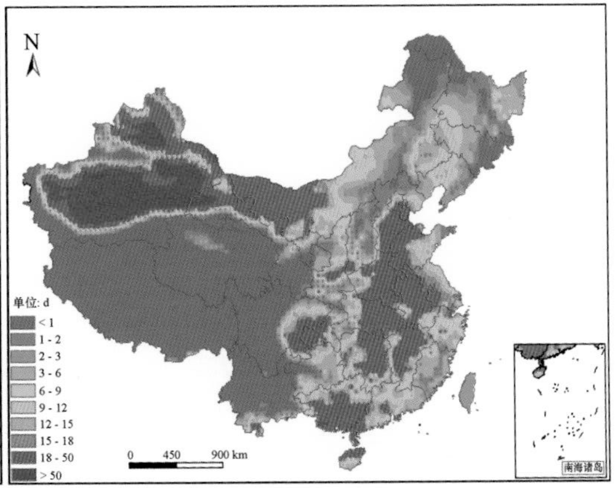

c

图 4.23 基于全球模式 HadCM3 驱动 PRECIS 模拟的气候基准时段 (1961~1990)A2/B2、A1B 情景的高温日数与同期观测数据 (CN05) 分析的高温日数的空间分布图

a. 观测数据的分析结果；b. A2/B2 情景下模拟的结果；c. A1B 情景下模拟的结果

从图 4.23 中给出的高温日数模拟结果与观测值的对比可以看出：PRECIS 基本上模拟出了中国区域高温日数的主要空间分布特征，中国大陆中东部、新疆南北疆盆地和广西等地区高温日数值较大，其他大部分地区高温日数模拟值与观测值差别不大。但模式对上述几个高值区的模拟值都要比观测值高，高值区的范围也偏大，对青藏高原南部的高值区没有模拟出来，环渤海地区的模拟结果也与观测值结果差别很大。

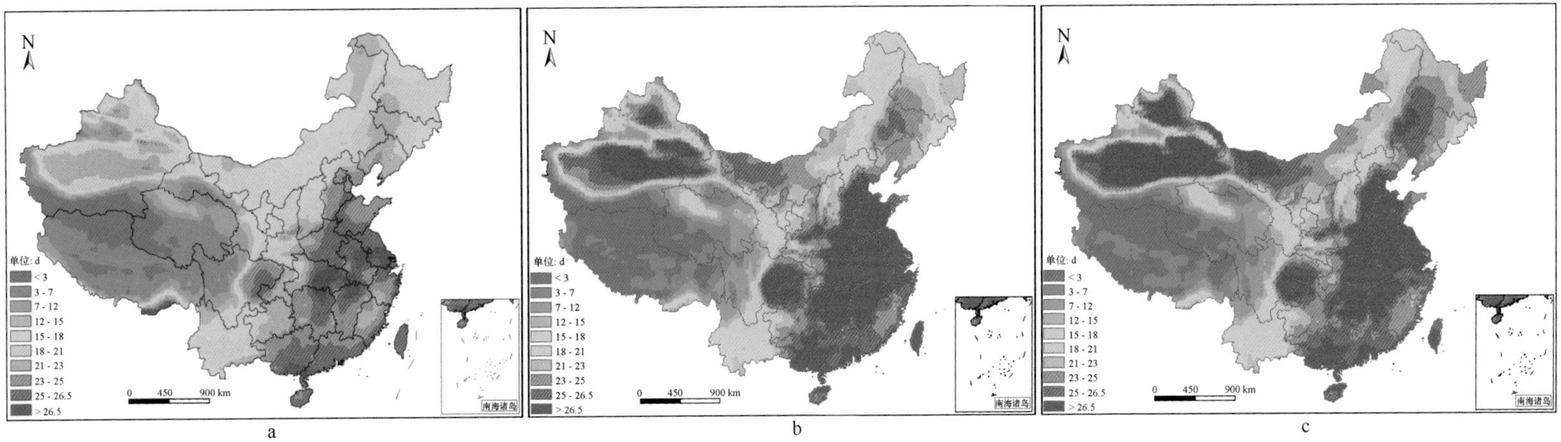

图 4.24　基于全球模式 HadCM3 驱动 PRECIS 模拟的气候基准时段 (1961~1990)A2/B2、A1B 情景的高温事件与同期观测数据 (CN05) 分析的高温事件的空间分布图

a. 观测数据的分析结果；b. A2/B2 情景下模拟的结果；c. A1B 情景下模拟的结果

从图 4.24 给出的高温事件模拟结果与观测值的对比可以看出：PRECIS 基本上模拟出了中国区域高温事件的大尺度空间分布特征，中国大陆东部 (除西南地区外)、新疆南北疆盆地、内蒙古西部和川东地区高温事件量值较大，青藏高原、内蒙古和黑龙江北部地区量值较小。但模式对上述几个高值区的模拟值都要比观测值高，高值的范围也偏大，青藏高原南部高值区的模拟值偏低。

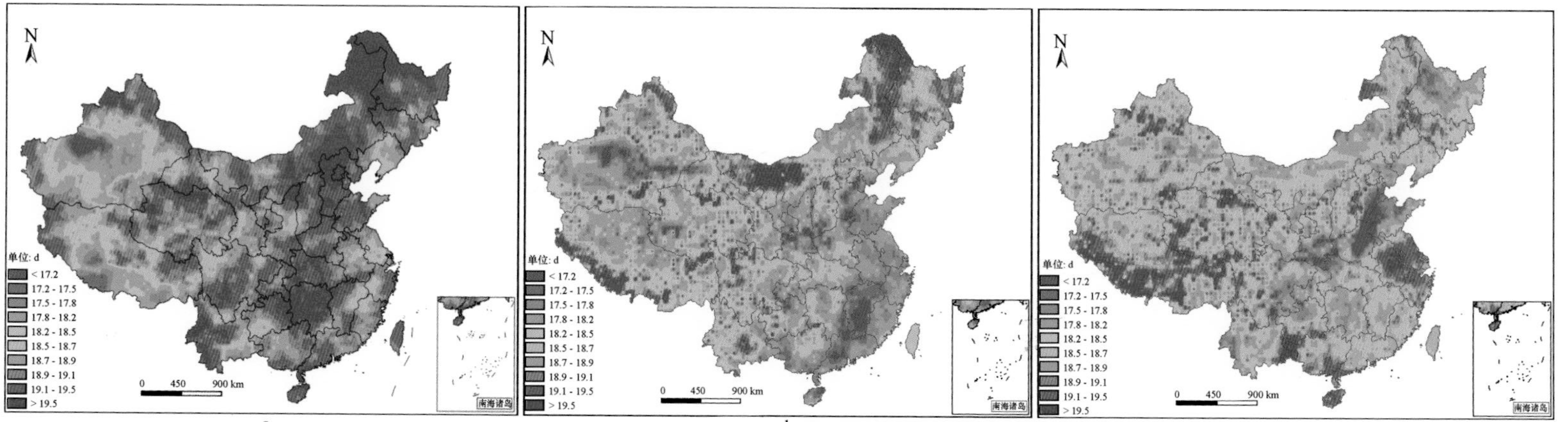

a b c

图 4.25 基于全球模式 HadCM3 驱动 PRECIS 模拟的气候基准时段 (1961~1990)A2/B2、A1B 情景的极端低温事件与同期观测数据 (CN05) 分析的极端低温事件的空间分布图

a. 观测数据的分析结果；b. A2/B2 情景下模拟的结果；c. A1B 情景下模拟的结果

对比极端低事件模拟结果与观测值分析结果的可以看出：HadCM3 驱动 PRECIS 在 A2/B2、A1B 情景下模拟的极端低温事件分布相差很大，与观测值 CN05 统计分析结果差别也很大。观测值分析结果表明，新疆南北疆盆地、青藏高原西部和南部、内蒙古西部、川西和云南东南地区极端低温事件量值较小，此外的中国大陆东部绝大多数地区量值较大。但模式对上述高值区的模拟值都要比观测值小，高值的范围也与实测不一样，青藏高原南部高值区的模拟值偏低。具体来说，A1B 情景的极端低温事件主要分布在山东、安徽、河北南部、山西和河南一带。A2/B2 情景的极端低温事件主要分布在华北平原和长江中下游平原，以及塔里木盆地、青藏高原地区。

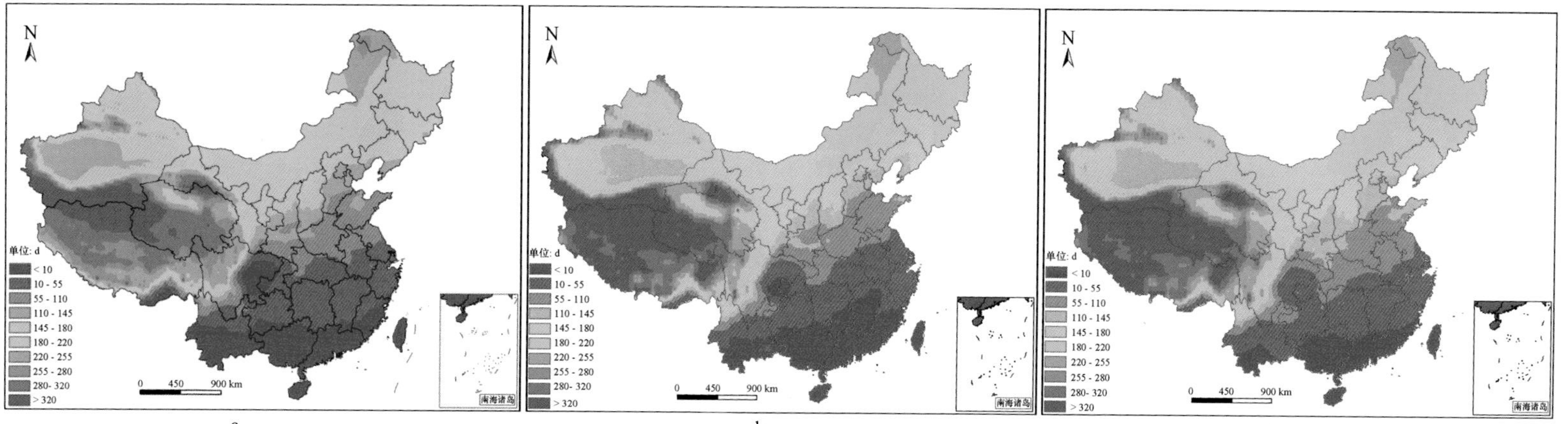

a　　b　　c

图 4.26　基于全球模式 HadCM3 驱动 PRECIS 模拟的气候基准时段 (1961~1990)A2/B2、A1B 情景的霜冻日数与同期观测数据 (CN05) 分析的霜冻日数的空间分布图

a. 观测数据的分析结果；b. A2/B2 情景下模拟的结果；c. A1B 情景下模拟的结果

对比图 4.26 中的霜冻日数模拟结果与观测值分析结果可以看出：无论 A2/B2 情景还是 A1B 情景，HadCM3 驱动 PRECIS 模式能很好地模拟出了中国区域霜冻日数的空间分布特征，中国大陆东南地区 (华北东南部、华东、华南和西南)、新疆南北疆盆地和青藏高原南部地区霜冻日数较少，青藏高原和东北地区霜冻日数较多。但模式对霜冻日数较少的南方地区的模拟值都与观测值很相似，分布区域范围较一致，对青藏高原部分区域和东北地区霜冻日数的模拟值偏低。总体看来，模式模拟的结果很合理，对霜冻日数分布模拟与实际观测一致。

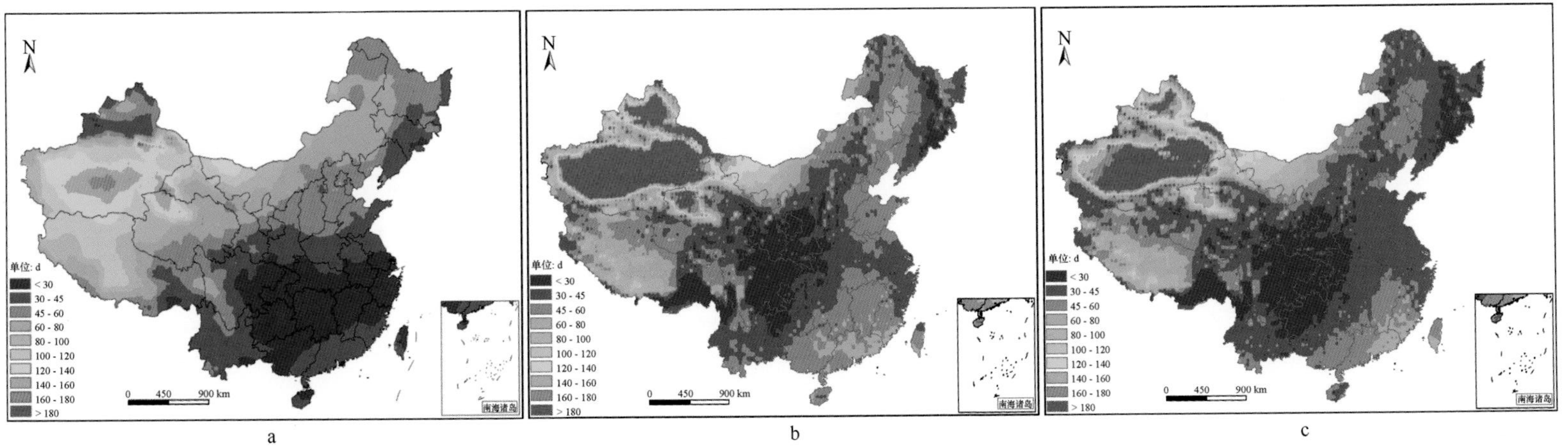

图 4.27 基于全球模式 HadCM3 驱动 PRECIS 模拟的气候基准时段 (1961~1990)A2/B2、A1B 情景的连续干日数与同期观测数据 (CN05) 分析的连续干日数的空间分布图

a. 观测数据的分析结果；b. A2/B2 情景下模拟的结果；c. A1B 情景下模拟的结果

从图 4.27 中给出的连续干日数 A2/B2、A1B 情景下模式模拟结果与观测值分析结果的对比可以看出：PRECIS 基本上模拟出了中国区域连续干日数的主要空间分布特征，中国内蒙古西部地区、西北荒漠地区和青藏高原等地连续干日数较高，其中新疆南北疆盆地、柴达木盆地最多，内蒙古西北部也较多，而中国东部大部分地区连续干日数较少。但与观测场分析结果比较，模式对内蒙古大部分地区和青藏高原及东南部分地区（浙江和福建交界地区）的模拟值偏大，对新疆南北疆盆地的连续干日数模拟值偏高，高值范围也偏大，这也可能与观测场盆地荒漠地区测站少有关，或许模式模拟结果的可信度较高。总之，模式对 A2/B2、A1B 情景模拟的连续干日数分布特征很相似，且与实测很接近。

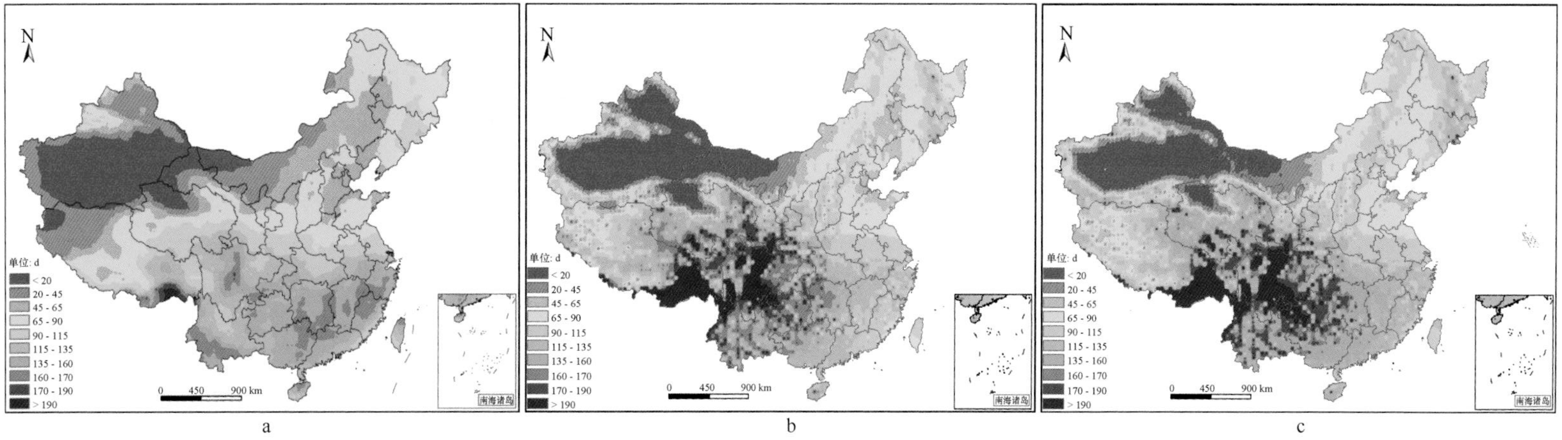

图 4.28　基于全球模式 HadCM3 驱动 PRECIS 模拟的气候基准时段 (1961~1990)A2/B2、A1B 情景的湿日数与同期观测数据 (CN05) 分析的湿日数的空间分布图

a. 观测数据的分析结果；b. A2/B2 情景下模拟的结果；c. A1B 情景下模拟的结果

从图 4.28 给出的 HadCM3+PRECIS (即 PRECIS 在线) 对中国区域气候基准时段 (1961~1990) 的湿日数模拟结果与观测值的对比可以看出：PRECIS 基本上模拟出了中国区域湿日数的大尺度分布特征，与连续干日数分布图相反，中国地区的内蒙古大部分地区、西北地区和新疆盆地湿日数较少，中国南方地区湿日数较高。但模式对 A2/B2、A1B 情景模拟的南方湿日数模拟值的高值中心位置与实测比偏西，不准确。湿日数模拟值与观测值相比高值位置偏西，主要集中在西南地区和青藏高原东南部，而长江中下游地区、华南地区等地模拟的湿日数比观测少。这与模式对我国大的降水中心模拟的系统偏差有关。

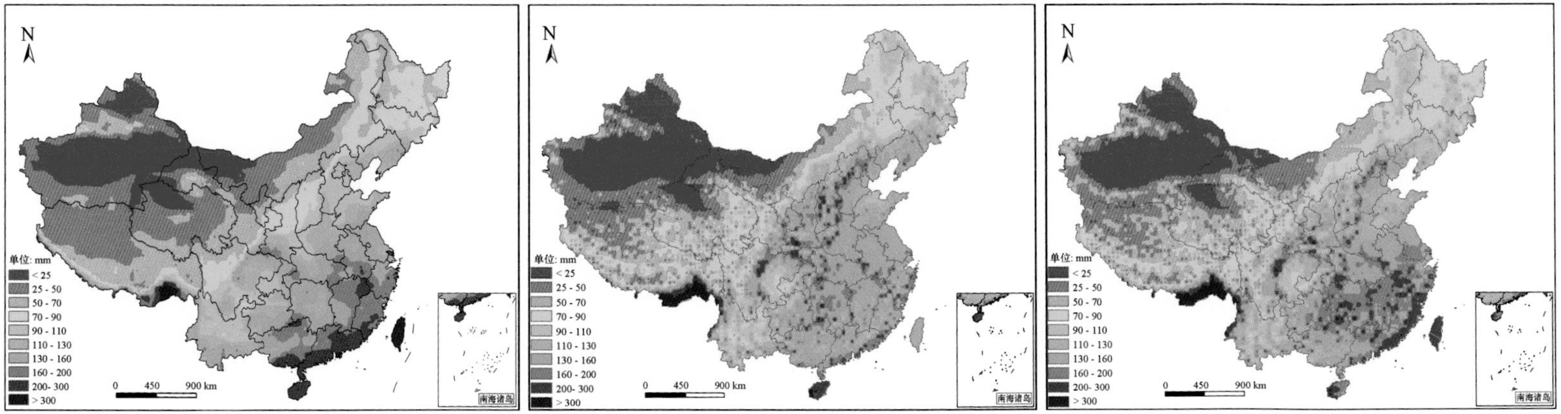

a　　　　b　　　　c

图 4.29　基于全球模式 HadCM3 驱动 PRECIS 模拟的气候基准时段 (1961~1990)A2/B2、A1B 情景的连续 5 日最大降水量与同期观测数据 (CN05) 分析的连续 5 日最大降水量的空间分布图

a. 观测数据的分析结果；b. A2/B2 情景下模拟的结果；c. A1B 情景下模拟的结果

从图 4.29 中给出的 PRECIS 对中国区域气候基准时段 (1961~1990) 的连续 5 日最大降水量模拟结果与观测值的对比可以看出：无论 A2/B2 情景还是 A1B 情景，模式系统模拟出了中国区域连续 5 日最大降水量的基本空间分布特征，A1B 情景比 A2/B2 情景在我国东南部的模拟值更合理，与实测场接近。具体来讲，中国大陆东北大部、内蒙古、西北地区、新疆南北疆盆地和青藏高原连续 5 日最大降水量较少，中国东南沿海地区和青藏高原南部连续 5 日最大降水量较多。但模式对中国南方连续 5 日最大降水量模拟值的高值中心位置与观测结果有明显偏差。而模式对环渤海地区和青藏高原南部的连续 5 日最大降水量模拟结果很好。

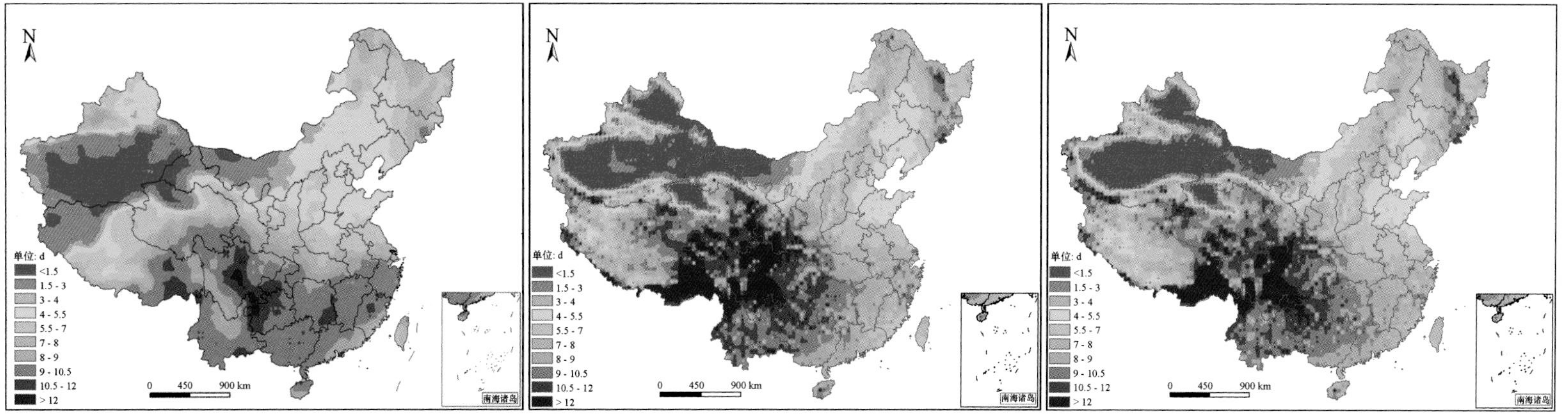

a　　b　　c

图 4.30　基于全球模式 HadCM3 驱动 PRECIS 模拟的气候基准时段 (1961~1990)A2/B2、A1B 情景的极端降水事件频数与同期观测数据 (CN05) 分析的极端降水事件频数的空间分布图

a. 观测数据的分析结果；b. A2/B2 情景下模拟的结果；c. A1B 情景下模拟的结果

从图 4.30 中给出的 PRECIS 对中国区域气候基准时段 (1961~1990) 的极端降水事件频数模拟结果与观测值的对比可以看出：无论在 A2/B2 情景还是 A1B 情景下，PRECIS 基本上模拟出了中国区域极端降水事件频数的主要空间分布特征，中国大陆东北大部、内蒙古、西北地区、新疆南北疆盆地和青藏高原极端降水事件频数较少，中国东南沿海地区和青藏高原东南部极端降水事件频数较多。但模式对中国南方地区极端降水事件频数模拟值的高值中心位置偏西，与观测结果有明显偏差，尤其是我国东南地区偏低。而模式对环渤海地区和青藏高原南部的极端降水事件频数模拟结果较合理。

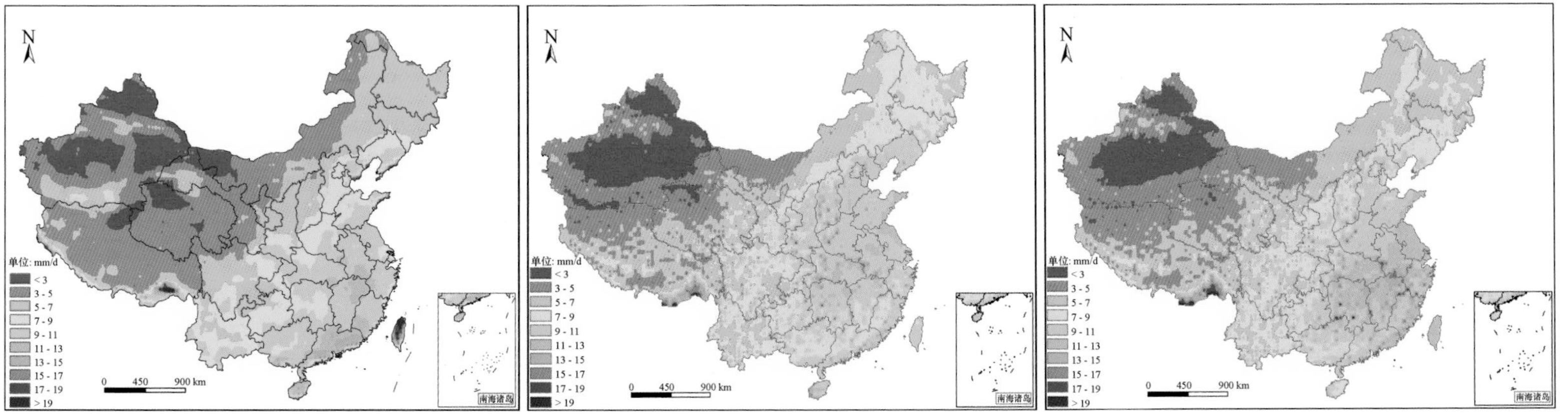

a b c

图 4.31 基于全球模式 HadCM3 驱动 PRECIS 模拟的气候基准时段 (1961~1990)A2/B2、A1B 情景的简单降水强度与同期观测数据 (CN05) 分析的简单降水强度的空间分布图

a. 观测数据的分析结果；b. A2/B2 情景下模拟的结果；c. A1B 情景下模拟的结果

从图 4.31 中给出的 HadCM3+PRECIS 模式系统对中国区域气候基准时段 (1961~1990) 的简单降水强度模拟结果与观测值的对比可以看出：与实测相比，PRECIS 基本上模拟出了中国区域简单降水强度的大尺度分布特征。模式在 A2/B2 情景与 A1B 情景的简单降水强度模拟空间分布相似，A1B 情景下长江中下游地区模式模拟的简单降水强度比 A2/B2 情景下略强。具体来看，中国大陆东北大部、内蒙古、西北地区、西南地区、新疆南北疆盆地和青藏高原简单降水强度较弱，其中西部荒漠地区简单降水强度量值最低。中国南方地区和青藏高原南麓简单降水强度较强。但模式对中国南方简单降水强度模拟值的高值中心位置与观测值相比偏差明显。而模式对华北地区和青藏高原南部的简单降水强度模拟结果较好。

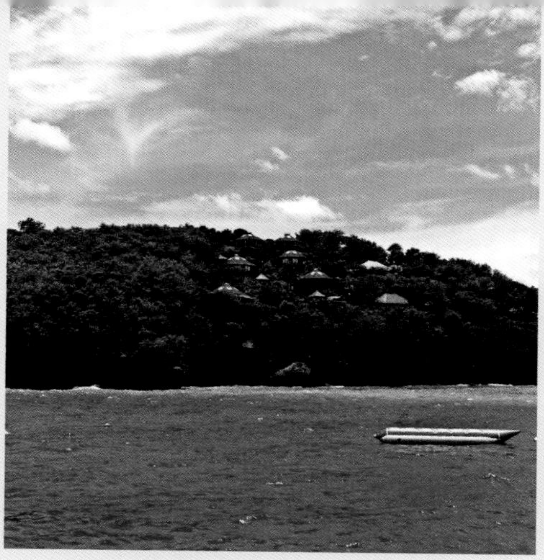

情 景 篇

通过验证篇的分析可知，区域气候模拟系统 PRECIS 具有较强的模拟中国区域气候的能力。因此，本篇将应用 PRECIS 构建的中国区域高分辨率气候情景，分析三个时段(2011~2040，以后缩写为 2020s；2041~2070，以后缩写为 2050s；2071-2100，以后缩写为 2080s)、三种排放情景 (SRES A2、A1B、B2) 下相对于气候基准时段 (1961~1990) 的气候变化情况。

对于各气候要素的变化，我们将从其气候平均状态和极端气候事件两个方面分析不同情景、不同时段的未来气候变化的趋势和特征，其中极端气候事件指标的选取参见“概述篇”表 2.3，选取的与温度有关的 4 个极端气候事件指标分别为：高温日数、高温事件、霜冻日数、极端低温事件，与降水有关的 5 个极端气候事件指标分别为：连续干日数、湿日数、极端降水事件、连续 5 日最大降水量、简单降水强度。尝试通过这些极端气候事件变化的分析，给出未来中国全境极端气候事件变化的整体趋势和特征，为应对气候变化提供科学参考。

第 5 章　未来气候变化情景分析——温度平均状态

本章基于 PRECIS 构建的气候情景，分析 A1B 情景下三个时段 (2011~2040、2041~2070、2071~2100) 和 2071~2100 时段 SRES A2、A1B、B2 三种情景下温度平均状态的变化，包括日平均气温、日最高气温和日最低气温。所做分析包括气温平均状态变化、标准差变化、区域平均趋势、季节循环变化以及概率分布等。先给出气温冬季 (12 月、1 月、2 月)、夏季 (6 月、7 月、8 月)、年平均值变化的空间分布，以了解冷季 (以冬季为代表)、暖季 (以夏季为代表) 以及全年平均的各地气温变化概况；之后给出气温冬季、夏季、年平均值的标准差变化空间分布，以了解各地气温变化幅度情况，分析气温的气候稳定状态；然后展示中国区域平均的气温趋势、季节循环变化以及概率分布情况，揭示未来气温变化的趋势和特征。

5.1　引　　言

由人类活动改变全球大气组成所导致的气候变化最直接的表现即全球气候变暖，亦即地球表面温度显著上升，IPCC 第五次评估报告 (IPCC，2013) 指出，至 21 世纪末与 1986~2005 年相比，全球地表平均温度预计将增加 0.3℃至 4.8℃。第三次气候变化国家评估报告显示，近百年 (1909~2011 年) 来中国陆地区域平均增温 0.9~1.5℃，未来中国区域气温将继续上升，到 21 世纪末可能增温幅度为 1.3~5.0℃ (《第三次气候变化国家评估报告》编写委员会，2015)。因此，我们首先关注气温平均状态的变化。

本章分析中国区域气温在 SRES A2、A1B、B2 三种情景下随时间的变化，气温要素包含日平均温、日最高温、日最低温。

5.2　SRES A1B 情景三个时段的气温变化

1. 平均状态变化

SRES A1B 情景下，无论是夏季、冬季平均还是年平均，2020s、2050s、2080s 各个时段均呈现一致增温的趋势 (图 5.1~ 图 5.3)，其中北方地区升温幅度大于南方，尤其是 2050s 和 2080s，35°N 以北大部分地区增温分别在 3.5℃和 4.5℃以上。三个时段中，增温幅度最小的地区均在华南—东南一带，尤以广东沿海为甚，即使在全国升温最大的 2080s 时段，广东至福建沿海年平均增温也未超过 3.5℃，相较于该区域的年平均气温，其升温幅度并不剧烈，反而是东北地区尤其黑龙江北部，过去年平均气温不超过 0℃，而到 21 世纪后期升温超过了 5℃，值得我们关注。

从全国总体来说，SRES A1B 情景下，从 2020s 到 2080s，气温增幅均呈现明显增加，且随着时间推移，升温幅度逐渐加大。各时段内，冬季增温普遍大于夏季增温。无论是冬季、夏季还是全年平均，各时段北方增温均大于南方增温。日最低气温的总体增幅最大，平均气温增幅次之，最高气温增幅最小。

2. 标准差变化

气温标准差表征了气温围绕其气候平均状态（常年气温）上下波动范围的大小，通过气温标准差的变化图我们可以获知气温的稳定状态。

SRES A1B 情景下（图 5.4~ 图 5.6)，冬季北方气温稳定性变差，暖冬和冷冬的出现概率均有可能加大。

21 世纪全国大部分地区年平均气温不稳定性增大，其中 2020s 的不稳定性是三个时段中最明显的，表明 21 世纪气温年际变化在总体稳定性变差的背景下，又经历了不稳定到趋向稳定的过程。

日平均气温波动变幅最大，日最高气温次之，日最低气温的波动变幅无论是加大或减少在三者中均为最弱。

3. 中国区域平均趋势

SRES A1B 情景下，1961~2100 年中国区域平均气温、最高气温、最低气温（图 5.19 中）均呈现出一致的显著增温趋势。增幅最大的是日最低气温，日最高气温则比日最低气温和日平均气温增幅小。从 2020s 到 2050s，气温攀升的幅度是几个时段中最快的。

4. 季节变化

图 5.7~ 图 5.9 显示，SRES A1B 情景下，气候基准时段气温呈现出冬季最低、春秋次之、夏季最高的季节循环变化规律。

2020s 到 2080s 的逐月平均气温、最高气温、最低气温均在逐渐增大，冬季升温最大，春季升温最小。到 21 世纪后 30 年，有 4 个月的月平均温度增幅超过了 5℃，其中 1 月升温最多；有 3 个月的月平均最高温度增幅超过 5℃，其中 8 月升温最多；而月平均最低温度有 6 个月升温超过 5℃，其中 1 月增幅最大。

月平均最低气温增幅最大，月平均气温增幅次之，月平均最高气温增幅最小。

5. 频率分布

SRES A1B 情景下，未来三个时段的气温分布频率均往高温方向偏移（图 5.10~ 图 5.12)，随着时间推移，越往后偏移越多，即未来气温高值出现频率加大、低值出现频率减少。

除了 2080s，各个时段内均为 10~15℃的日最高气温出现频率最高，而 2080s 则为 40℃以上的日最高气温出现最多。目前我国所定义的高温天气为日最高气温达到或超过 35℃的情况，可见到了 2080s，现阶段所定义的高温天气届时将成为常态 (发生频率最高)，将对人们的生产、生活产生难以估量的影响。

5.3　2080s 时段 SRES A2、A1B、B2 三种情景下的气温变化

1. 平均状态变化

2071~2100 年，在 SRES A2、A1B、B2 三种情景下 (图 5.13~ 图 5.15)，中国区域日平均气温、最高气温、最低气温均呈现增加趋势；最低气温增幅最大，平均气温次之，最高气温增幅最小。

总体上说，北方增温均大于南方；冬季 SRES A1B 情景增温幅度最大，夏季 SRES A2 情景增温幅度稍大于 SRES A1B 情景。SRES A2、B2 情景下，夏季增温幅度大于冬季，SRES A1B 情景则反之。无论是季节平均还是全年平均，SRES B2 情景的气温增幅均为三个情景中最小。

2. 标准差变化

2071~2100 年，三种情景下年均温和夏季均温的波动幅度普遍加大 (图 5.16~ 图 5.18)，气温稳定度低，而冬季均温在 SRES A2 和 B2 情景下除了东北地区以外大部分地区气温稳定度降低，SRES A1B 情景则表现出近乎相反的波动幅度变化态势，尤其是东北地区，在 SRES A1B 情景下该地区的冬季均温稳定度是降低的。

3. 中国区域平均趋势

2071~2100 年，三个情景下中国区域平均气温增加明显 (图 5.19)，其中 SRES A2 情景增温幅度最大，SRES A1B 情景升温幅度与 SRES A2 相近，SRES B2 情景各气温增加幅度比 SRES A2 和 A1B 小了约 1℃。气候基准时段，SRES A2 和 B2 情景的气温呈现略微上升的趋势，SRES A1B 情景的上升趋势则较前两者更清晰，而 21 世纪末三个情景呈现出了明显的上升趋势。

4. 季节变化

2071~2100 年，三个情景下的气候基准时段气温遵循冬季最低、春秋次之、夏季最高的季节循环规律 (图 5.20~ 图 5.22)。SRES A2 和 B2 情景下，平均气温和最高气温在夏季增加最大，春季增加最小，而 SRES A1B 情景则为冬季增温最大，春季增温最小。三个情景中，SRES B2 的逐月增温幅度最小。

日最低气温在 SRES A2 和 B2 情景下 8 月份增温最强，而 SRES A1B 情景下则是 1 月份增温最强。

日最高气温的逐月增温幅度均小于日平均气温和最低气温的增温幅度，其中最低气温增幅最大。

5. 频率分布

2071~2100 年，三个情景的平均气温分布频率均往高温方向偏移（图 5.23~ 图 5.25)，其中 SRES A2 和 A1B 情景下未来平均温高值出现频率加大幅度比 SRES B2 的大。

35℃以上的日最高气温出现频率明显增加，尤其是 SRE A1B 情景下，40℃以上的日最高气温出现频率比其他温度区间都大，高温天气将频繁出现。SRES B2 情景下的偏移量相对小一些，但 35℃以上的日最高温出现频率也明显增加。

5.4 本章小结

综合而言，在 SRES A2、A1B、B2 三种情景下，中国区域日平均气温、最高气温、最低气温均上升，表现出北方地区升温明显大于南方地区的整体特征，其中尤以东北地区和新疆的增幅最大，东部特别是东南沿海地区的升温低于内陆地区。

21 世纪末期，SRES A2 情景下的气温增幅明显大于 SRES B2 情景，而 A1B 情景与 A2 情景的结果比较相近；从季节上看，SRES A1B 情景为冬季升温高于夏季，SRES A2 情景与 B2 情景则与之相反。

全国气温波动幅度在未来将增大，总体来说气温不稳定性加大。到 21 世纪末期，35℃以上的高温天气将频繁出现，将会对人们的生产、生活产生巨大影响。

参考文献

《第三次气候变化国家评估报告》编写委员会编著. 2015. 第三次气候变化国家评估报告. 北京：科学出版社.

IPCC. 2013. Climate Change 2013: The Physical Science Basis. Contribution of Working Group I to the Fifth Assessment Report of the Intergovernmental Panel on Climate Change. Cambridge and New York: Cambridge University Press, 1535.

图　目　录

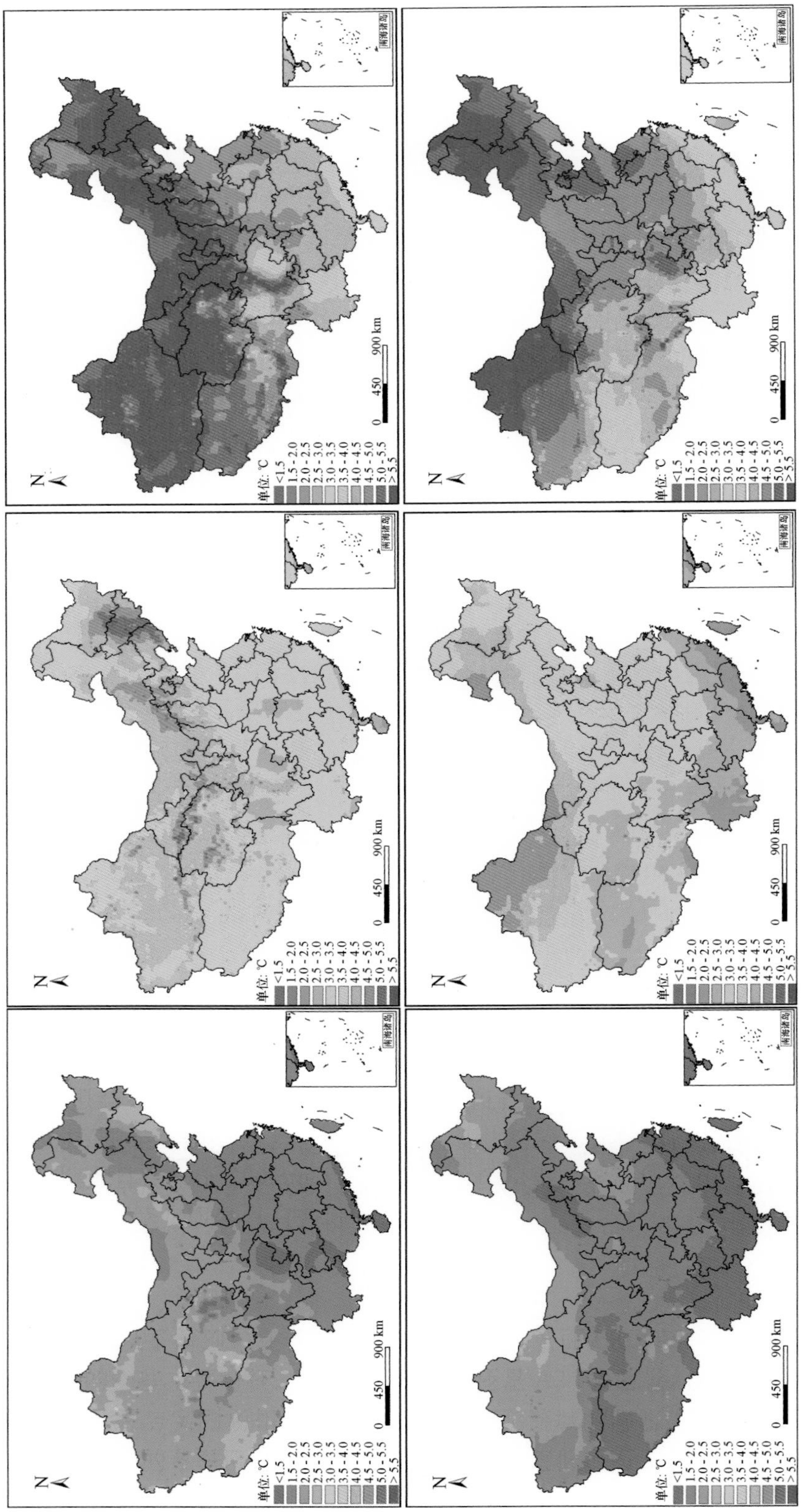
南海诸岛
N
单位: ℃
<1.5
1.5 - 2.0
2.0 - 2.5
2.5 - 3.0
3.0 - 3.5
3.5 - 4.0
4.0 - 4.5
4.5 - 5.0
5.0 - 5.5
> 5.5
0 450 900 km

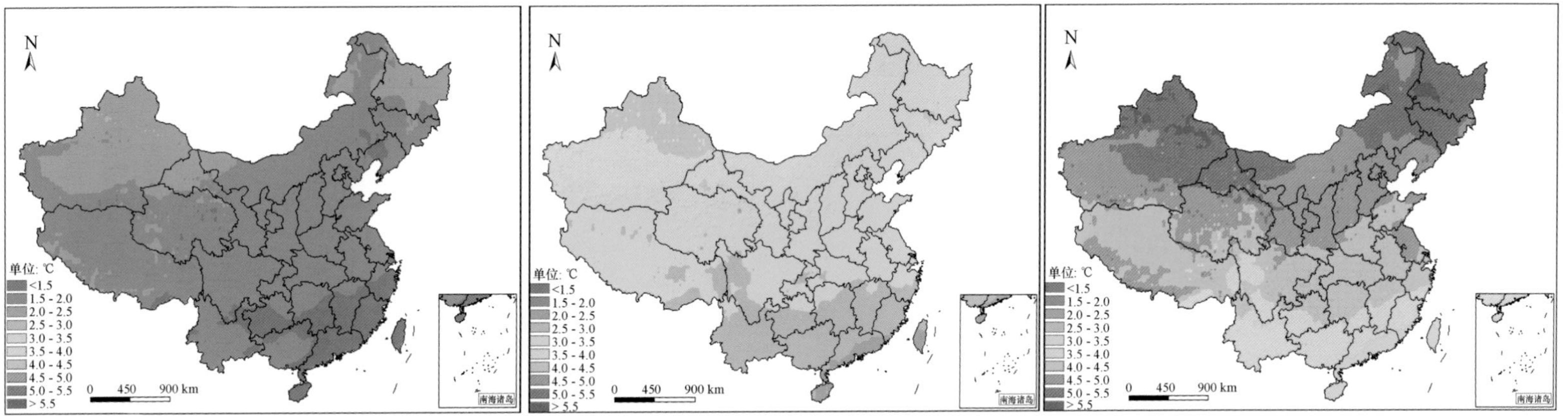

图 5.1 SRES A1B 情景下平均气温变化的空间分布

上：冬季平均；中：夏季平均；下：全年平均

左：2020s；中：2050s；右：2080s

SRES A1B 情景下，2020s 平均气温呈增加趋势，大部分地区年平均增幅以 1~2℃为主，黑龙江和新疆的增幅最大，多数达到 2℃以上。北方地区增温普遍大于南方，尤以冬季最为明显。大部分地区冬季增温幅度大于夏季，特别是青藏高原。

2050s 平均气温增加趋势较 2020s 更为明显，大部分地区年平均增幅以 2~4℃为主，东北地区和新疆增幅最大，多数达到 3.5℃以上。北方地区增温仍然普遍大于南方，35°N 以北大部分地区冬季增温在 4℃以上、夏季和年平均增温也达到了 3.5℃以上。新疆北部、内蒙古东北部夏季升温最大，其余地区冬季增温最大，尤其是新疆南部、青藏高原、东北大部分地区的冬季增温幅度明显大于夏季。夏季增温与全年增温相比，夏季北方增温大、南方增温小。

2080s 平均气温增加趋势在三个时段内最为明显，大部分地区年平均增幅以 3~5℃为主，东北和西北地区增幅基本达到 5℃以上。这一时段依然保持了北方地区增温大于南方的空间梯度分布特征，35°N 以北大部分地区冬季增温达 5.5℃、夏季和年平均增温则在 4.5℃以上。全国大部分地区的冬季增温幅度都大于夏季。

从全国总体来说，SRES A1B 情景下，各时段内均为冬季增温普遍大于夏季增温；无论是冬季、夏季还是全年平均，各时段北方增温均大于南方增温，从 2020s 到 2080s，平均气温增幅均呈现明显增加，以 1~2℃ /30 年的速率增加。

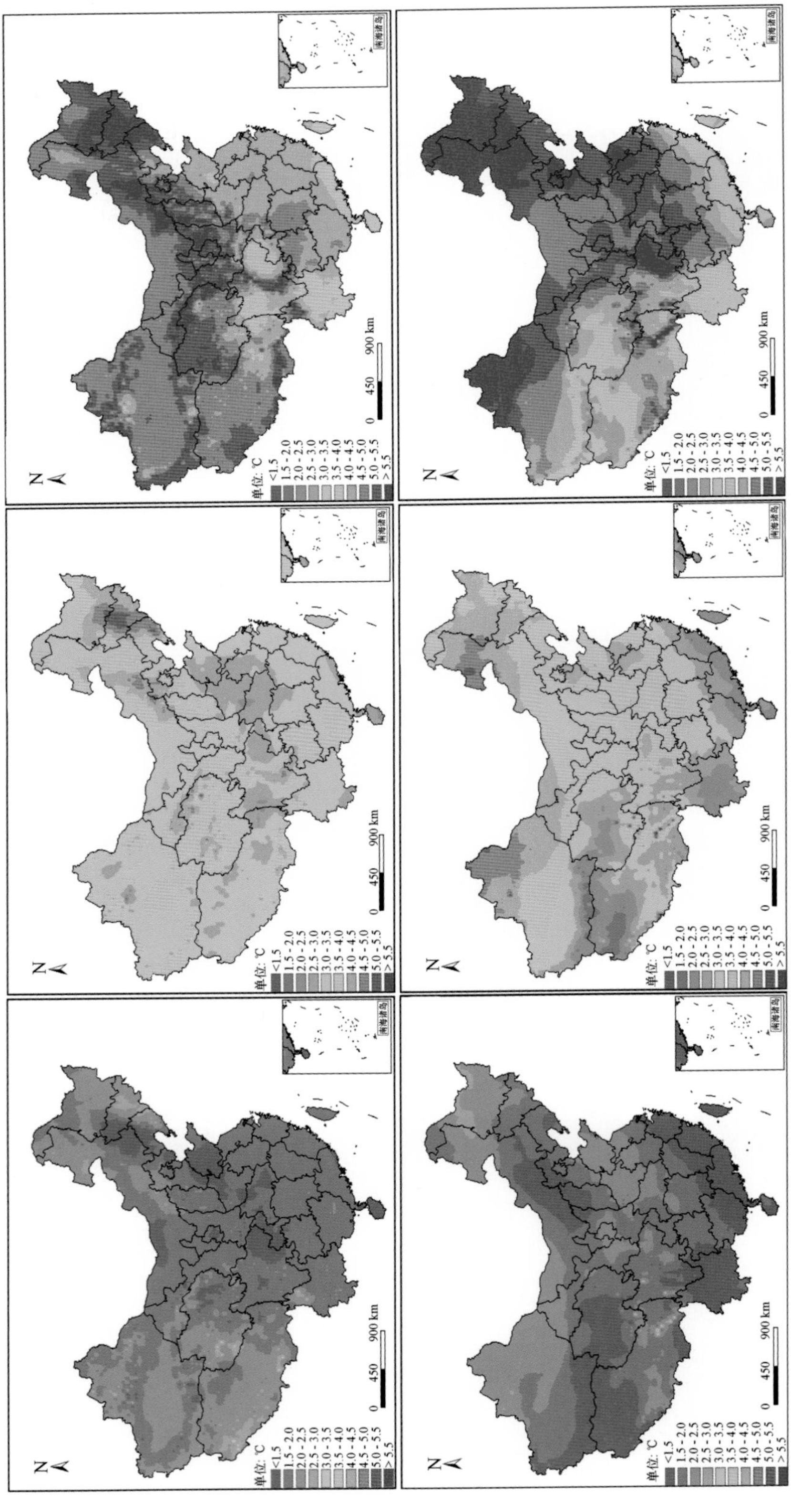
单位: ℃
<1.5
1.5 - 2.0
2.0 - 2.5
2.5 - 3.0
3.0 - 3.5
3.5 - 4.0
4.0 - 4.5
4.5 - 5.0
5.0 - 5.5
> 5.5
0 450 900 km
N
南海诸岛

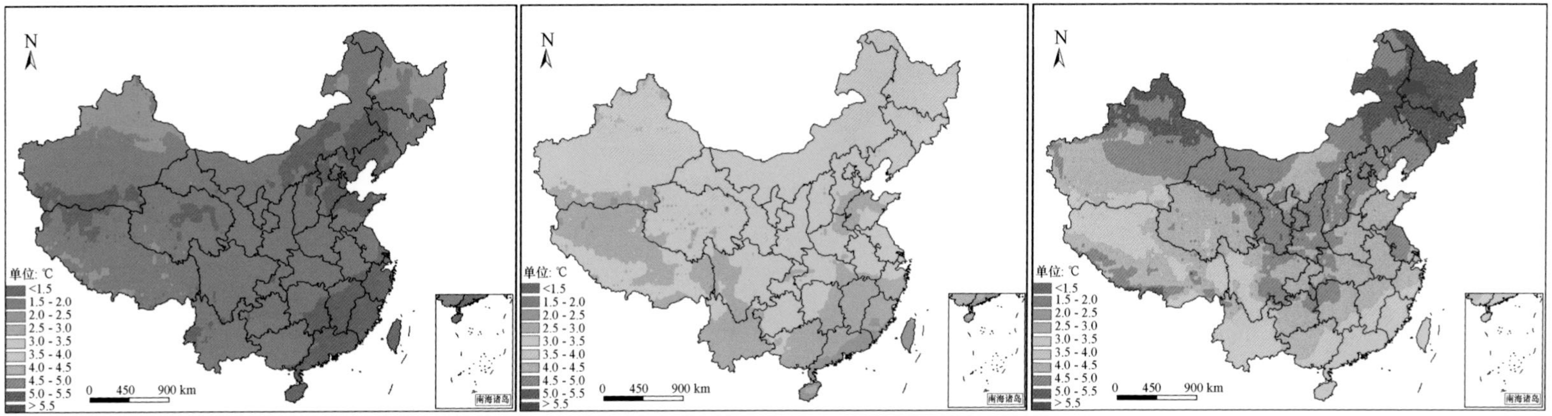

图 5.2　SRES A1B 情景下日最高气温变化的空间分布

上：冬季平均；中：夏季平均；下：全年平均

左：2020s；中：2050s；右：2080s

SRES A1B 情景下，2020s 日最高气温呈增加趋势，大部分地区年平均增幅以 1~2℃为主，黑龙江东部、中西部和新疆北部的增幅最大，多数达到 2℃以上。日最高气温变化在夏季和冬季的空间分布特征有所不同，新疆北部、黑龙江大部、松嫩平原、辽河平原、中原地区至淮河流域一带的夏季增温大于冬季增温，其他地区则反之。

2050s 日最高气温增加更为明显，大部分地区年平均增幅 2~4℃，东北地区和新疆北部增幅最大，多数达到 3.5℃以上。总体上北方增温大于南方，北方夏季最高气温增加幅度大于冬季，长江以南大部分地区夏季最高气温增加幅度小于冬季，而西北北部和东北北部则是冬季增幅小于夏季。

2080s 日最高气温增加显著，大部分地区年平均增幅在全国大部分地区达到了 3.5℃以上，北方增温大于南方。35°N 以北大部分地区日最高气温在冬季增温 4.5℃以上，夏季和年平均增温也达 4℃，但都比平均气温的增幅小。全国大部分地区的冬季增温幅度大于夏季，但也有部分地区为夏季增温幅度大于冬季，如新疆北部、大兴安岭北部、四川东部、淮河流域。

总体而言，SRES A1B 情景下，日最高气温在各时段内冬季增温大于夏季增温的地区稍偏多，各时段之间又略有差异；无论是冬季、夏季还是全年平均，各时段北方增温均大于南方增温，从 2020s 到 2080s，日最高气温增幅均呈现明显增加，但总体增幅略弱于平均气温。

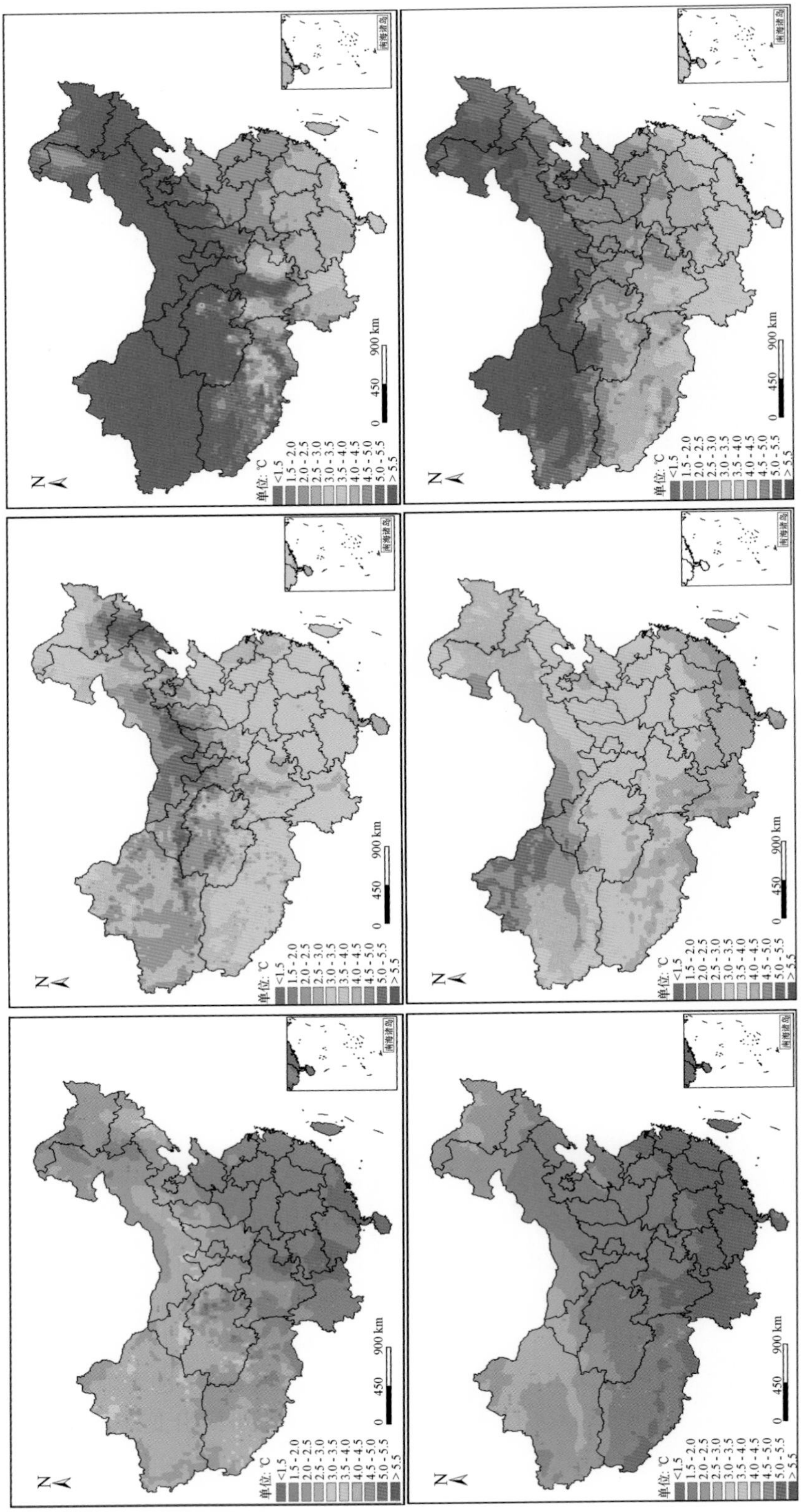
南海诸岛
N
单位: ℃
<1.5
1.5 - 2.0
2.0 - 2.5
2.5 - 3.0
3.0 - 3.5
3.5 - 4.0
4.0 - 4.5
4.5 - 5.0
5.0 - 5.5
> 5.5
0 450 900 km

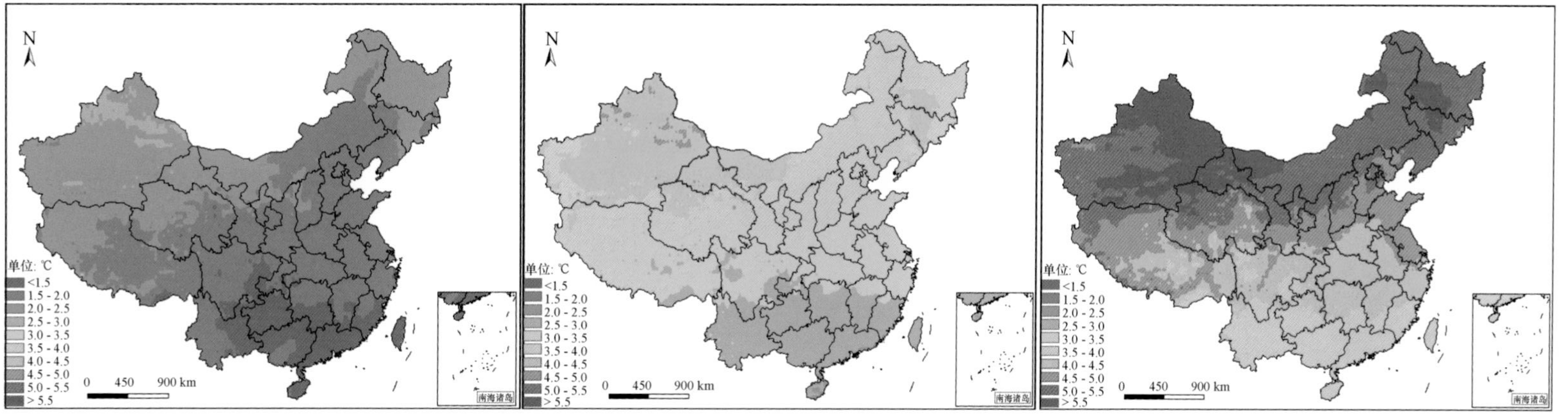

图 5.3 SRES A1B 情景下日最低气温变化的空间分布

上：冬季平均；中：夏季平均；下：全年平均

左：2020s；中：2050s；右：2080s

SRES A1B 情景下，2020s 日最低气温的增幅明显大于同期日最高气温的增幅，尤其是北方冬季，日最低气温的增幅多数比日最高气温的增幅高 0.5℃以上。日最高气温变化冬、夏季在不同地区各有不同，日最低气温在全国大部分地区为冬季增温高于夏季。

2050s 日最低气温年均增幅 2.5~4.5℃，高于平均气温和最高气温的增幅，北方升温大于南方。除了新疆北部和大兴安岭北部地区，全国大部分地区均为夏季升温小于冬季。

2080s 日最低气温增加明显，年平均增幅在全国大部分地区达到了 3.5℃以上，北方增温大于南方。35°N 以北大部分地区冬季、夏季、年平均增温分别在 5.5℃、5℃、5℃以上，高于平均气温和最高气温的增幅。全国大部分地区的冬季增温幅度大于夏季。

总体而言，SRES A1B 情景下，与日平均气温变化相类似，日最低气温 2020s 夏季气温增幅最小，2080s 冬季气温增幅最大；在各时段内，冬季增温普遍大于夏季增温；无论是冬季、夏季还是全年平均，各时段北方增温均大于南方增温，尤其是 2080s，北方增温非常显著；从 2020s 到 2080s，日最低气温增幅呈现随时间推移而明显增加的趋势，总体增幅明显高于日最高气温、略高于平均气温。

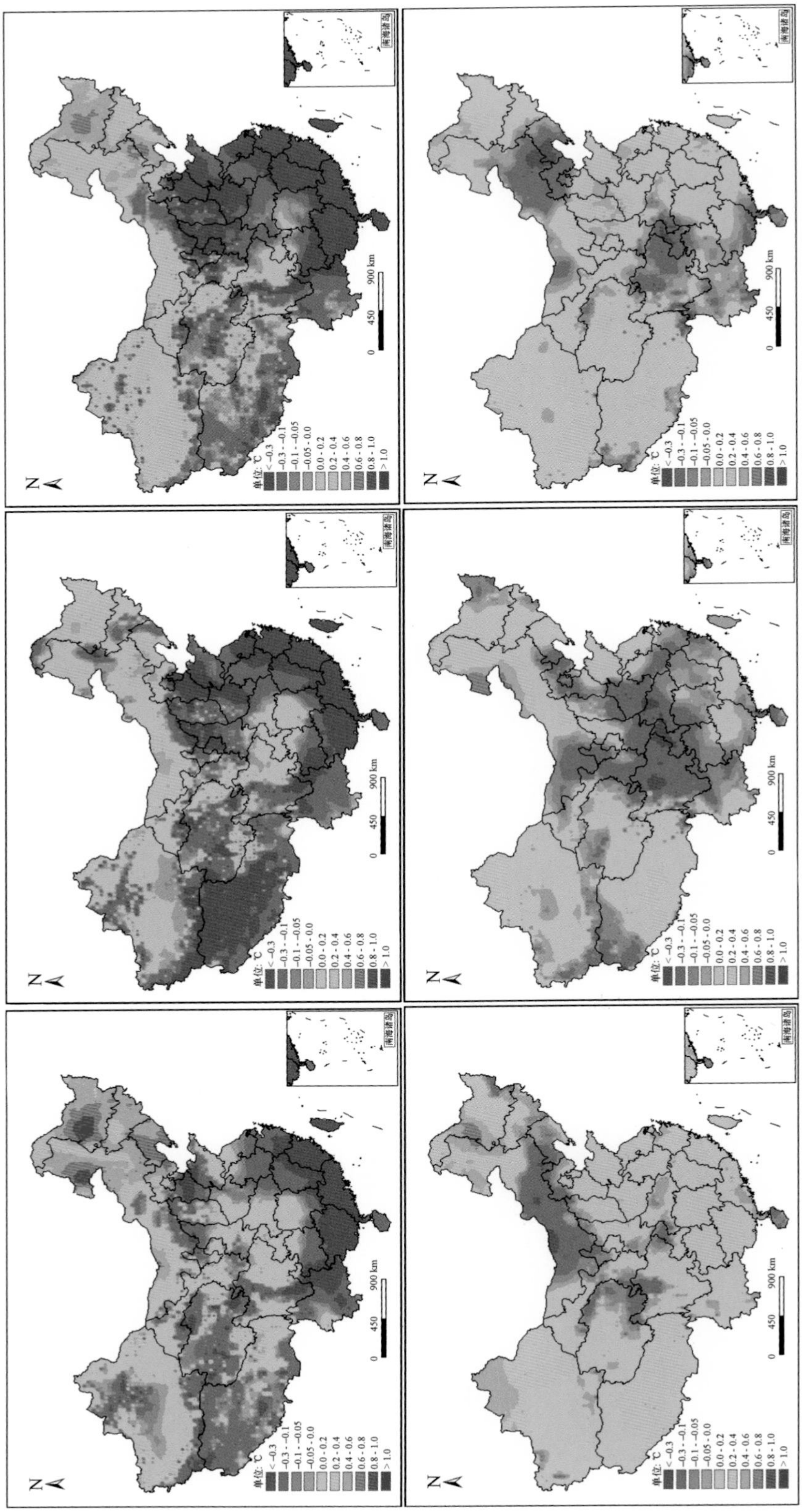
单位: ℃
< -0.3
-0.3 - -0.1
-0.1 - -0.05
-0.05 - 0.0
0.0 - 0.2
0.2 - 0.4
0.4 - 0.6
0.6 - 0.8
0.8 - 1.0
> 1.0
0 450 900 km
南海诸岛
N

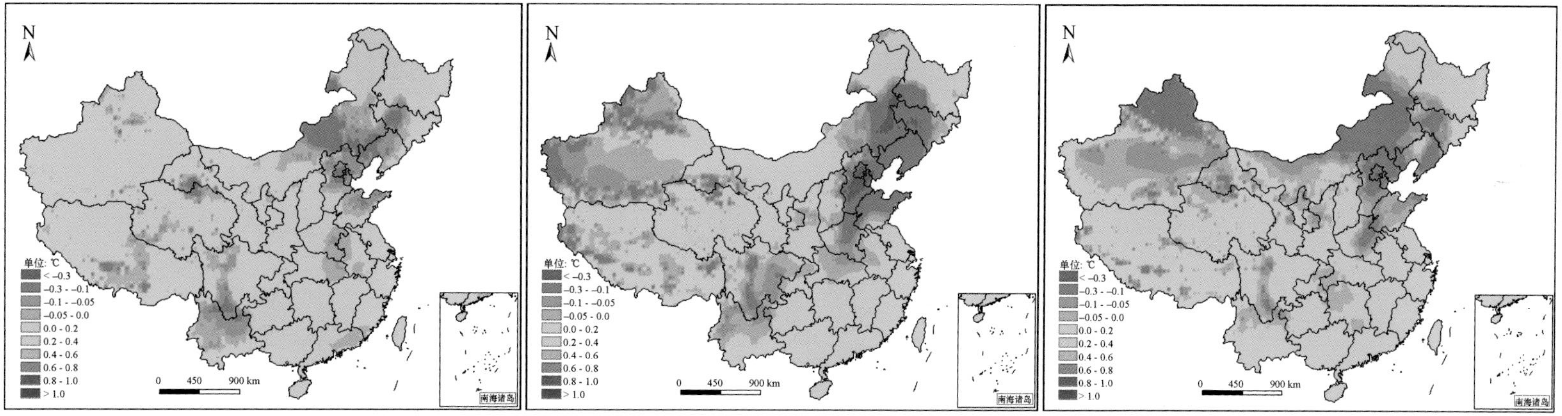

图 5.4　SRES A1B 情景下平均气温标准差变化的空间分布

上：冬季平均；中：夏季平均；下：全年平均

左：2020s；中：2050s；右：2080s

SRES A1B 情景下，2020s 年平均气温波动幅度在全国范围内以增加为主，也就是说，相对于 1961~1990 年而言，2011~2040 年全国的年平均气温稳定度较差，年际变化较剧烈。冬季平均气温波动幅度的变化梯度较大，增大和减少的区域各占一半，增大的地区以东北、西北、中原为主，其中东北增幅最为剧烈。夏季平均气温波动幅度的变化与年平均气温类似，除了内蒙古中部及其他几个零星分散的区域，大部分地区的波动幅度呈增加态势，而且增加幅度比年均温要明显。

2050s 无论是年平均气温还是冬季、夏季平均气温，波动幅度反而比 2020s 有所减小，但与气候基准时段相比，年均温的波动幅度仍然以增加为主，冬季平均温的波动幅度变化在北方以增加为主、南方则以减少为主。夏季平均温的波动幅度有增有减，增加的区域稍多于减少的区域。

2080s 年平均气温波动幅度在西北、华北以减少为主，其余地区则以增大为主。冬季平均气温的波动幅度在 35°N 以北以增大为主，以南则减少，波动变幅的南北梯度愈加明显。夏季平均气温的波动幅度也以增加为主，少数地区如东北南部、内蒙古西部、西南地区呈现减少趋势。

总体上看，冬季平均气温北方波动幅度增加明显，南方略有减少；夏季多数区域波动幅度增大，少数地区呈减少态势，其中 2050s 的减少区域较多；年均温波动幅度普遍增大。

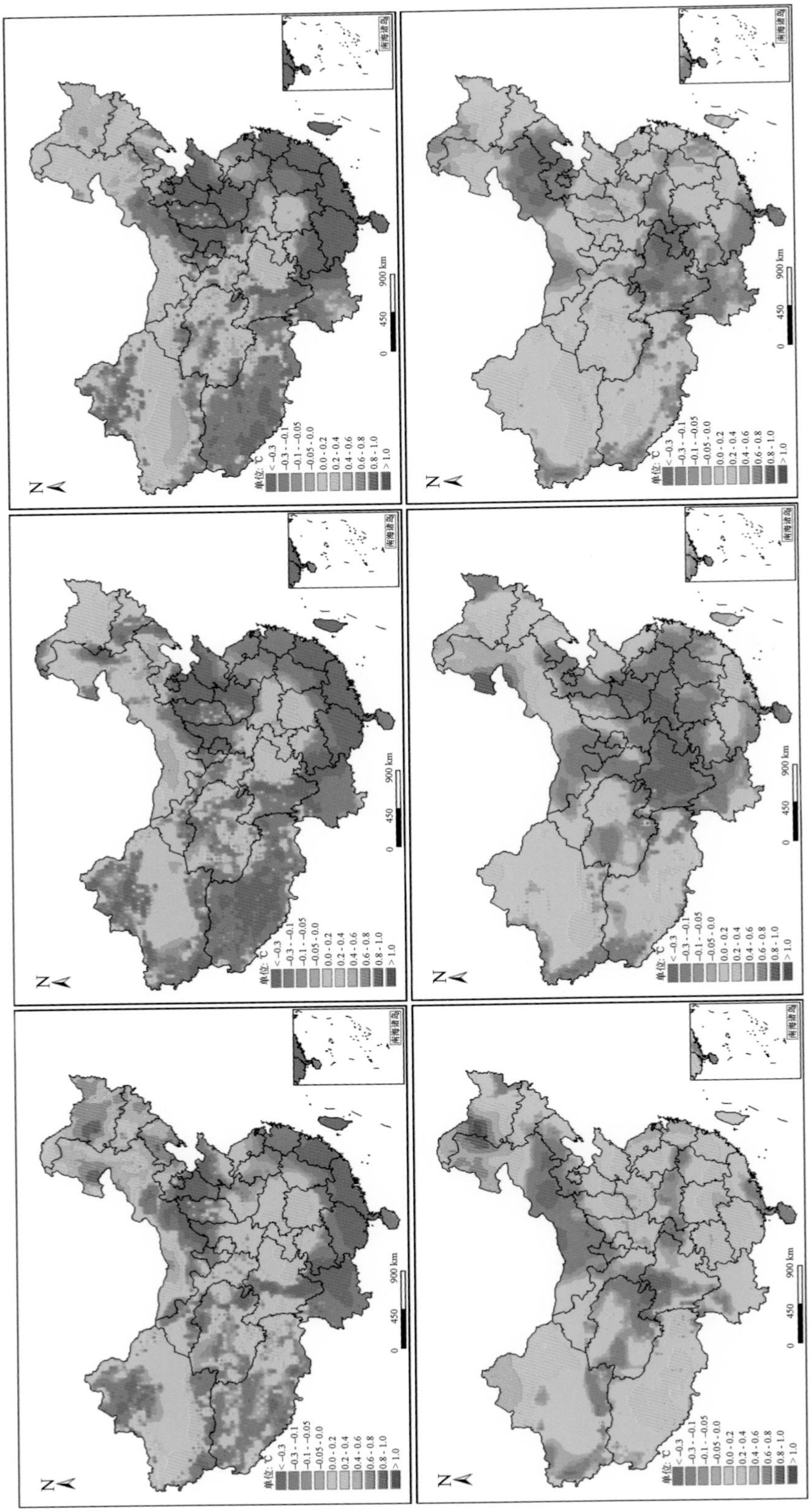
单位: ℃
< -0.3
-0.3 - -0.1
-0.1 - -0.05
-0.05 - 0.0
0.0 - 0.2
0.2 - 0.4
0.4 - 0.6
0.6 - 0.8
0.8 - 1.0
> 1.0
0 450 900 km
南海诸岛
N

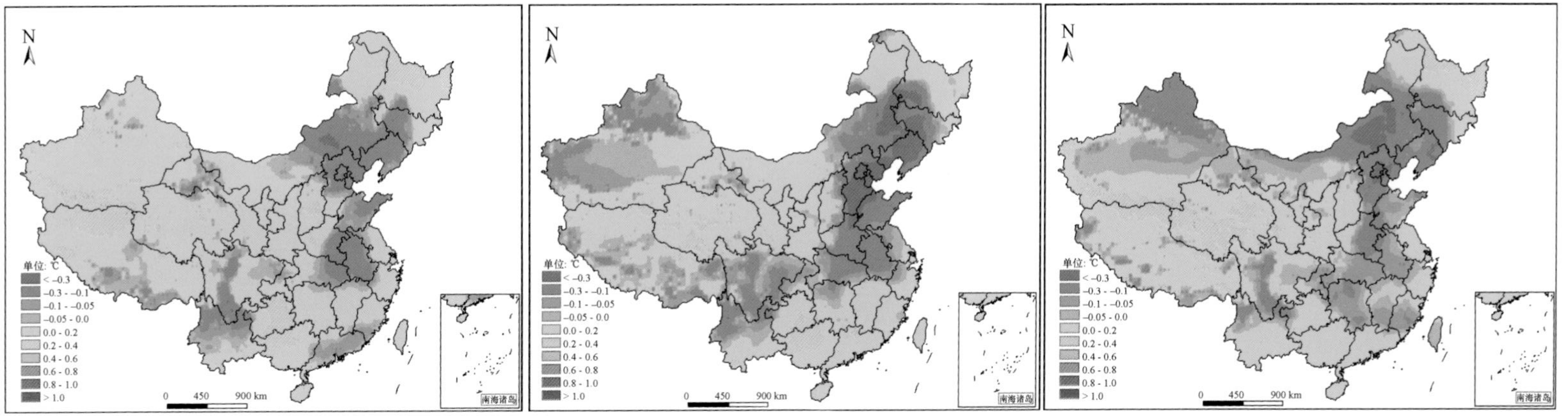

图 5.5　SRES A1B 情景下日最高气温标准差变化的空间分布

上：冬季平均；中：夏季平均；下：全年平均

左：2020s；中：2050s；右：2080s

SRES A1B 情景下日最高气温的波动幅度变化情况与日平均气温基本相似。2020s 日最高温的年均值稳定度较差，年际波动幅度在全国范围内以增大为主。冬季日最高温波动幅度则是增大和减少的区域各占一半，其中北方增大为主、南方减少为主，东北的年际变化最为剧烈。夏季日最高温的年际变化增减幅度弱于冬季。

2050s 的日最高温波动幅度比 2020s 有所减小，特别是年均值，在新疆地区由之前的年际波动较大变为年际波动较稳定。

2080s 日最高温年均值的波动幅度在华北、华东及西北以减少为主，其余地区则以增大为主。冬季日最高温在北方以波动增大为主、南方以波动减少为主。夏季日最高温在全国范围内波动增大的区域多于减小的区域。

总体上看，日最高温的年际波动无论加大或是减少的幅度总体上都略弱于日平均气温的表现。

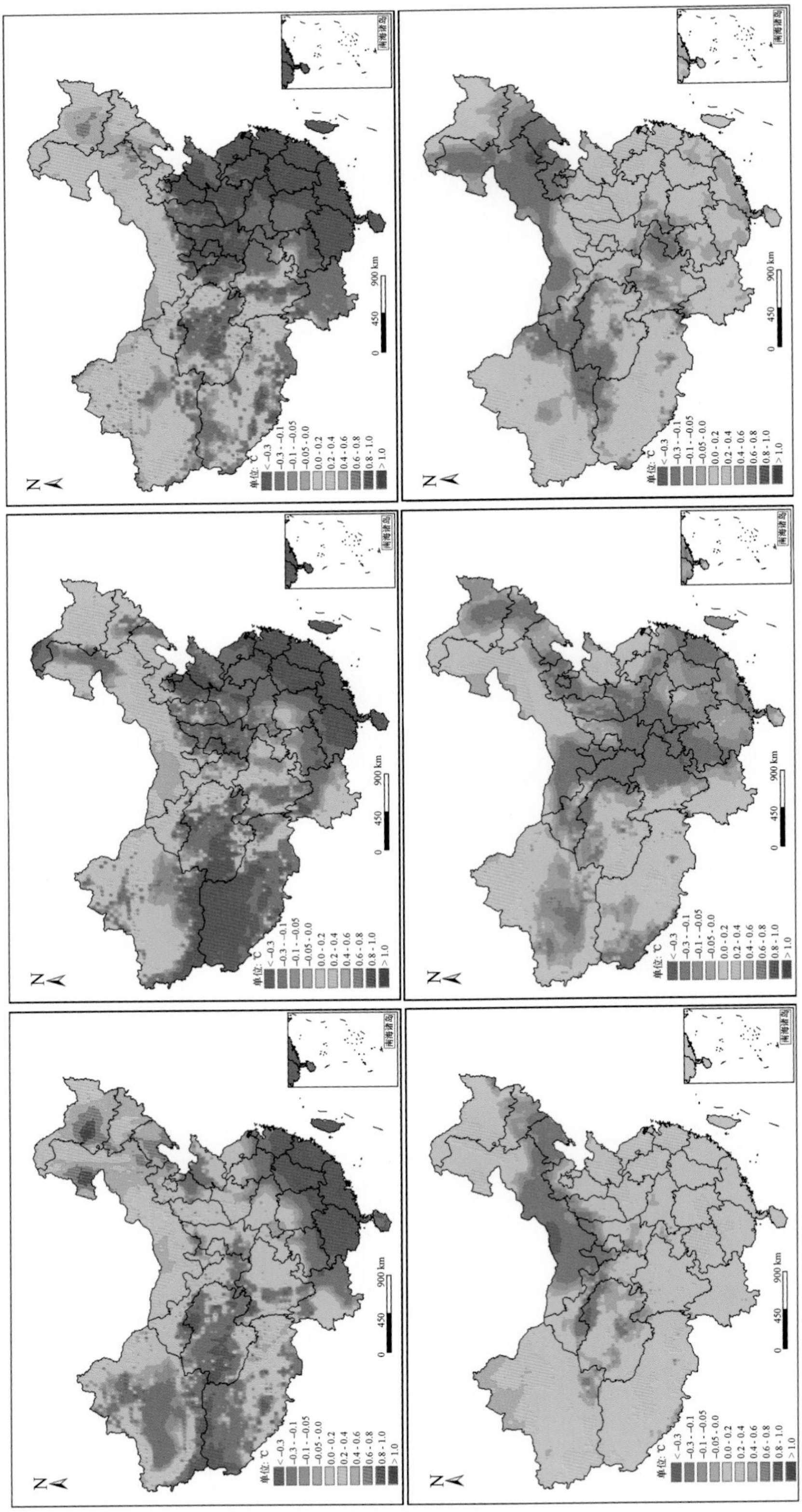
南海诸岛
0 450 900 km
N
单位: ℃
< -0.3
-0.3 - -0.1
-0.1 - -0.05
-0.05 - 0.0
0.0 - 0.2
0.2 - 0.4
0.4 - 0.6
0.6 - 0.8
0.8 - 1.0
> 1.0

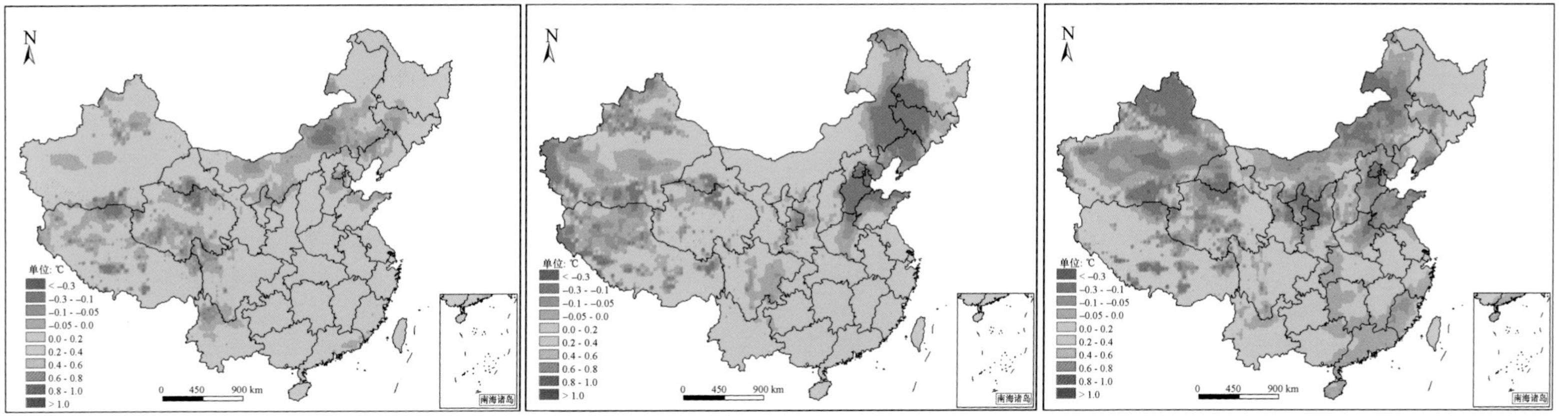

图 5.6　SRES A1B 情景下日最低气温标准差变化的空间分布

上：冬季平均；中：夏季平均；下：全年平均

左：2020s；中：2050s；右：2080s

SRES A1B 情景下日最低气温的波动幅度变化情况总体上也与日平均气温、日最高气温相似。2020s 日最低温的年均值波动幅度在全国范围内以增大为主。冬季日最低温波动幅度则是增大和减少的区域各占一半，其中北方增大为主、南方减少为主，东北的年际变化最为剧烈。夏季日最低温的年际变化以增大为主，但内蒙古地区大部和东北南部波动幅度减小。

2050s 的日最低温波动幅度比 2020s 有所减小，特别是夏季，全国有一半以上区域的波动幅度减小。

2080s 日最低温年均值的波动幅度进一步减小，冬季则在青藏高原和新疆地区有所增大，与 2020s 相比，夏季日最低温波动增大的区域扩大，但与 2050s 比则相反。

总体上看，日最低温波动的加大或是减少幅度在三者中为最弱。其中 2020s 的温度波动幅度加大趋势是三个时段中最明显的。

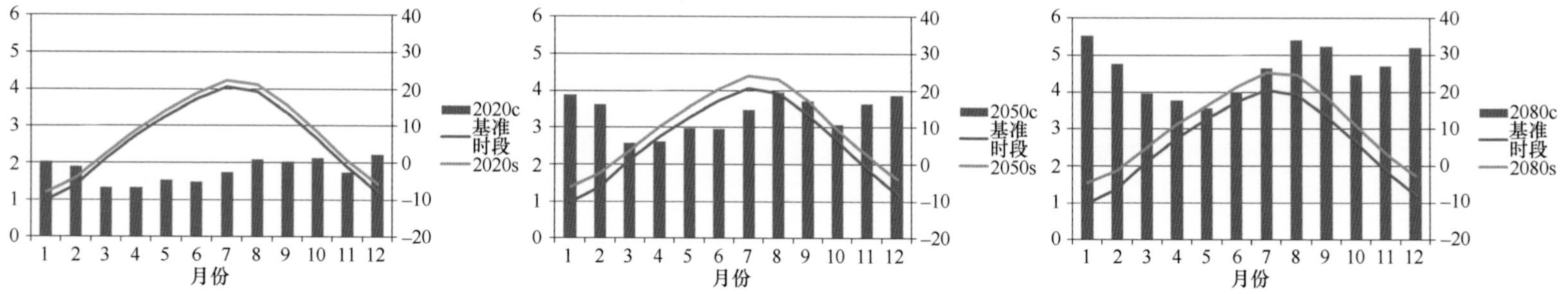

图 5.7　SRES A1B 情景下中国区域月平均气温变化

左：2020s；中：2050s；右：2080s

图中红色直方条为各时期相对于气候基准时段的逐月平均气温变化值(℃)，其值对应左纵坐标；蓝色线条和绿色线条分别为气候基准时段和未来时段的逐月平均气温(℃)，其值对应右纵坐标(图例中 2020c、2050c、2080c 分别代表 2020s、2050s、2080s 相对于气候基准时段的变化)

SRES A1B 情景下，气候基准时段平均气温遵循冬季最低、春秋次之、夏季最高的季节循环规律，其中月平均温度最低值出现在 1 月、最高值出现在 7 月。2020s 到 2080s 的逐月平均气温在逐渐增大，增温最大的季节为冬季、最小的为春季。2020s 增温最强月为 12 月，2050s 则是 8 月份增温最大，到了 21 世纪末，1 月增幅最大、8 月次之，增幅均超过 5℃，此外 9 月和 12 月增温幅度也都超过 5℃。

总体而言，冬季升温最高，其次分别为秋、夏季，春季升温最小。升温幅度随时间推移而加大，到 21 世纪后 30 年，有 4 个月的月平均温度增幅超过了 5℃，其中 1 月升温最多。

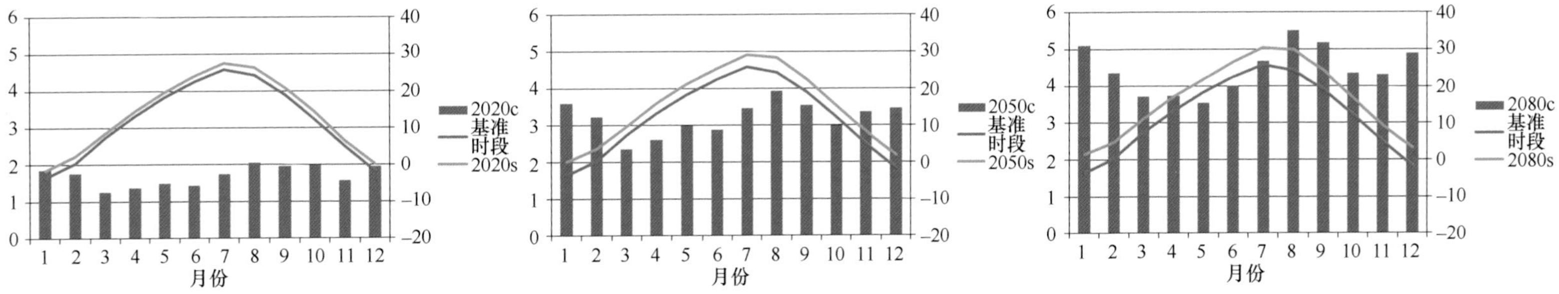

图 5.8　SRES A1B 情景下中国区域月平均最高气温变化

左：2020s；中：2050s；右：2080s

图中红色直方条为各时期相对于气候基准时段的逐月平均最高气温变化值 (℃)，其值对应左纵坐标；蓝色线条和绿色线条分别为气候基准时段和未来时段的逐月平均最高气温 (℃)，其值对应右纵坐标 (图例中 2020c、2050c、2080c 分别代表 2020s、2050s、2080s 相对于气候基准时段的变化)

SRES A1B 情景下，气候基准时段平均最高气温同样遵循冬季最低、春秋次之、夏季最高的季节循环规律，其中月平均最高气温最高、最低分别出现在 7 月和 1 月。2020s 月平均最高气温的升温幅度总体上略小于平均气温增幅，到了 2050s 这种增幅差距变得明显，而 2080s 最高气温逐月增幅明显小于平均气温增幅。从 2020s 到 2080s，逐月平均最高气温同样逐渐增大，冬季和秋季增温最大、春季增温最小，而从单独的月份看，三个时段内均为 8 月份增温最强。21 世纪最后 30 年，有 3 个月 (1 月、8 月、9 月) 的月平均最高气温增幅超过了 5℃，其中 8 月升温最多。

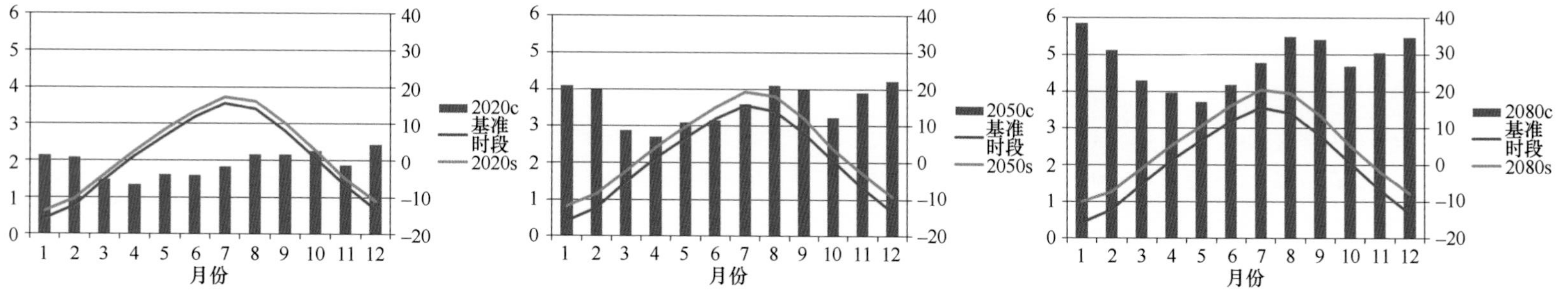

图 5.9　SRES A1B 情景下中国区域月平均最低气温变化

左：2020s；中：2050s；右：2080s

图中红色直方条为各时期相对于气候基准时段的逐月平均最低气温变化值 (℃)，其值对应左纵坐标；蓝色线条和绿色线条分别为气候基准时段和未来时段的逐月平均最低气温 (℃)，其值对应右纵坐标 (图例中 2020c、2050c、2080c 分别代表 2020s、2050s、2080s 相对于气候基准时段的变化)

SRES A1B 情景下，气候基准时段平均最低气温同样遵循冬季最低、春秋次之、夏季最高的季节循环规律，其中月平均最低气温最高、最低分别出现在 7 月和 1 月。2020s 月平均最低气温的升温幅度总体上略大于平均气温增幅，到了 2050s 这种增幅差距变得明显，而 2080s 最低气温逐月增幅明显大于平均气温增幅。从 2020s 到 2080s，逐月平均最低气温逐渐增大，冬季和秋季增温最大、春季增温最小。2020s 和 2050s 增温最强月为 12 月，而到了 21 世纪末，共有 6 个月增温幅度超过 5℃，其中 1 月增幅最大，相比气候基准时段升温接近 6℃，8 月升温明显大于 7 月，因此 21 世纪末 8 月平均最低气温已接近最热月 (7 月) 的平均最低气温。

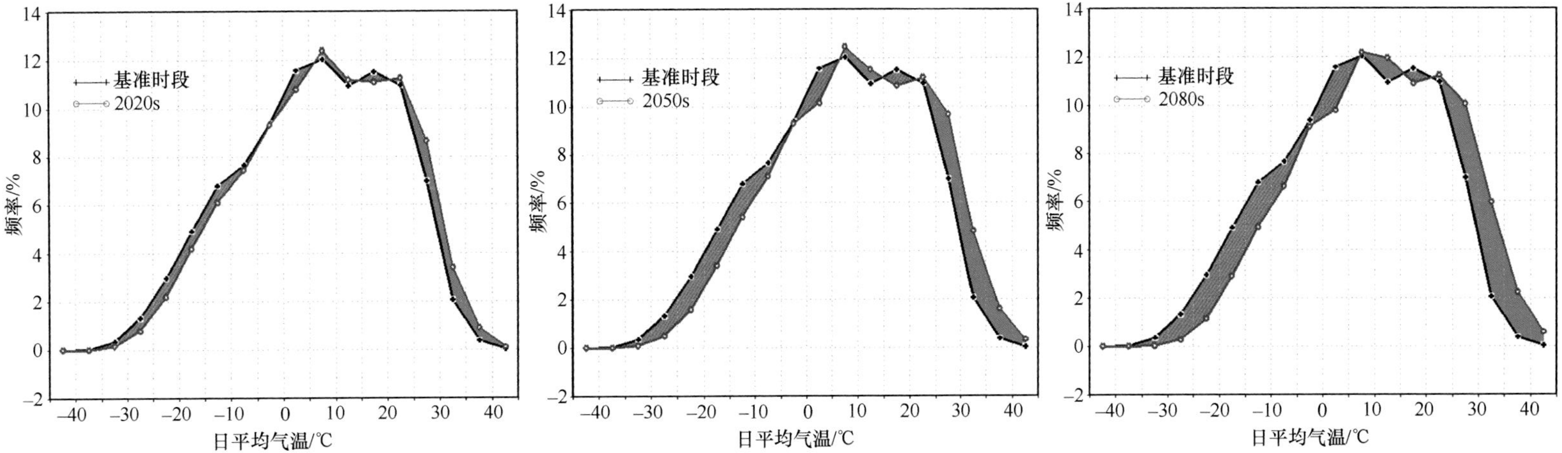

图 5.10　SRES A1B 情景下各时段日平均气温分布频率

左：2020s；中：2050s；右：2080s

图中黑色折线为气候基准时段频率，紫色折线为未来各时期频率；未来频率值小于气候基准时段频率值时，两折线间以红色阴影填充，反之则为绿色阴影

SRES A1B 情景下，各个时段内均为 5~10℃的平均气温出现频率最高，而 21 世纪末 10~15℃的出现频率由气候基准时段的排序第五名提升到了排序第二名。根据频率折线和填色阴影分布可以看出，未来三个时段的平均气温分布频率均往高温方向偏移，越往后偏移越多，即未来平均气温高值出现频率加大、低值出现频率减少，5℃以下及 15~20℃的平均气温出现频率逐渐降低，5~15℃及 20℃以上的平均气温出现频率则逐渐增大。

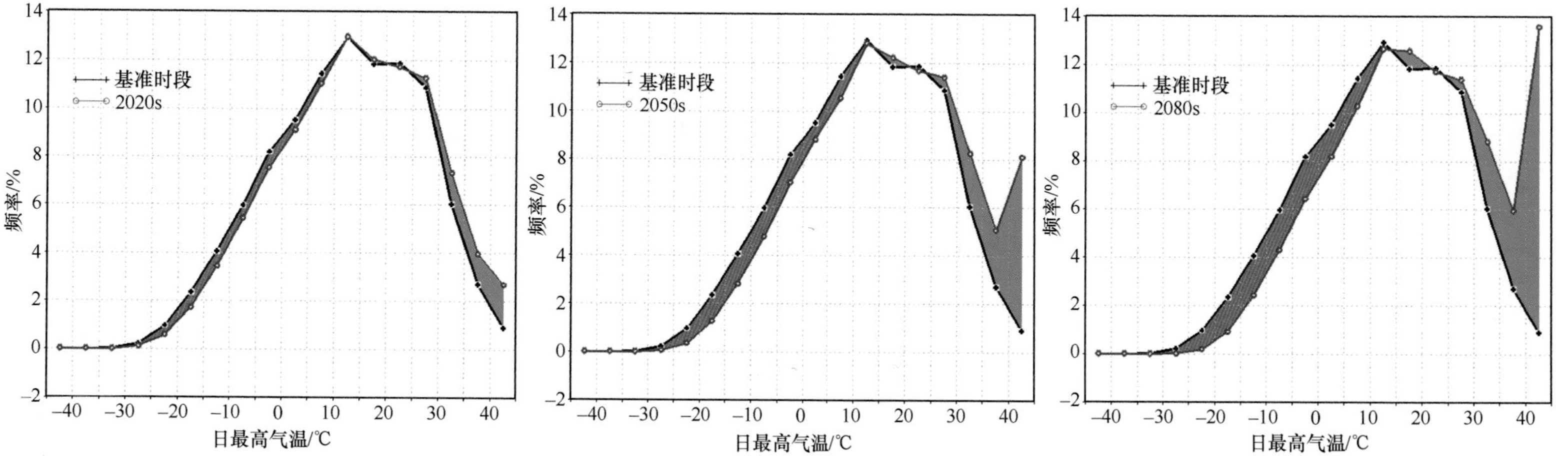

图 5.11　SRES A1B 情景下各时段日最高气温分布频率

左：2020s；中：2050s；右：2080s

图中黑色折线为气候基准时段频率，紫色折线为未来各时期频率；未来频率值小于气候基准时段频率值时，两折线间以红色阴影填充，反之则为绿色阴影

SRES A1B 情景下，除了 2080s，各个时段内均为 10~15℃的日最高气温出现频率最高，而 2080s 则为 40℃以上的日最高气温出现频率最高。同平均气温一样，未来三个时段的日最高气温分布频率均往高温方向偏移，随时间推移越往后偏移越多，10℃以下的最高气温出现频率逐渐降低，10℃以上的最高气温出现频率则逐渐增大，40℃以上的日最高气温出现频率在 2050s 已显著增大，到了 2080s 更为突出，40℃以上的日最高气温出现频率比其他温度区间都大，而目前我国所定义的高温天气为日最高气温达到或超过 35℃的情况，可见到了 2080s，现阶段所定义的高温天气届时将成为常态（发生频率最高），将对人们的生产、生活产生难以估量的影响。

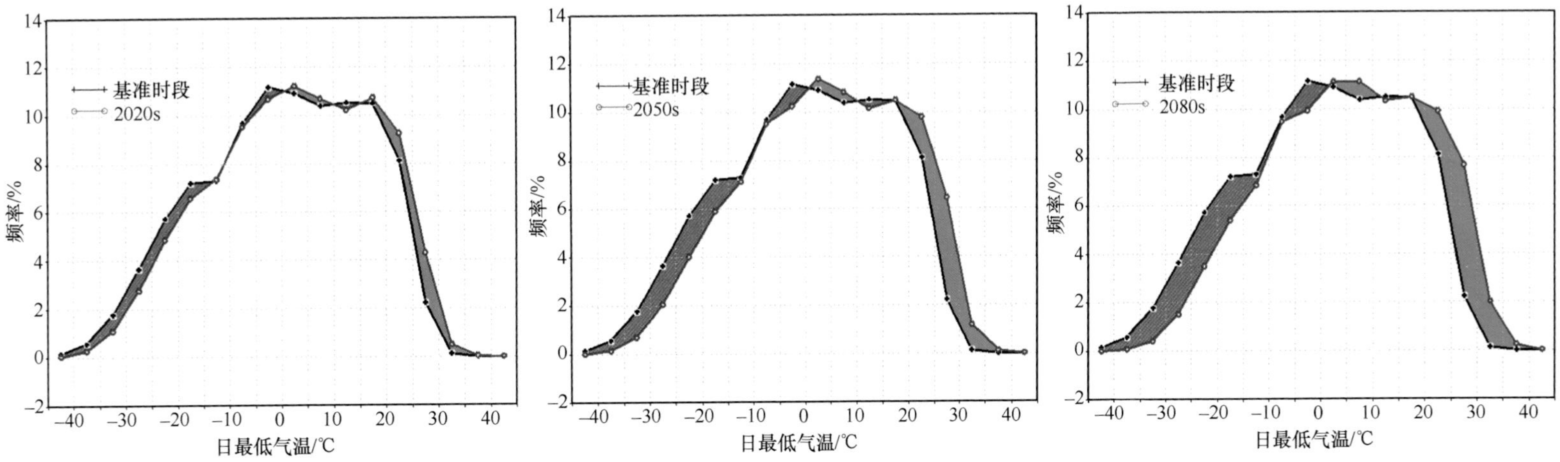

图 5.12　SRES A1B 情景下各时段日最低气温分布频率

左：2020s；中：2050s；右：2080s

图中黑色折线为气候基准时段频率，紫色折线为未来各时期频率；未来频率值小于气候基准时段频率值时，两折线间以红色阴影填充，反之则为绿色阴影

SRES A1B 情景下，气候基准时段以 –5~0℃的日最低气温出现频率最大，而未来各个时段内则为 0~5℃的日最低气温出现频率最大。未来三个时段的日最低气温分布频率均往高温方向偏移，0℃以下及 10~15℃的日最低气温出现频率逐渐降低，0~10℃及 15℃以上的日最低气温出现频率则逐渐增大。

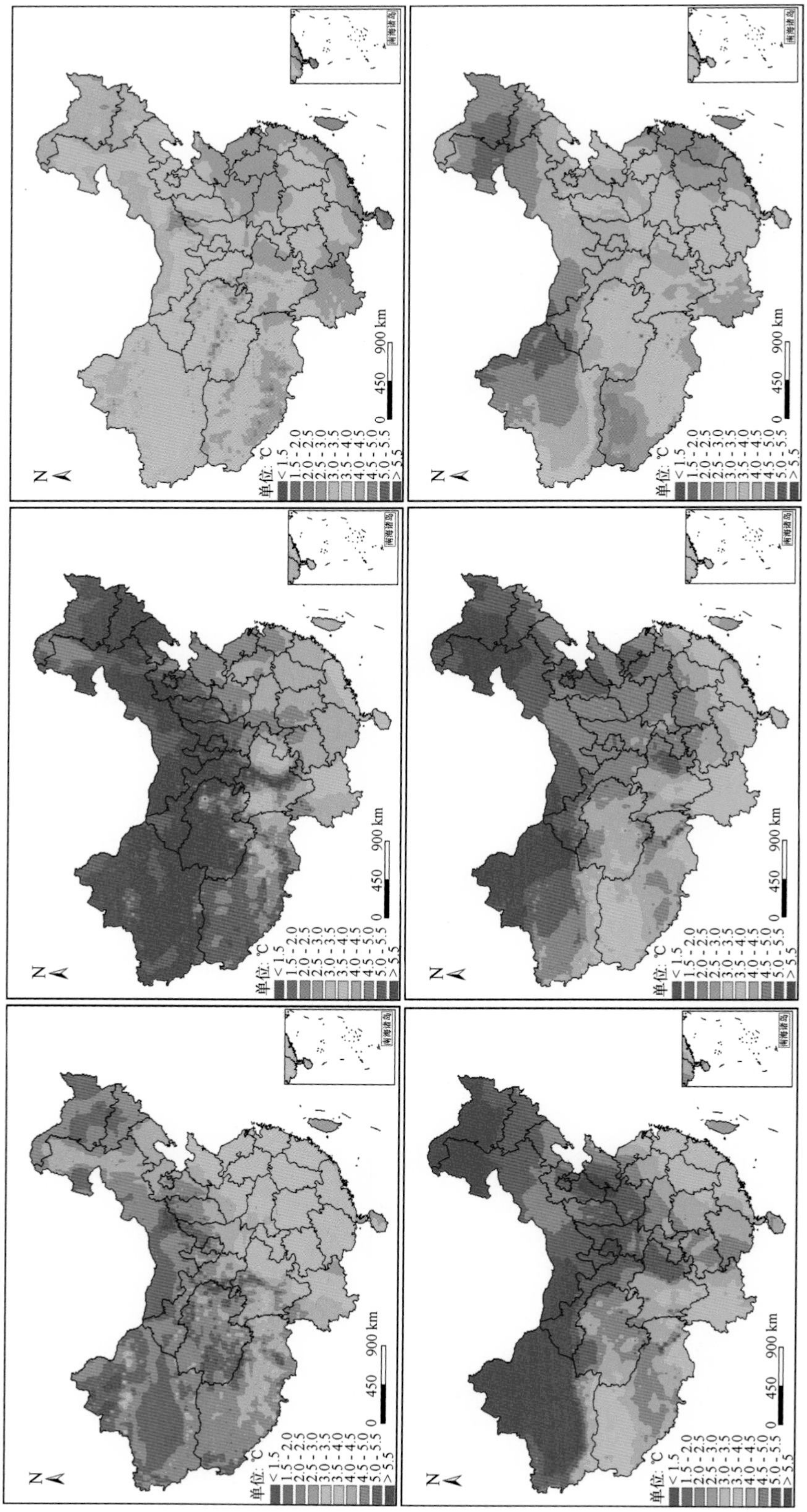
N
单位: ℃
< 1.5
1.5 - 2.0
2.0 - 2.5
2.5 - 3.0
3.0 - 3.5
3.5 - 4.0
4.0 - 4.5
4.5 - 5.0
5.0 - 5.5
> 5.5
0 450 900 km
南海诸岛

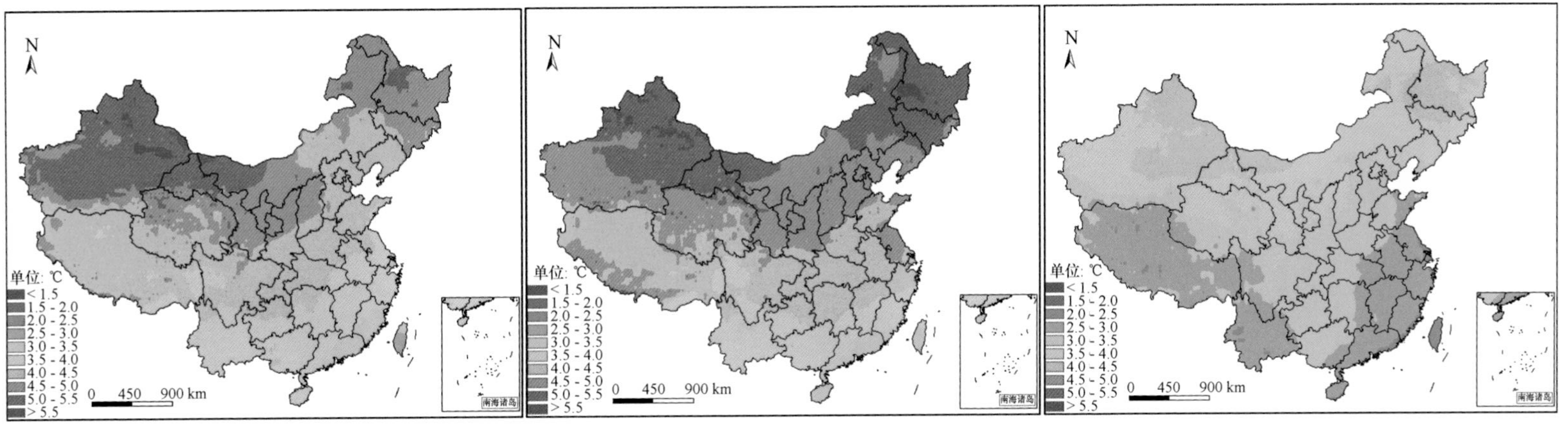

图 5.13 2080s 各情景下日平均气温变化的空间分布

上：冬季平均；中：夏季平均；下：全年平均

左：SRES A2；中：SRES A1B；右：SRES B2

2071~2100 年，SRES A2 情景下日平均气温变化的年平均增幅以 3~5℃为主。无论是冬季、夏季还是年平均，北方升温幅度均大于南方。除青藏高原及云南西部外，大部分地区的夏季增幅大于冬季增幅。

SRES A1B 情景下日平均气温变化的空间分布与 SRES A2 相似，年平均增幅 3~5℃，东北和西北地区增幅基本达到 5℃以上。北方地区增温大于南方，35°N 以北大部分地区冬季增温达 5.5℃、夏季和年平均增温则在 4.5℃以上。不同于 SRES A2 情景的是，SRES A1B 情景下全国大部分地区的冬季增温幅度都大于夏季。

SRES B2 情景下日平均气温变化趋势及时空分布特征与 SRES A2 情景的相似，但不管是季节平均还是年平均，其升温幅度均明显低于 SRES A2 情景的相应增幅，年平均增幅为 2.5~4℃。

总体上说，北方增温均大于南方，冬季 SRES A1B 情景升温最高，夏季 SRES A2 情景增温幅度稍大于 SRES A1B 情景。无论是季节平均还是全年平均，SRES B2 情景的日平均气温增幅均为三个情景中最小。SRES A2、B2 情景下，夏季升温大于冬季，SRES A1B 情景则为冬季升温大于夏季。在冬季、夏季和全年平均中，SRES A1B 情景的冬季增温幅度为三个情景之最。

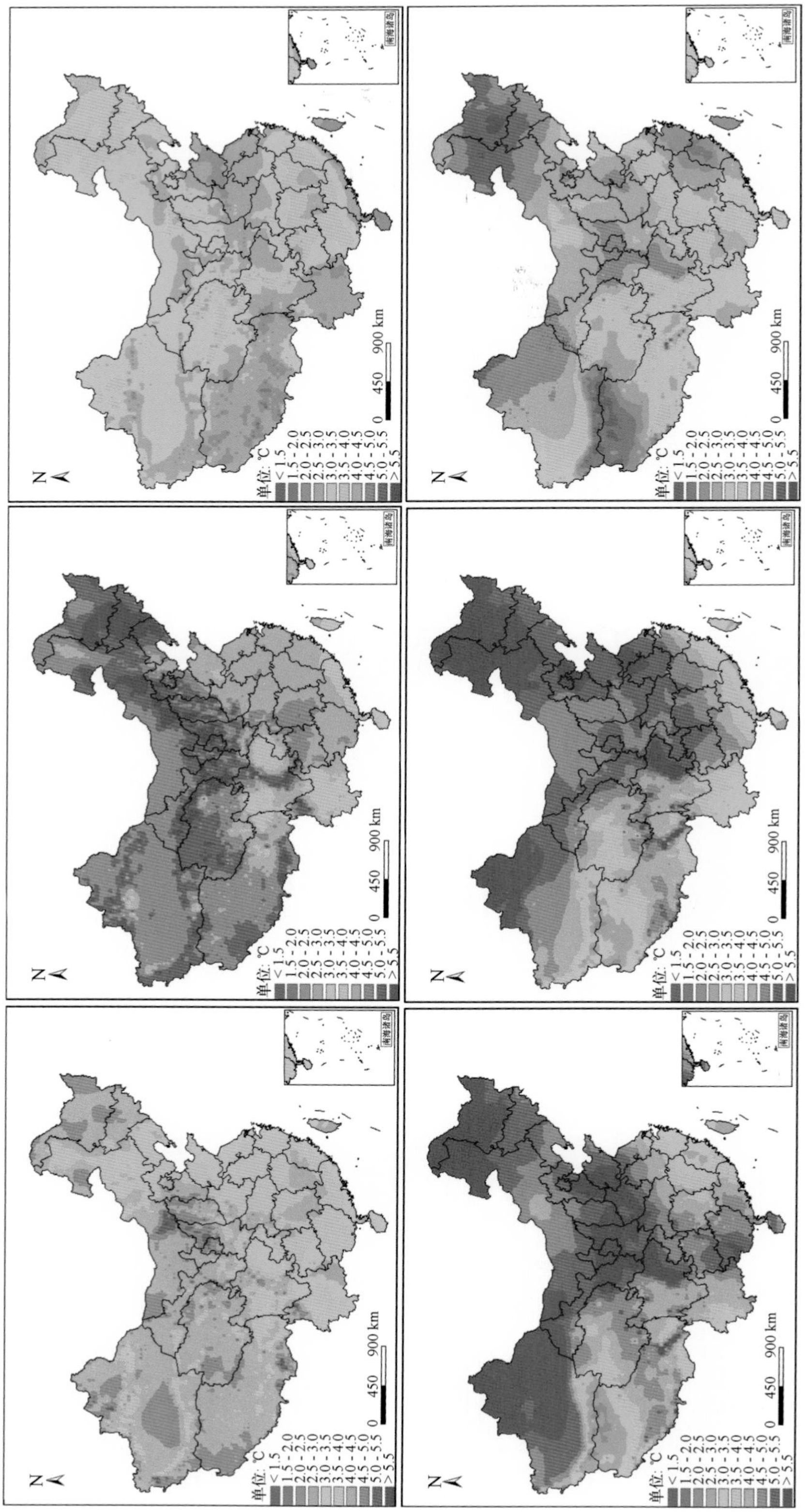
N
南海诸岛
单位: ℃
< 1.5
1.5 - 2.0
2.0 - 2.5
2.5 - 3.0
3.0 - 3.5
3.5 - 4.0
4.0 - 4.5
4.5 - 5.0
5.0 - 5.5
> 5.5
0 450 900 km

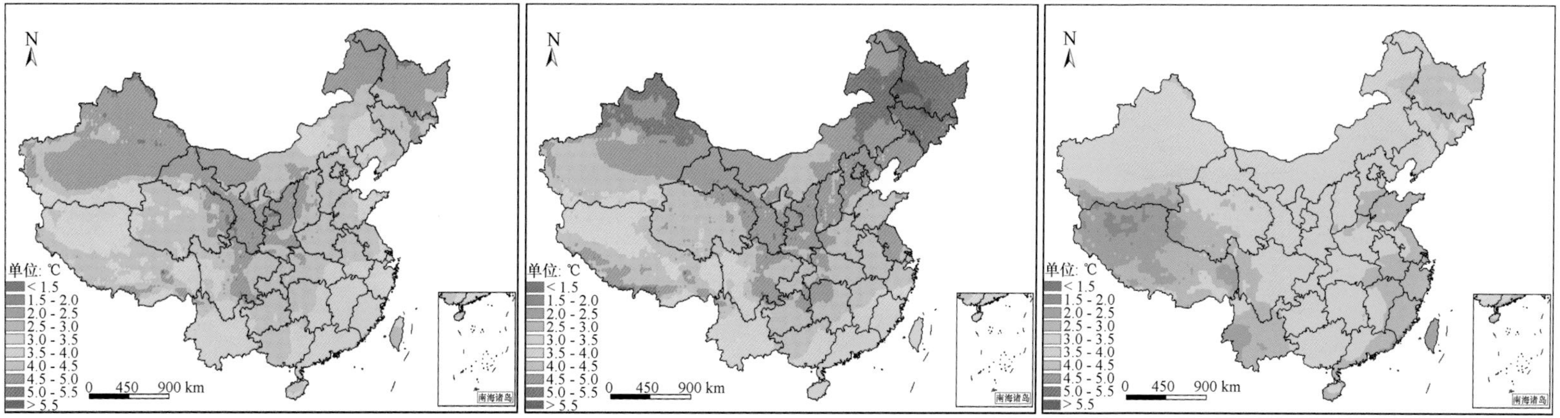

图 5.14　2080s 各情景下日最高气温变化的空间分布

上：冬季平均；中：夏季平均；下：全年平均

左：SRES A2；中：SRES A1B；右：SRES B2

2071~2100 年，SRES A2 情景下日最高气温年均增加 3~5℃。北方增温普遍大于南方。除青藏高原北部和东南沿海外，大部分地区的夏季日最高气温增幅大于冬季。

SRES A1B 情景下日最高气温年平均增幅在全国大部分地区达到了 3.5℃以上。北方增温大于南方，35°N 以北大部分地区日最高气温在冬季增温 4.5℃以上，夏季和年平均增温也达 4℃。除新疆北部、东北北部、四川东部、淮河流域，其余大部分地区冬季增温幅度略大于夏季。

SRES B2 情景下日最高气温年均增加 2~4℃，增幅明显低于 SRES A2/A1B 情景。夏季北方增温大于南方，冬季以长江中下游以南地区和东北地区增温最强，西北和华北次之。青藏高原北部和长江以南地区冬季增温略高于夏季，其余大部分地区的夏季日最高气温增幅大于冬季。

总体而言，除了 SRES B2 情景的冬季，其余基本上是北方增温大于南方。冬季 SRES A1B 情景增温幅度最大，夏季 SRES A2 情景增温幅度稍大于 SRES A1B 情景。SRES A2、B2 情景下，夏季升温大于冬季，SRES A1B 情景则是冬季升温略高于夏季。无论是季节平均还是全年平均，SRES B2 情景的日最高气温增幅均为三个情景中最小。

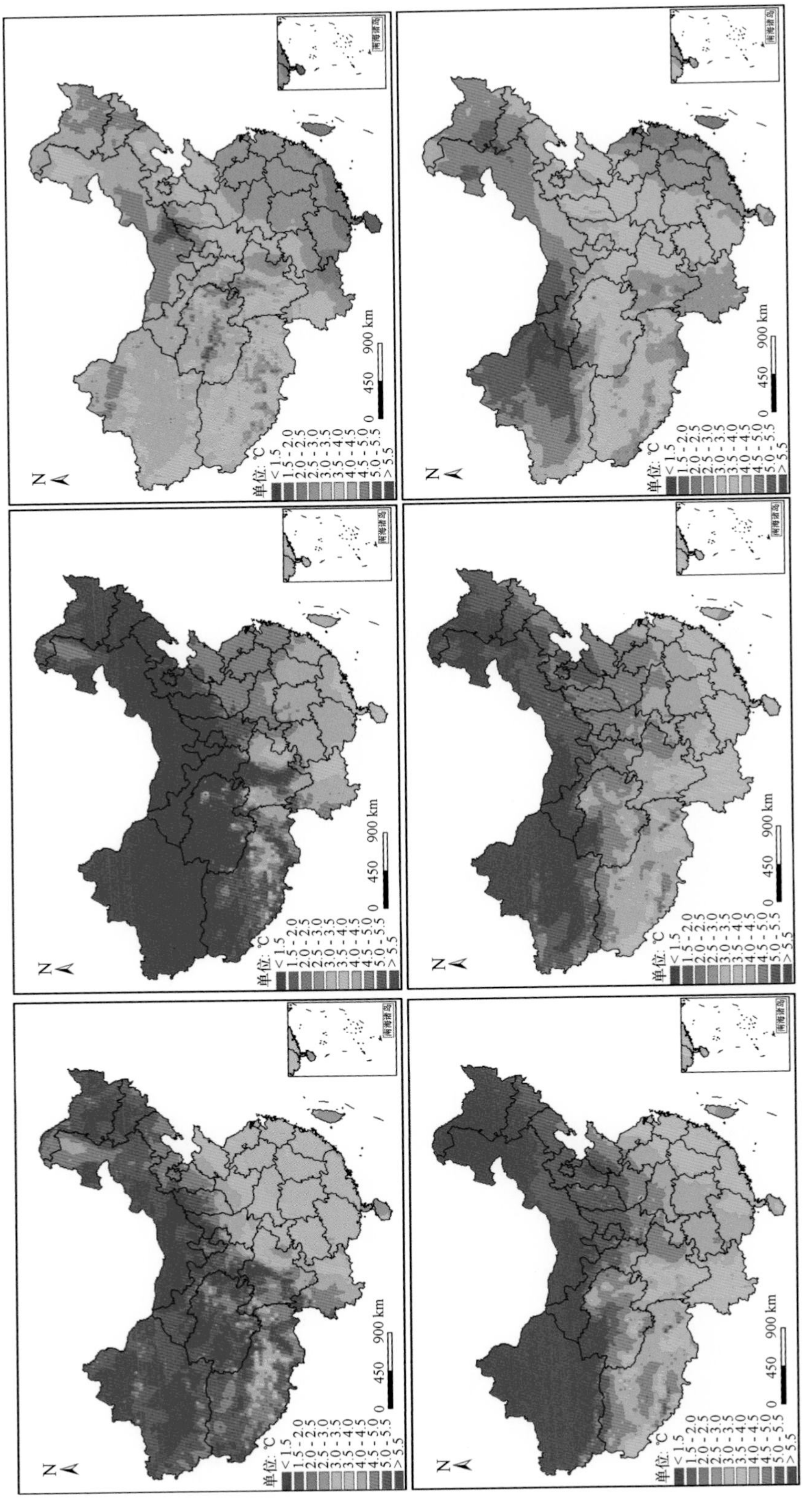
单位: ℃
< 1.5
1.5 - 2.0
2.0 - 2.5
2.5 - 3.0
3.0 - 3.5
3.5 - 4.0
4.0 - 4.5
4.5 - 5.0
5.0 - 5.5
> 5.5
0 450 900 km
N
南海诸岛

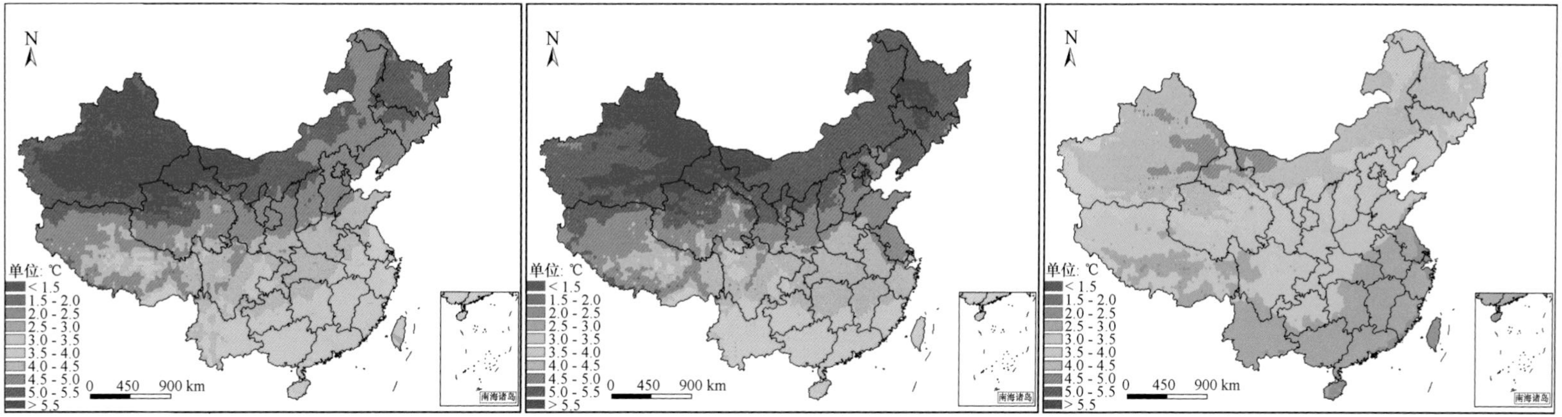

图 5.15　2080s 各情景下日最低气温变化的空间分布

上：冬季平均；中：夏季平均；下：全年平均

左：SRES A2；中：SRES A1B；右：SRES B2

2071~2100 年，SRES A2 情景下日最低气温增幅大于日最高气温和平均气温增幅，升温 3~6℃。北方增温大于南方。除青藏高原外，夏季升温大于冬季。

SRES A1B 情景下日最低气温年平均增幅在全国大部分地区达到了 3.5℃以上。北方增温大于南方。35°N 以北大部分地区冬季、夏季、年平均增温分别在 5.5℃、5℃、5℃以上，高于平均气温和最高气温的增幅。全国大部分地区的冬季增温幅度大于夏季。

SRES B2 情景下日最低气温年平均增幅为 2.5~4.5℃，大于日最高气温和平均气温增幅，小于 SRES A2/A1B 情景的日最低气温增幅。北方增温大于南方。夏季和冬季增温也明显低于 SRES A2/A1B 情景的相应增温幅度，夏季增温大于冬季。

总体而言，三个情景下 2080s 的日最低气温为北方增温大于南方。冬季 SRES A1B 情景升温最高，夏季 SRES A2 情景增温幅度略大于 SRES A1B 情景。SRES A2、B2 情景下，夏季升温大于冬季，SRES A1B 情景则反之。无论是季节平均还是全年平均，SRES B2 情景的日最低气温增幅均为三个情景中最小。

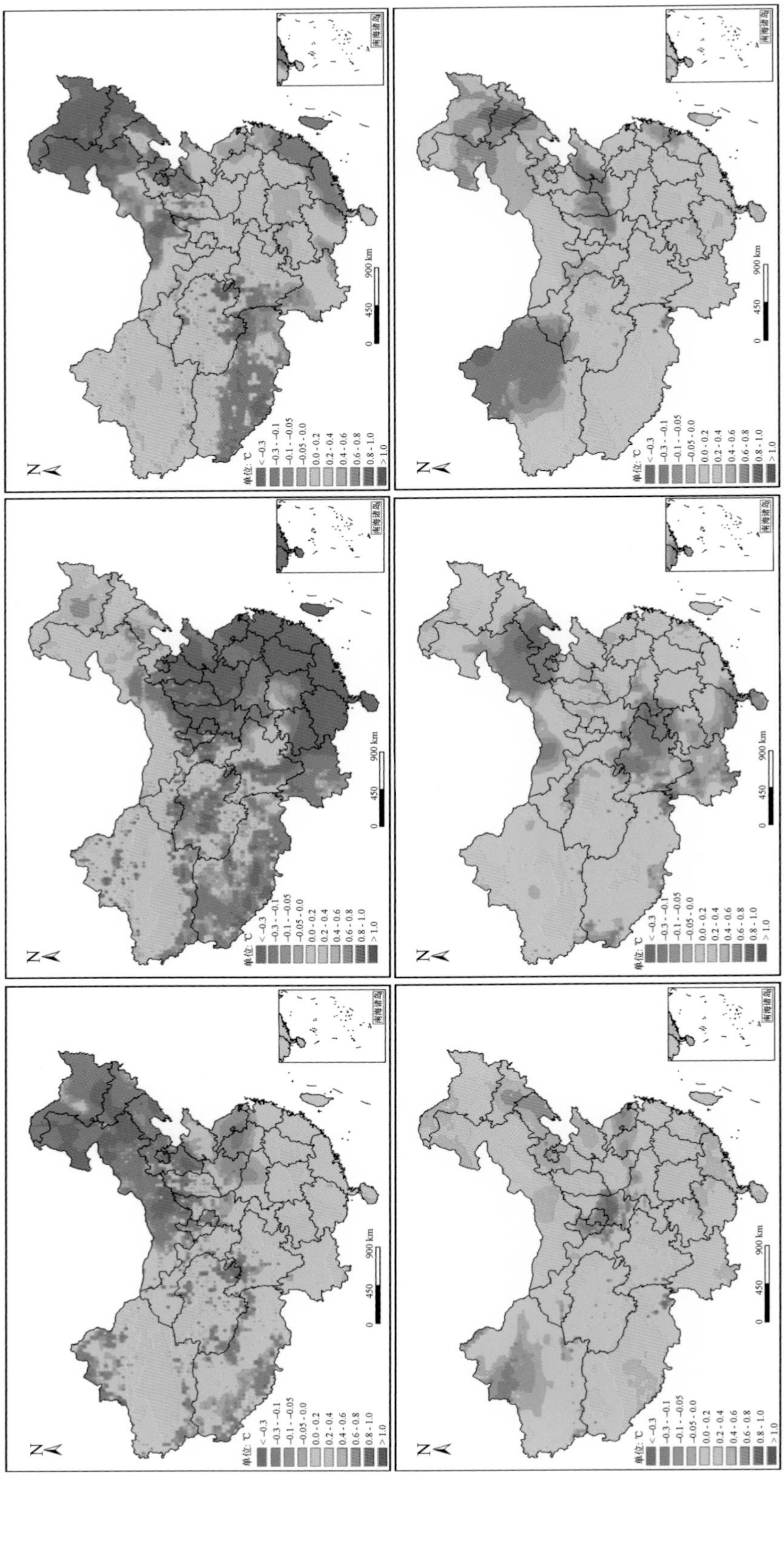
南海诸岛
0 450 900 km
N
单位: ℃
< -0.3
-0.3 - -0.1
-0.1 - -0.05
-0.05 - 0.0
0.0 - 0.2
0.2 - 0.4
0.4 - 0.6
0.6 - 0.8
0.8 - 1.0
> 1.0

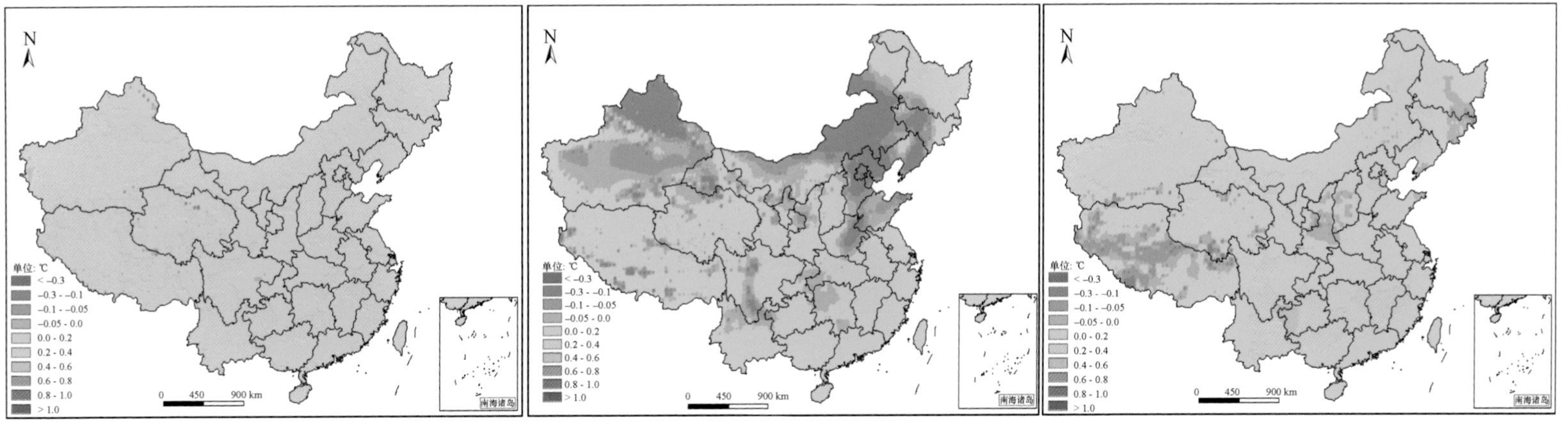

图 5.16　2080s 各情景下日平均气温标准差变化的空间分布

上：冬季平均；中：夏季平均；下：全年平均

左：SRES A2；中：SRES A1B；右：SRES B2

2071~2100 年，三种情景下的年均温波动幅度均较 1961~1990 年的明显加大，其中 SRES A1B 的波动增幅比 SRES A2 和 B2 情景小，甚而在华北和新疆北部表现为波动减少。而冬季平均温波动幅度的变化分布则是 SRES A2 和 B2 相似，二者皆为西北、中原增幅较大，东北波动幅度缩小，尤其是 SRES B2 情景的变幅较为明显，而 SRES A1B 情景的波动幅度变化分布与其他两个情景不同，北方以加大为主、南方以缩小为主。夏季平均温波动幅度的变化在全国以加大为主，其中 SRES A2 和 B2 的增幅较明显。

总体而言，三种情景下年均温和夏季均温的波动幅度普遍加大，气温稳定度低，而冬季均温在 SRES A2 和 B2 情景下除了东北地区也是大部分地区气温稳定度降低，SRES A1B 情景则表现出不同的波动幅度变化态势，尤其东北地区，在 SRES A1B 情景下该地区的冬季均温稳定度是降低的。

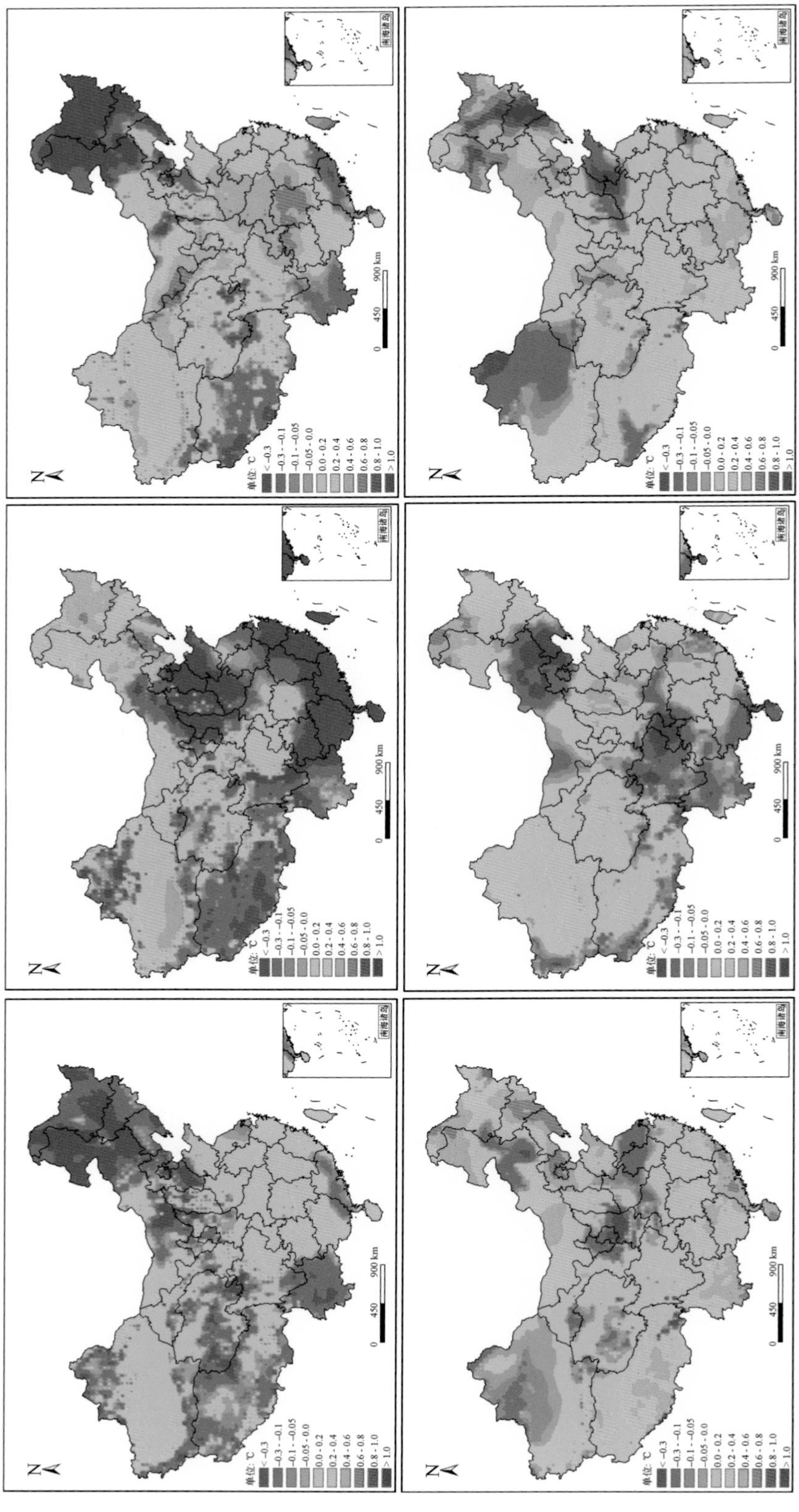
单位: ℃
< -0.3
-0.3 - -0.1
-0.1 - -0.05
-0.05 - 0.0
0.0 - 0.2
0.2 - 0.4
0.4 - 0.6
0.6 - 0.8
0.8 - 1.0
> 1.0
0 450 900 km
南海诸岛
N

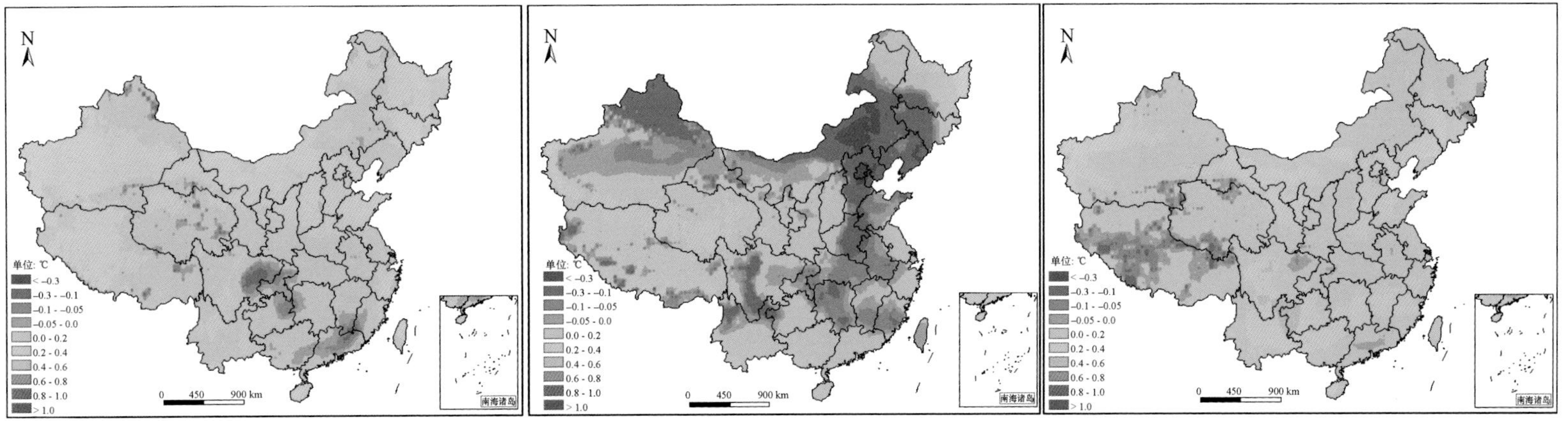

图 5.17　2080s 各情景下日最高气温标准差变化的空间分布

上：冬季平均；中：夏季平均；下：全年平均

左：SRES A2；中：SRES A1B；右：SRES B2

2071~2100 年，SRES A2 和 B2 情景下的日最高气温年均值波动幅度均较 1961~1990 年的明显加大，而 SRES A1B 的波动变化为一半区域增大一半区域减少。冬季日最高气温波动幅度的变化分布则是 SRES A2 和 B2 相似，二者皆为西北、中原增幅较大、东北波动幅度缩小，尤其是 SRES B2 情景在西北、中部增幅明显，而 SRES A1B 情景的波动幅度变化分布与其他两个情景不同，尤其在东北地区，日最高气温的年际波动将明显加大。夏季日最高气温波动幅度的变化在全国以加大为主，其中 SRES A2 和 B2 的增幅较明显，且在新疆和西南地区，SRES A1B 情景的变化情况与 A2、B2 情景相反。

总体而言，2071~2100 年三个情景下的日最高气温波动幅度变化分布和规律与日平均气温大体相似，只是 SRES A2 情景下的加大幅度略弱于日平均气温，而 SRES A1B 和 B2 情景下的波动幅度则在总体上比日平均气温的略有增强。

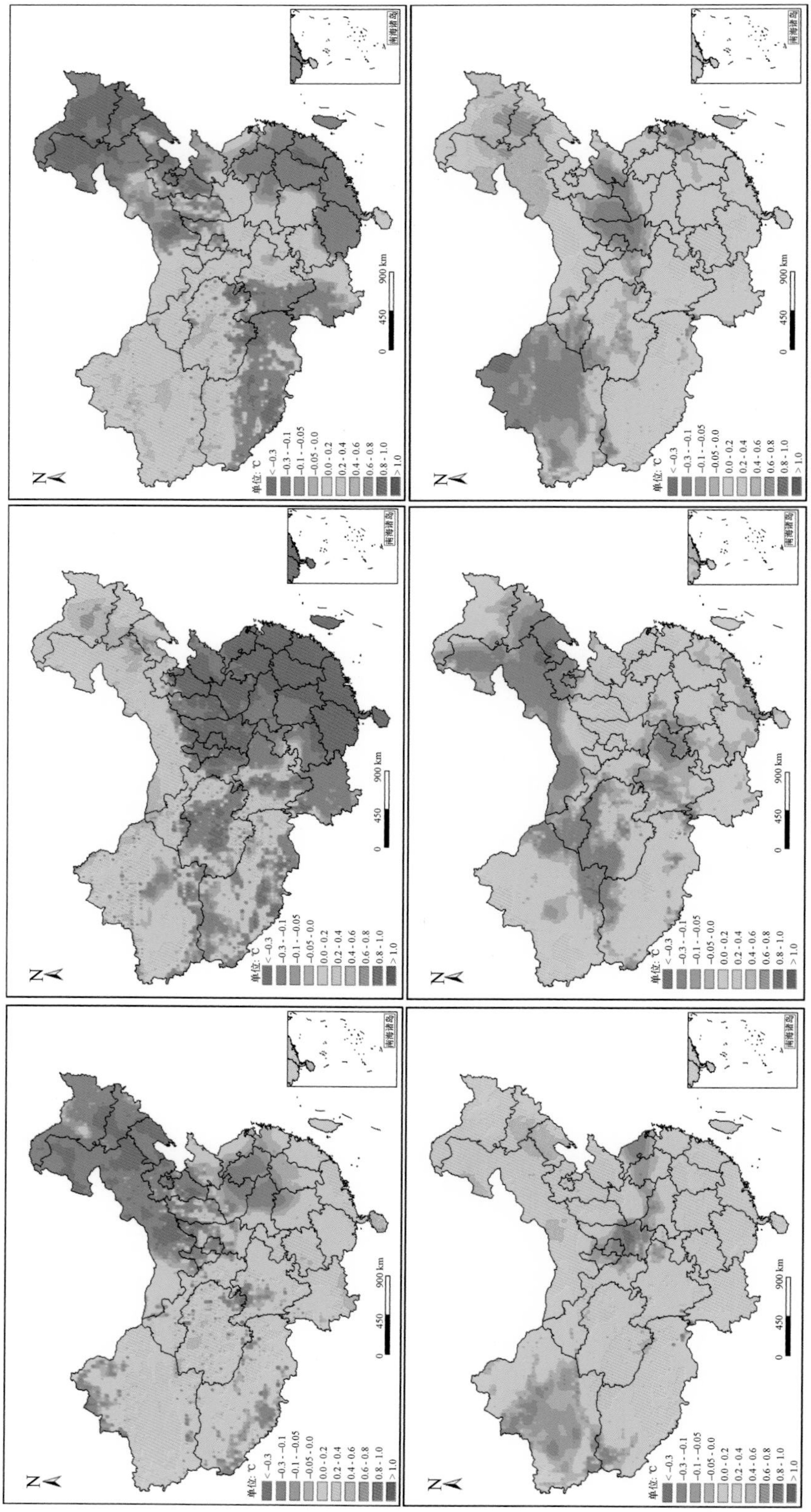
南海诸岛
0 450 900 km
单位: ℃
< −0.3
−0.3 - −0.1
−0.1 - −0.05
−0.05 - 0.0
0.0 - 0.2
0.2 - 0.4
0.4 - 0.6
0.6 - 0.8
0.8 - 1.0
> 1.0
N

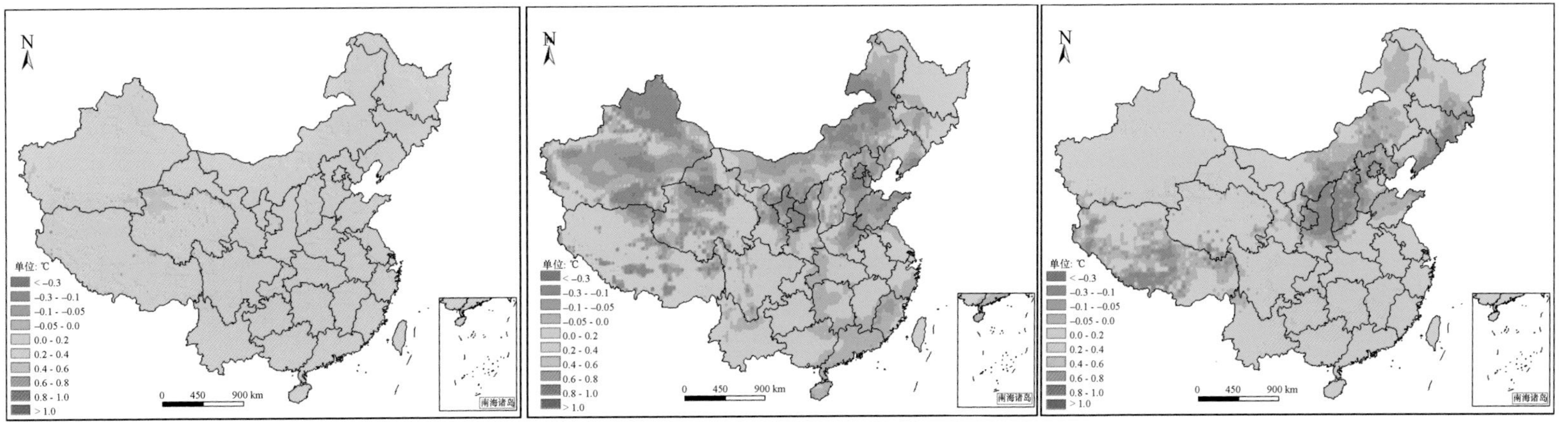

图 5.18　2080s 各情景下日最低气温标准差变化的空间分布

上：冬季平均；中：夏季平均；下：全年平均

左：SRES A2；中：SRES A1B；右：SRES B2

2071~2100 年，SRES A2 情景下的日最低气温年均值波动幅度较 1961~1990 年明显加大，SRES A1B 和 B2 情景下的波动幅度也在增大，但没有 SRES A2 情景明显。冬季日最低气温波动幅度的变化分布则是 SRES A2 和 B2 相似，二者在东北、华北、华东皆为波动幅度缩小，此外，SRES B2 情景在西藏南部、四川和云南西部的波动幅度也在减小，而 SRES A1B 情景在新疆、内蒙古和东北地区的波动幅度以增大为主，其余地区以减小为主。夏季日最低气温波动幅度的变化在全国以增加为主，但在新疆和东北地区，SRES A2 和 B2 的变化趋势与 SRES A1B 情景相反。

总体上说，2071~2100 年三个情景的日最低气温波动幅度变化分布与日平均气温、日最高气温大体相似，但变化幅度略小。相较于日平均气温和日最高气温而言，SRES A1B 情景下的年均日最低气温在更多地区趋于稳定。

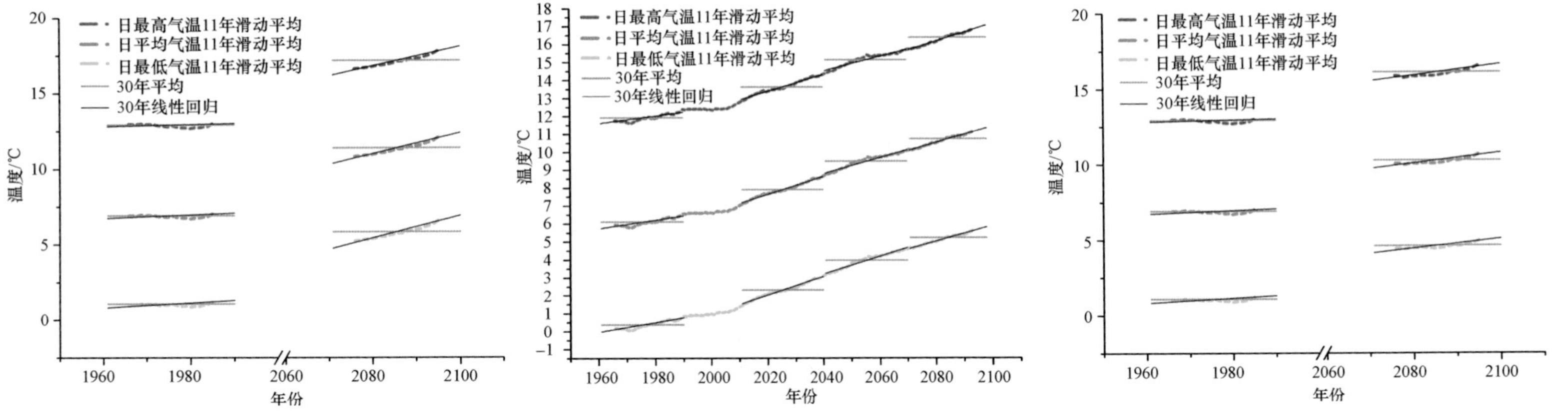

图 5.19　2080s 各情景下中国区域年平均气温变化趋势

左：SRES A2；中：SRES A1B；右：SRES B2

图中，红、紫、黄色折线为逐年要素值的 11 年滑动平均序列，如 1966 年对应的值代表了 1961~1971 年的平均值，依此类推；蓝色线条为 30 年平均值，其值为线条所覆盖年份的 30 年平均值；黑色实线代表了 30 年线性变化趋势，以直线所覆盖年份的 30 年逐年均值为时间序列，利用最小二乘法线性拟合估计其变化趋势

SRES A1B 情景下，1961~2100 年中国区域平均气温没有明显的年代际波动，无论是日平均气温、日最高气温还是日最低气温，均呈现出一致的变化趋势，且 30 年线性变化趋势线与 11 年滑动平均曲线大致重合，尤其在 2010 年之后，基本上表现为线性增温。与气候基准时段相比，21 世纪最后 30 年气温平均升高超过 4.5℃，增温显著，其中增幅最大的是日最低气温，日最高气温则比日最低气温和日平均气温增幅小。从 2020s 到 2050s，气温攀升的幅度是几个时段中最快的。

2071~2100 年，三个情景下中国区域平均气温增加明显，其中 SRES A2 情景增温幅度最大，无论是日平均气温还是最高温、最低温，升温均超过 4.5℃，SRES A1B 情景升温幅度与 SRES A2 相近，SRES B2 情景各气温增加幅度大约为 3.5℃，比 SRES A2 和 A1B 小了约 1℃。气候基准时段，SRES A2 和 B2 情景的气温呈现略微上升的趋势，SRES A1B 情景的上升趋势则较前两者更清晰，而 21 世纪末三个情景呈现出了明显的上升趋势。

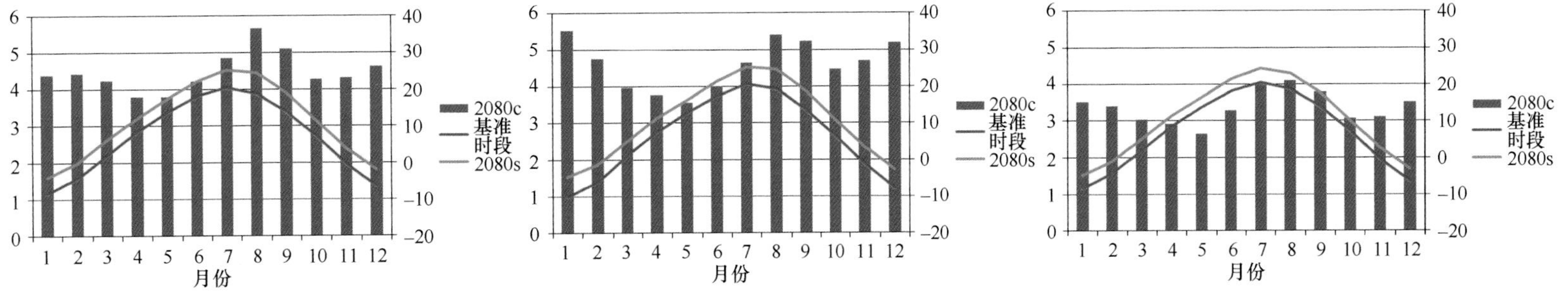

图 5.20　2080s 各情景下中国区域月平均气温变化

左：SRES A2；中：SRES A1B；右：SRES B2

图中红色直方条为各时期相对于气候基准时段的逐月平均温变化值(℃)，其值对应左纵坐标；蓝色线条和绿色线条分别为气候基准时段和未来时段的逐月平均温(℃)，其值对应右纵坐标(图例中 2080c 代表 2080s 相对于气候基准时段的变化)

2071~2100 年，三个情景下的气候基准时段平均气温遵循冬季最低、春秋次之、夏季最高的季节循环规律，其中月平均温度最高、最低值分别出现在 7 月和 1 月。SRES A2 和 B2 情景下，夏季增温最大，春季增温最小，而 SRES A1B 情景则为冬季增温最大，春季增温最小。三个情景中，SRES B2 的逐月增温幅度最小，多数月份小于 4℃。

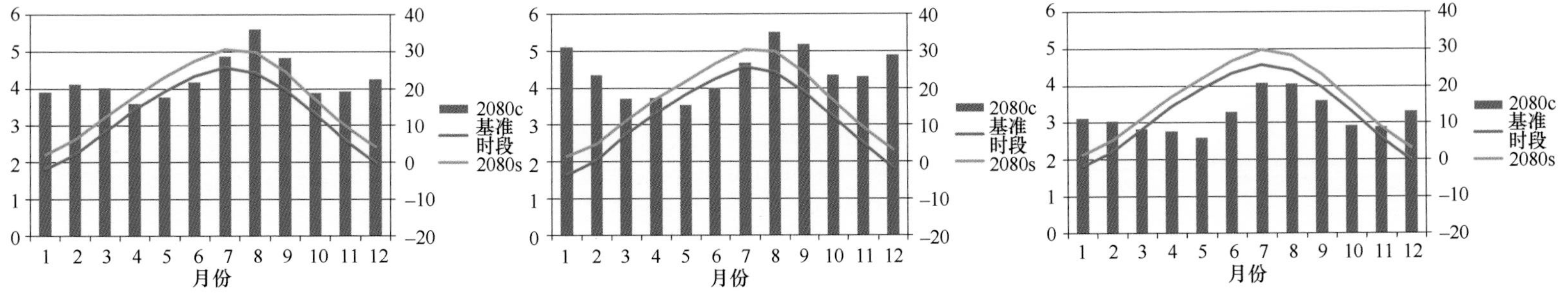

图 5.21　2080s 各情景下中国区域月平均最高气温变化

左：SRES A2；中：SRES A1B；右：SRES B2

图中红色直方条为各时期相对于气候基准时段的逐月平均最高气温变化值 (℃)，其值对应左纵坐标；蓝色线条和绿色线条分别为气候基准时段和未来时段的逐月平均最高气温 (℃)，其值对应右纵坐标 (图例中 2080c 代表 2080s 相对于气候基准时段的变化)

2071~2100 年，最高气温与平均气温的逐月变化相似，仍然是 SRES A2 和 B2 情景下，夏季增温最大、春季增温最小，而 SRES A1B 情景下则为冬季增温最大、春季增温最小。日最高气温的逐月增温幅度均小于日平均气温的增温幅度。

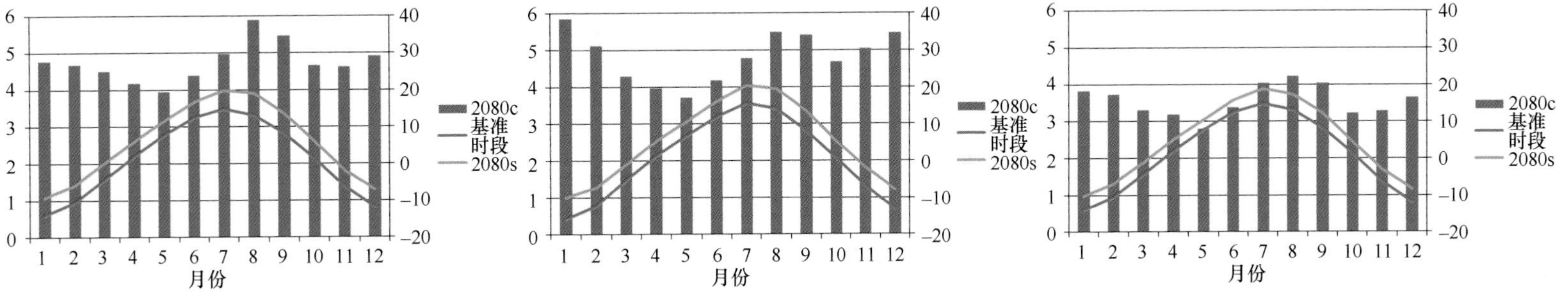

图 5.22　2080s 各情景下中国区域月平均最低气温变化

左：SRES A2；中：SRES A1B；右：SRES B2

图中红色直方条为各时期相对于气候基准时段的逐月平均最低气温变化值 (℃)，其值对应左纵坐标；蓝色线条和绿色线条分别为气候基准时段和未来时段的逐月平均最低气温 (℃)，其值对应右纵坐标 (图例中 2080c 代表 2080s 相对于气候基准时段的变化)

2071~2100 年，日最低气温在 SRES A2 和 B2 情景下 8 月份增温最强，而 SRES A1B 情景下则是 1 月份增温最强。总体上，逐月平均最低气温的增温幅度大于日平均气温和日最高气温。

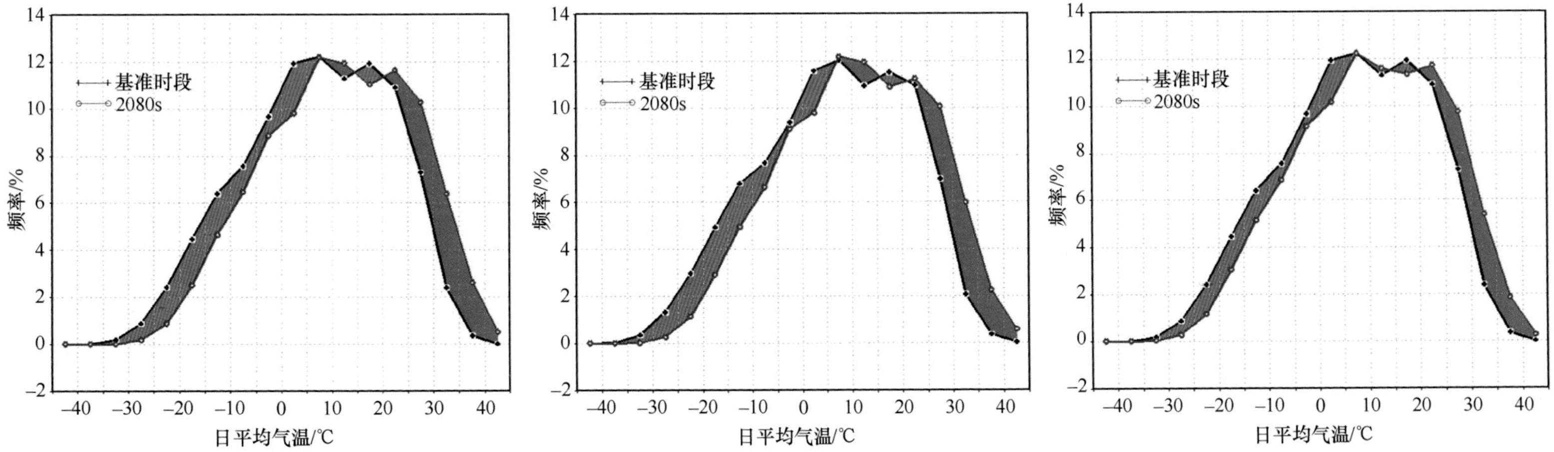

图 5.23 气候基准时段及 2080s 各情景下日平均气温分布频率

左：SRES A2；中：SRES A1B；右：SRES B2

图中黑色折线为气候基准时段频率，紫色折线为未来各时期频率；未来频率值小于气候基准时段频率值时，两折线间以红色阴影填充，反之则为绿色阴影

2071~2100 年，三个情景下均为 5~10℃的平均气温出现频率最高。三个情景的平均气温分布频率均往高温方向偏移，其中 SRES A2 和 A1B 情景下偏移较多、SRES B2 情景下偏移较少，即 SRES A2 和 A1B 情景下未来平均气温高值出现频率加大幅度比 SRES B2 的大。三个情景下 5℃以下及 15~20℃的平均气温出现频率均降低，5~15℃及 20℃以上的平均气温出现频率则增大。

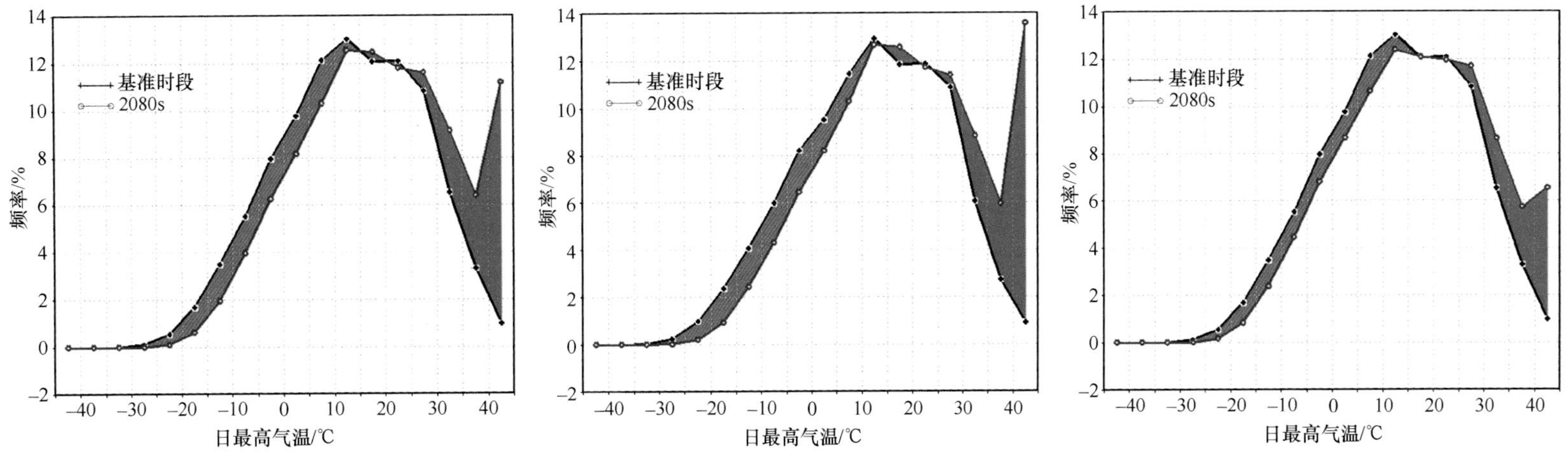

图 5.24　气候基准时段及 2080s 各情景下日最高气温分布频率

左：SRES A2；中：SRES A1B；右：SRES B2

图中黑色折线为气候基准时段频率，紫色折线为未来各时期频率；未来频率值小于气候基准时段频率值时，两折线间以红色阴影填充，反之则为绿色阴影

2071~2100 年，三个情景的日最高气温分布频率均往高温方向偏移，SRES A2 和 A1B 情景下 15℃以下的最高气温出现频率减少，15℃以上的最高气温出现频率则普遍增大，35℃以上的日最高气温出现频率明显增加，尤其是 SRE A1B 情景下，40℃以上的日最高气温出现频率比其他温度区间都大，高温天气将频繁出现。SRES B2 情景下的偏移量相对小一些，但 35℃以上的日最高温出现频率也明显增加。

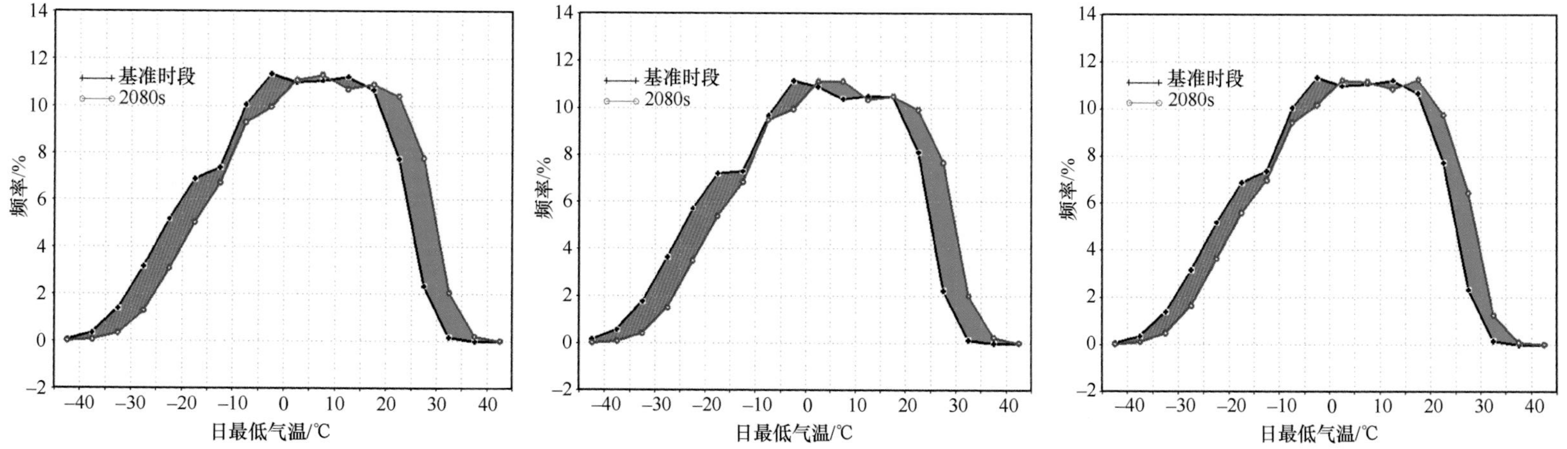

图 5.25　气候基准时段及 2080s 各情景下日最低气温分布频率

左：SRES A2；中：SRES A1B；右：SRES B2

图中黑色折线为气候基准时段频率，紫色折线为未来各时期频率；未来频率值小于气候基准时段频率值时，两折线间以红色阴影填充，反之则为绿色阴影

2071~2100 年，各情景下日最低气温分布频率均往高温方向偏移，其中 SRES A2 和 A1B 情景下的偏移量较大、SRES B2 情景下的偏移量相对小一些。SRES A2 和 B2 情景下，15℃以下的日最低气温出现频率基本上在减少，而 15℃以上的日最低气温出现频率明显增加。SRES A1B 情景下则是 5℃以下的日最低气温在减少，5℃以上的日最低气温在增加。

第 6 章　未来气候变化情景分析——降水平均状态

本章基于 PRECIS 构建的气候情景，分析 SRES A1B 情景下三个时段 (2011~2040、2041~2070、2071~2100) 和 2071~2100 时段 SRES A2、A1B、B2 三种情景下降水平均状态的变化。首先分析降水冬季、夏季、年平均值变化的空间分布特征，然后分析降水标准差变化空间分布，之后分析中国区域平均降水变化趋势、季节变化以及概率分布特征。

6.1　引　　言

由于区域气候模式 (RCM) 中对地形强迫的描述与实际地形更为接近，其所模拟的中国区域降水的变化比全球气候模式 (GCM) 具有更高的可信度，但总体上讲，RCM 模拟的降水变化与模拟的温度变化相比，还具有较大的不确定性。在已经发布的气候变化国家评估报告 (《气候变化国家评估报告》编写委员会，2007；《第二次气候变化国家评估报告》编写委员会，2011) 和科学评估报告 (秦大河等，2012) 中，主要讨论的是平均降水量的变化，对季节变化的讨论较少，对降水标准差和频率分布变化的分析几乎没有涉及，其后对极端降水事件的分析也不够详细。本章首先分析 SRES A1B 情景下 2020s、2050s、2080s 三个时段和 SRES A2、A1B、B2 三种情景下 2080s 时段平均降水量的变化，然后分析降水标准差变化的空间分布，之后分析中国区域平均降水变化趋势、季节变化以及概率分布特征，为后续章节极端降水事件变化的分析奠定较为坚实的基础。

6.2　SRES A1B 情景三个时段的降水变化

1. 平均态变化

SRES A1B 情景下，中国区域 2020s、2050s、2080s 分别相对于 Bs 的 30 年降水平均变化空间分布图 (图 6.1) 显示，中国大部分地区降水量呈增加趋势，且随时间的推移，年平均降水的增加幅度越来越大，但对于夏季而言，2050s 为降水增加幅度最大的时段。同时，降水变化又呈现出较多局地特征，对于 2020s，东南沿海和华北地区为降水量增加的主要区域，其中增幅最大的地方为福建沿海和台湾岛，降水减少区域零星分布在青藏高原南部和四川盆地。对于 2050s 和 2080s，除了青藏高原南部和四川盆地存在极小部分降水减少区域外，其他区域几乎均呈现降水量增加的趋势，尤其是 105°E 以东地区，出现多个降水增幅大值区，2050s 降水量增加最大的区域主要分布在华北、长江中下游以及华南地区，而 2080s 华南地区仍然是降水增加最明显的区域，另一区域为长江中下游以北至黄淮区域。

2. 标准差变化

图 6.2 显示，SRES A1B 情景下，年平均降水量的年际波动在 2020s、2050s、2080s 均以增大为主，且不稳定性随时间推移而增大；冬季降水的年际变化与年均值相似；而降水多的夏季，在三个时期，波动变幅均明显大于年均值和冬季均值。总体上说，从东北到西南、华南整体上不稳定性显著增加，这些地区的降水年际波动加大，易发生洪涝或旱灾，应当高度关注。

3. 中国区域平均趋势

SRES A1B 情景下，从 20 世纪 60 年代开始至 21 世纪末，中国区域平均降水量总体表现出明显增加的趋势，其中又呈现了降水的年代际波动 (图 6.7 中)。2050s 相对于 2020s，30 年间增幅超过了气候基准时段至 2020s 的 50 年间增加量，是几个时段中降水增速最快的时段。而 2080s 的 30 年线性变化趋势为降水量显著减少，其余基准时段、2020s、2050s 时段的线性变化趋势均为降水量增加。

4. 季节变化

总体而言，SRES A1B 情景下，降水最多的春、夏季增幅较大 (图 6.3)，而且三个时期都以夏季增幅为最大，可见未来雨季降水将会更多，未来降水的季节性波动将更为明显。

5. 频率分布

SRES A1B 情景下，2020s、2050s、2080s 三个时段的雨量频率分布型态与气候基准时段相比没有明显变化 (图 6.4)，但大雨量降水事件的发生频次随着时间的推移增加明显。我们对于达到大暴雨级别以上 (≥ 100mm/d) 的降水发生频次变化的统计分析表明，SRES A1B 情景下，相对于气候基准时段，大暴雨以上的强降水发生次数在 2020s 增加了近 44%，2050s 则增加了近 74%，到了 2080s，此类强降水发生频次相对于气候基准时段增加近 90%。

6.3 2080s 时段 SRES A2、A1B、B2 三种情景下降水量的变化

1. 平均态变化

2071~2100 年，SRES A2、A1B、B2 三种情景下，中国区域的降水变化亦是总体增加趋势中呈现出较多局地特征 (图 6.5)。

总体而言，三种情景下降水总体增加，但区域、季节差异较大，较一致的趋势是冬季华北和黄土高原部分地区降水增加；夏季长江以南地区、尤其是华南降水增加，黄土高原降水减少。SRES A2 情景下的降水增幅大于 SRES B2 情景，而 SRES A1B 情景与 SRES A2

情景的结果较接近。

2. 标准差变化

2071~2100 年，三种情景下的降水波动变化分布大体相似 (图 6.6)，总体上均为波动加大， SRES A1B 情景的降水不稳定性最为明显，其中又以夏季的不稳定性最为突出。无论是年平均还是冬季、夏季平均，华东地区的降水不稳定性均加大，尤其是夏季降水。不稳定性加大则预示着发生洪涝或旱灾的风险增加，应当引起关注。

3. 中国区域平均趋势

2071~2100 年，三种情景下中国区域平均降水相对于气候基准时段均增加并呈现年代际波动 (图 6.7)，SRES A2 情景下的降水增幅最大，SRES A1B 情景次之，SRES B2 情景下的降水增幅最小。2080s 时段，SRES A2 情景的降水线性趋势为上升趋势，SRES A1B 和 B2 则呈现下降趋势。

4. 季节变化

总的来说，月平均降水 (图 6.8) 在 SRES A2 情景下增幅最大、SRES B2 情景增幅最小，SRES A1B 情景下增幅略小于 SRES A2。从季节分布上看，三种情景下均为春季降水增加最多、夏季次之；总体上，雨季降水增加明显，因此季节间降水差异将更显著。

5. 频率分布

图 6.9 显示，2080s 时段，SRES A2、A1B 和 B2 情景下的雨量频率分布与气候基准时段相比基本的型态相似，但 A2 情景下大雨量降水事件的发生频次略多于 A1B 情景，但比 B2 情景增加明显。因此，较高的温室气体排放增加极端降水事件发生的风险。

6.4　本 章 小 结

SRES A1B 情景下，中国大部分地区未来降水量呈增加趋势，且随时间的推移，年平均降水的增加幅度越来越大，但对于夏季而言，2050s 为降水增加幅度最大的时段。同时，降水变化又呈现出较多局地特征。SRES A1B 情景下，降水的不稳定性随时间推移而增大，尤其是降水多的夏季，从东北到西南、华南整体上稳定性明显变差。

对于 2080s，三个情景下，中国区域的降水变化亦是总体增加趋势中呈现出较多局地特征，区域、季节差异较大。SRES A2 情景下的降水增幅大于 SRES B2 情景，而 SRES A1B 情景与 A2 情景的结果相对较接近。三个情景下的降水总体上均为波动加大，无论是年平均还是冬季、夏季，华东地区的降水不稳定性均加大，尤其是夏季降水。不稳定性加大则易发生洪涝或旱灾，因此上述时段、地区的降水值得关注。

值得注意的是，从 2020s 至 2050s，气温攀升的幅度与降水量增幅一样，也是几个时段中最快的，这意味着在 SRES A1B 情景下，2020s 至 2050s 是未来百年间气温、降水变化最剧烈的时期，该时期的洪涝和高温极端气候事件值得关注。

上述结果表明，未来无论是气温还是降水，不稳定性将会加剧，从而更易发生极端气候事件。因此，在后续的第 7 章、第 8 章中，将在选择极端气候事件指标的基础上，有针对性地进行未来极端气候事件变化的分析。

参考文献

《第二次气候变化国家评估报告》编写委员会 . 2011. 第二次气候变化国家评估报告 . 北京 : 科学出版社 .

《气候变化国家评估报告》编写委员会 . 2007. 气候变化国家评估报告 . 北京 : 科学出版社 .

秦大河 , 董文杰 , 罗勇 . 2012. 中国气候与环境演变 第一卷 科学基础 . 北京 : 气象出版社 .

图　目　录

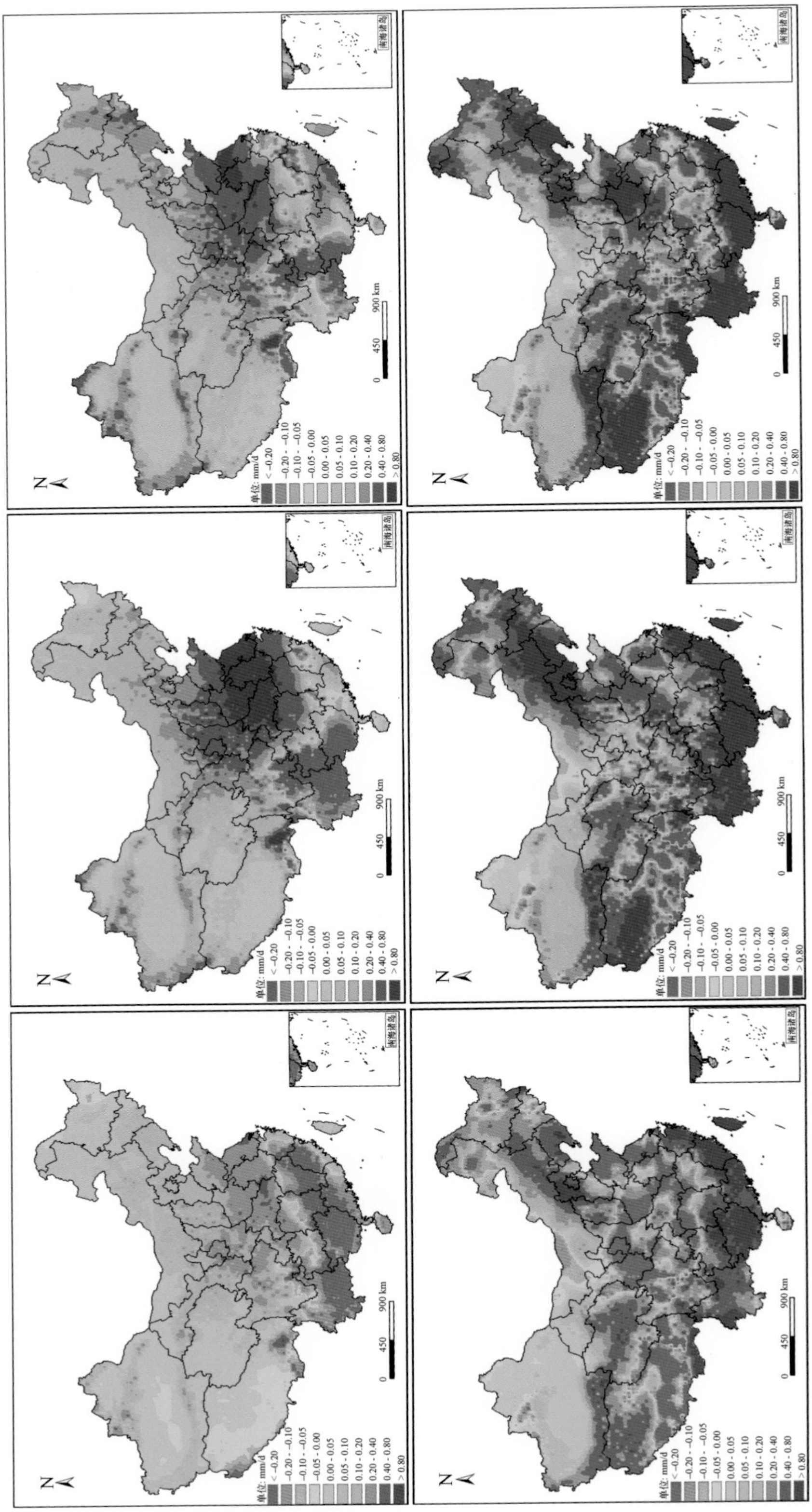
南海诸岛
0 450 900 km
N
单位: mm/d
< -0.20
-0.20 - -0.10
-0.10 - -0.05
-0.05 - 0.00
0.00 - 0.05
0.05 - 0.10
0.10 - 0.20
0.20 - 0.40
0.40 - 0.80
> 0.80

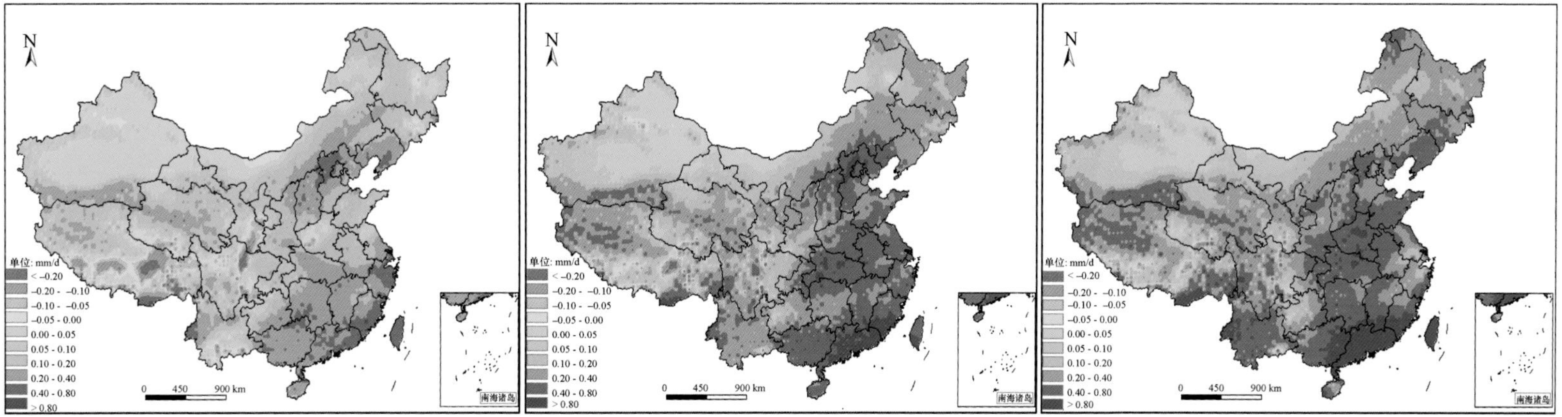

图 6.1　SRES A1B 情景下降水变化的空间分布

上：冬季平均；中：夏季平均；下：全年平均

左：2020s；中：2050s；右：2080s

SRES A1B 情景下，2020s 日降水量年平均变化在大部分地区以增加为主，而夏季和冬季的空间分布则有较大差异，在长江流域夏季降水减少，而冬季降水增加，28°N 以南区域则是夏季降水增加、冬季降水减少。

2050s 年平均降水量增加更为明显，除了青藏高原南部以及四川、甘肃交界处有小部分降水减少区域外，全国大部分地区均呈现降水量增加的态势，增量较大的区域主要分布在华北、长江中下游以及华南地区。与 2020s 相比，夏季降水增加区域扩大、降水减少区域缩小，且 2020s 降水增量大值区内的数值在 2050s 进一步加大，可见，2050s 的降水总体上是增加的。夏季降水减少区域零星分布在天山山脉北部、青藏高原中部及东侧边缘、大兴安岭北部以及长江中下游平原，而冬季降水减少区域主要集中在四川盆地南部、云贵高原以及两广地区。

2080s 年平均降水增加非常明显，与 2050s 的年平均降水变化空间分布相似，除了青藏高原南部以及云贵川交界处尚余小部分降水减少区域外，全国大部分地区降水增加，华南地区仍是降水增加最明显的区域，另一个增量大值区位于长江中下游以北至黄淮流域。与 2050s 相比，夏季降水减少区域有所扩大，在云贵高原东侧、江西东北部和浙江西部，由 2050s 的降水增加转为降水减少；而冬季降水减少区域在西南地区略为缩小，浙江则由降水增加变为降水减少。

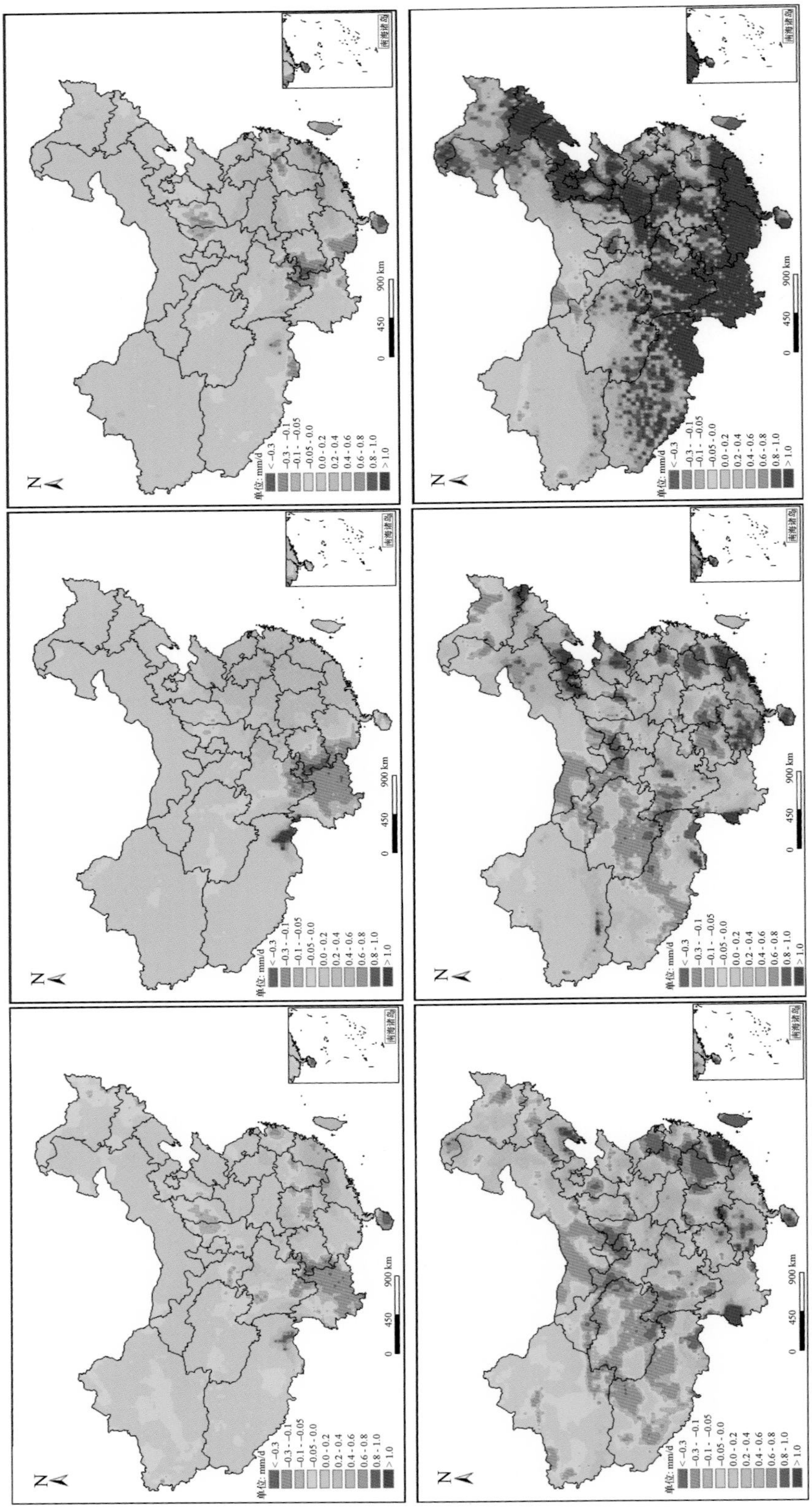
南海诸岛
0 450 900 km
N
单位: mm/d
< −0.3
−0.3 - −0.1
−0.1 - −0.05
−0.05 - 0.0
0.0 - 0.2
0.2 - 0.4
0.4 - 0.6
0.6 - 0.8
0.8 - 1.0
> 1.0

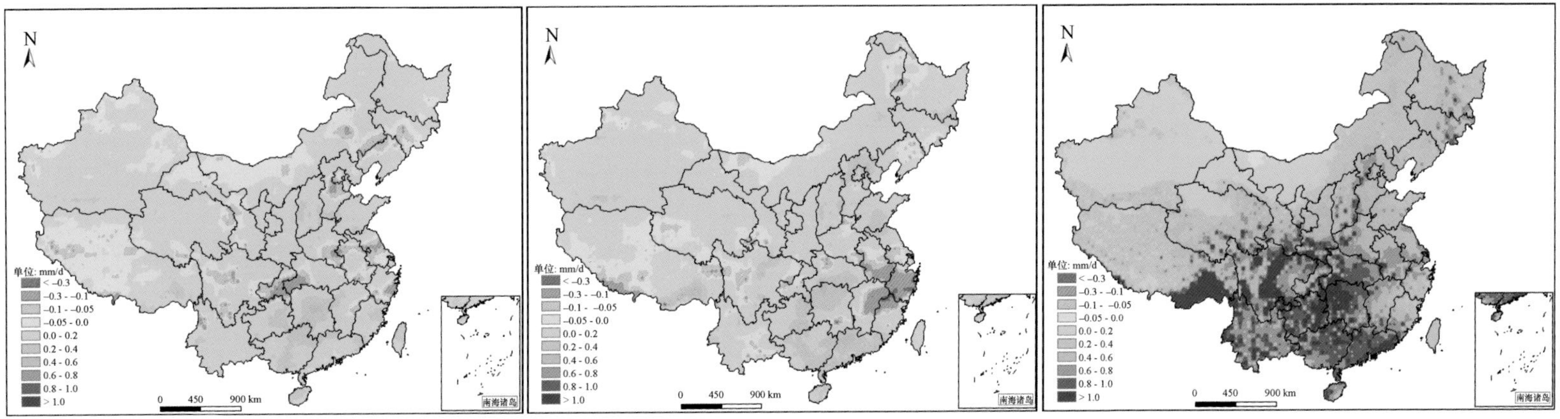

图 6.2 SRES A1B 情景下降水标准差变化的空间分布

上：冬季平均；中：夏季平均；下：全年平均

左：2020s；中：2050s；右：2080s

SRES A1B 情景下，2020s 年平均降水的波动幅度以加大为主，其中南方地区加大较为明显。冬季平均降水波动幅度变化分布与年平均降水相似。夏季降水波动变幅较大，无论是波动加大或减小的幅度均较冬季和年均明显，其中波动幅度仍以增加为主，从东北到西南、华南出现了明显的降水不稳定带。

2050s 的年均、冬季、夏季降水波动幅度变化分布与 2020s 相像，但冬季在华东、华南及西南一带的波动增幅更为明显。

2080s 的年均和夏季降水波动幅度变化分布与前两个时期相似，但增加幅度明显加大，也就是说降水更趋向不稳定，而冬季变化幅度、分布特征与前两个时期较接近，在长江中下游地区的波动增幅比 2050s 弱，但略强于 2020s。

总体来说，降水的不稳定性随时间推移而增大，尤其是降水多的夏季，从东北到西南、华南整体上稳定性明显变差，这些地区的降水年际波动加大，易发生洪涝或旱灾，值得关注。

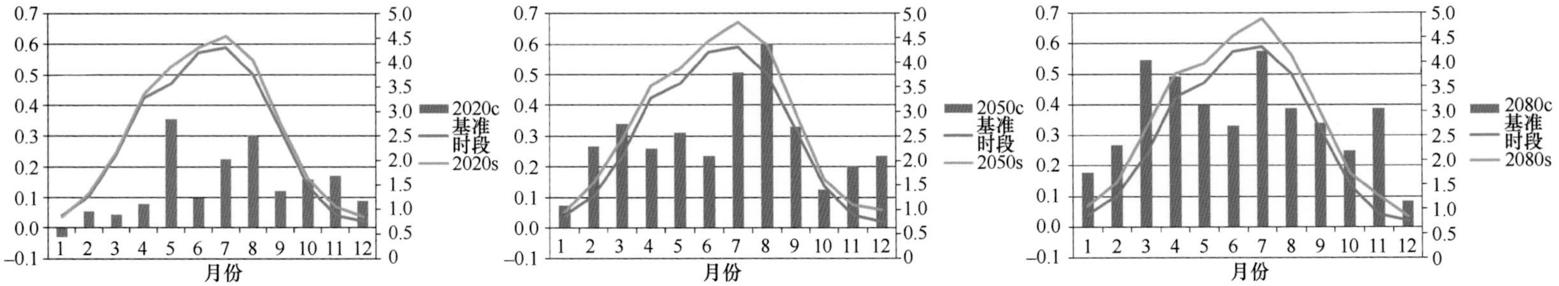

图 6.3　SRES A1B 情景下中国区域月平均降水变化

左：2020s；中：2050s；右：2080s

图中，红色直方条为各时期相对于气候基准时段的逐月平均降水变化值 (mm/d)，其值对应左纵坐标；蓝色线条和绿色线条分别为气候基准时段和未来时段的逐月平均降水 (mm/d)，其值对应右纵坐标 (图例中 2020c、2050c、2080c 分别代表 2020s、2050s、2080s 相对于气候基准时段的变化)

SRES A1B 情景下，气候基准时段中国平均降水冬季最少、夏季最多，其中月平均最高值出现在 7 月、最低值出现在 12 月。除了 2020s 的 1 月份，其他时段、月份的降水量均呈现增加趋势。2020s，5 月份降水增加量最大，从季节上看，夏季降水增幅最大。2050s，夏季降水增幅明显大于其他季节，其中 8 月份增幅为全年最大。2080s，春季增幅和夏季增幅相近，其中 7 月份为全年增幅最大，3 月份次之。

总体而言，降水最多的春、夏季增幅最大，可见未来雨季降水将会更多。

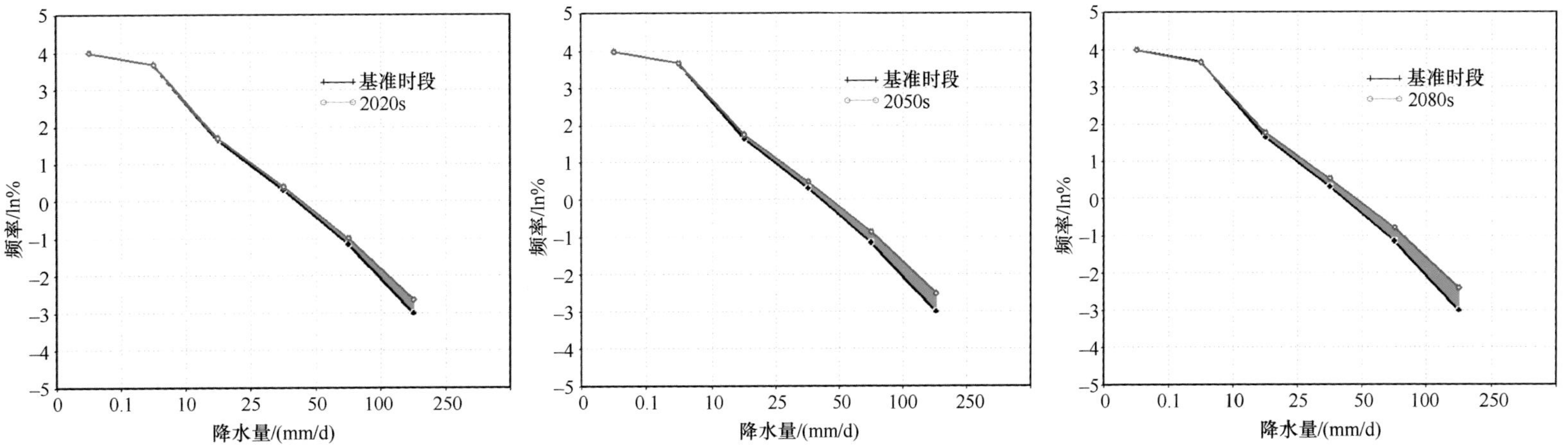

图 6.4　SRES A1B 情景下各时段降水频率分布 (频率取自然对数)

左：2020s；中：2050s；右：2080s

图中，黑色折线为气候基准时段频率，紫色折线为未来各时期频率；未来频率值小于气候基准时段频率值时，两折线间以红色阴影填充，反之则为绿色阴影

将降水量模拟值按我国雨量级别划分为 7 组：毛毛雨 (0~0.1mm/d)、小雨 (0.1~10mm/d)、中雨 (10~25mm/d)、大雨 (25~50mm/d)、暴雨 (50~100mm/d)、大暴雨 (100~250mm/d)、特大暴雨 (250mm/d 及以上)，分别统计逐日逐格点的降水量在各组区间内的出现频率，频率取自然对数绘制出图 6.4。

SRES A1B 情景下，各时段的雨量频率分布与气候基准时段相比变化不大，但也能看出，雨量较大的区间频率有所增加，特大暴雨及以上降水发生次数很少，故而在频率对数图上无法显示，但统计结果表明，特大暴雨降水发生次数亦有增加趋势。

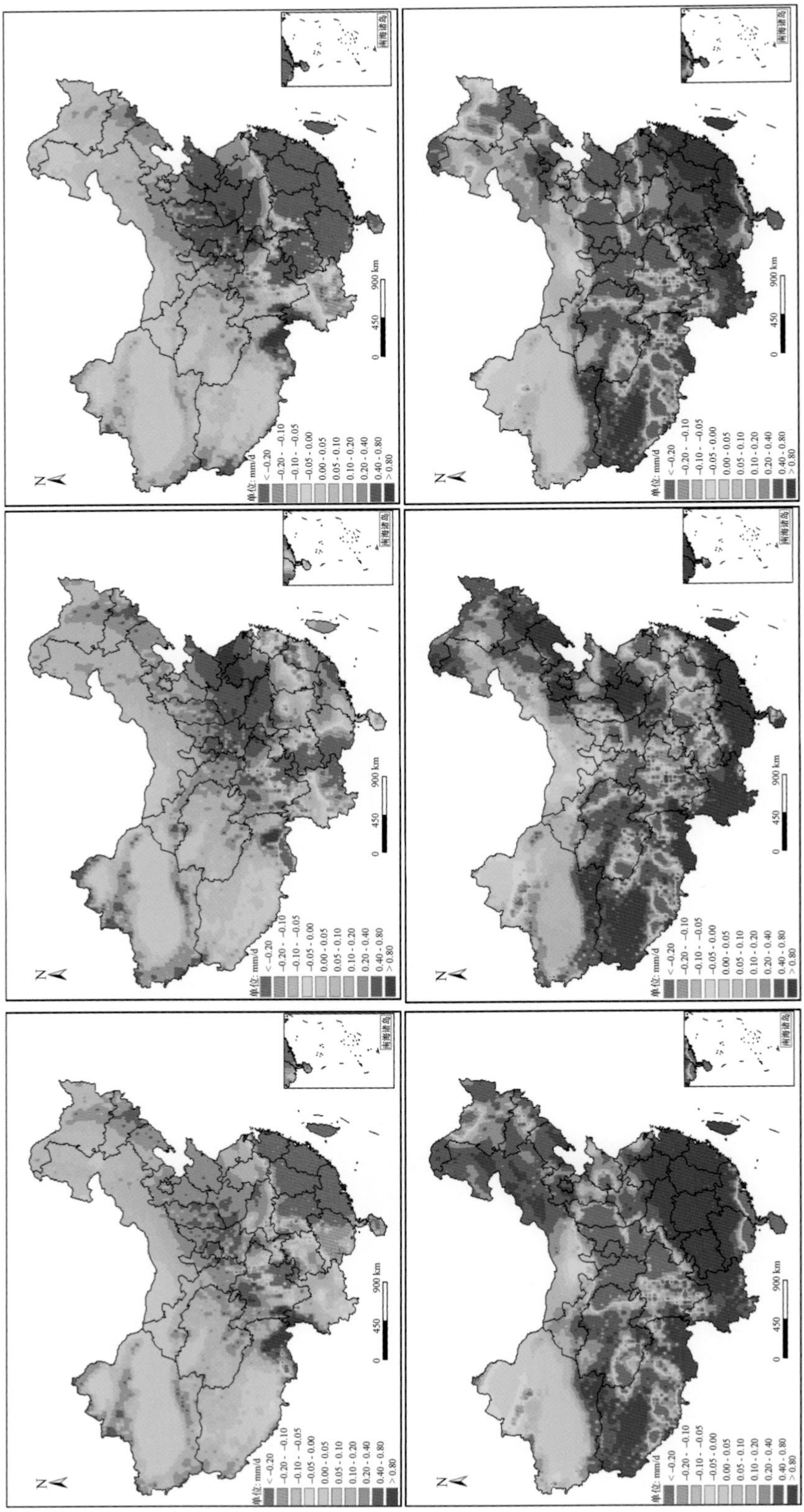
南海诸岛
0
450
900 km
N
单位: mm/d
< −0.20
−0.20 - −0.10
−0.10 - −0.05
−0.05 - 0.00
0.00 - 0.05
0.05 - 0.10
0.10 - 0.20
0.20 - 0.40
0.40 - 0.80
> 0.80

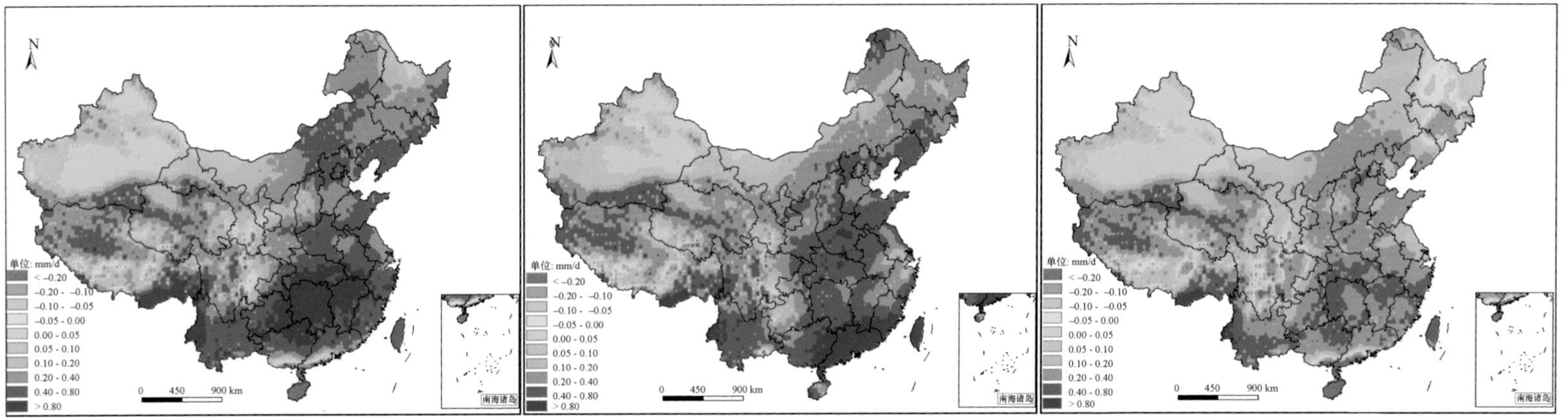

图 6.5　2080s 各情景下降水变化的空间分布

上：冬季平均；中：夏季平均；下：全年平均

左：SRES A2；中：SRES A1B；右：SRES B2

2071~2100 年，SRES A2 情景下年平均降水增加非常明显，但在广东、广西南部沿海以及海南岛有较强的降水减少发生，四川盆地至黄土高原一带也有降水减少区域出现。北方地区增加幅度较小，南方尤其是长江中下游以南地区增幅可达 0.8mm/d 以上。夏季降水变化的空间分布特征与年平均分布状态整体相似，但两广南部沿海以及海南岛的降水减少趋势更为明显，四川盆地至黄土高原的降水减少区域进一步扩大，且在新疆北部、黑龙江北部增加了降水减少区，而长江流域及其以南大部分地区降水增量数值与年平均相比进一步加大，意味着未来长江流域夏季发生洪涝灾害的可能性会变大，与此相反，黄土高原地区降水的减少可能会加剧该地区的干旱。冬季降水的季节变化特征则与年平均分布状态有很大的不同，表现出明显的北方降水增多、南方降水减少的特征。

SRES A1B 情景下的年平均降水变化空间分布与 SRES A2 相似，除了青藏高原南部、云贵川交界处以及四川和甘肃交界处有小部分降水减少区域外，全国大部分地区降水增加，华南地区是降水增加最明显的区域，另一个增量大值区位于长江中下游以北至黄淮流域。夏季降水减少区域有所扩大，在云贵高原东侧、长江中下游地区、四川北部至黄土高原一带均存在降水减少区域，而冬季降水减少区域则主要位于云贵高原和福建北部。

SRES B2 情景下的冬季、夏季、年平均降水变化与 SRES A2 较为相似。年平均降水量在中国大部分地区呈增加趋势，与 SRES A2 情景相比，增加幅度稍弱，四川盆地降水减少区域扩大，并在东北地区东部也出现了降水减少区域。夏季东北东部、黄河流域、山东半岛降水明显减少，长江以南地区降水增加；而冬季黄土高原、黄淮海地区降水增加，长江以南地区则降水减少。

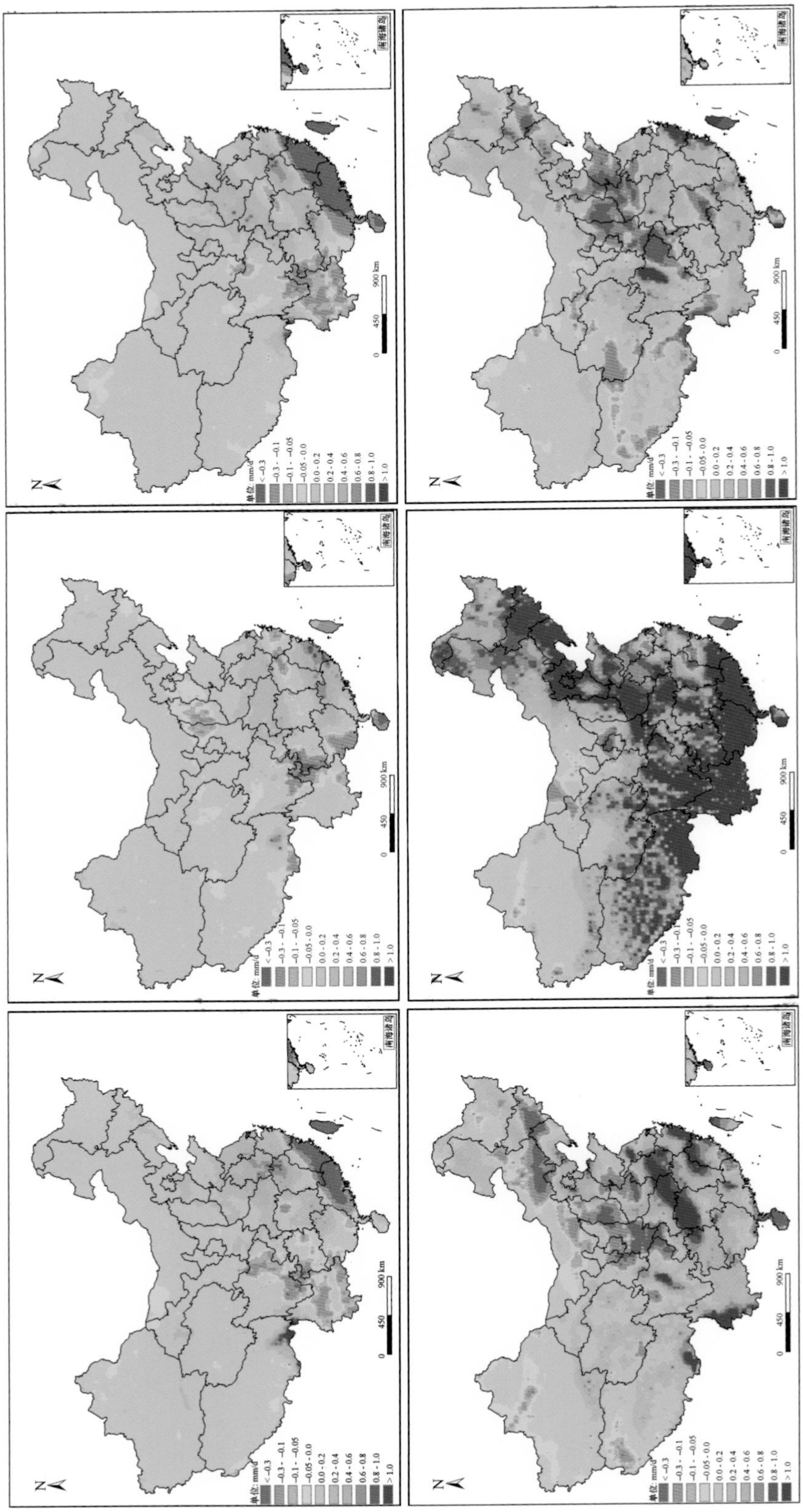
南海诸岛
0
450
900 km
N
单位: mm/d
< -0.3
-0.3 - -0.1
-0.1 - -0.05
-0.05 - 0.0
0.0 - 0.2
0.2 - 0.4
0.4 - 0.6
0.6 - 0.8
0.8 - 1.0
> 1.0

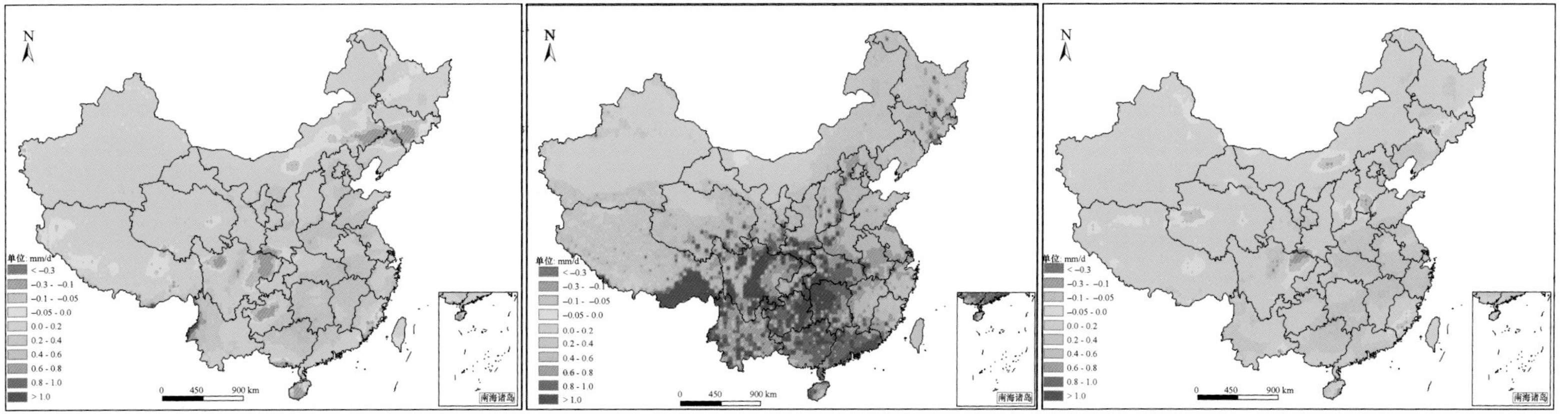

图 6.6　2080s 各情景下降水标准差变化的空间分布
上：冬季平均；中：夏季平均；下：全年平均
左：SRES A2；中：SRES A1B；右：SRES B2

2071~2100 年，三个情景下的降水波动幅度变化分布大体相似，总体上均为波动加大，其中 SRES A1B 情景的降水不稳定性最为明显。无论是年平均还是冬季、夏季平均，华东地区的降水不稳定性均加大，尤其是夏季降水，不稳定性加大则易发生洪涝或旱灾，值得关注。

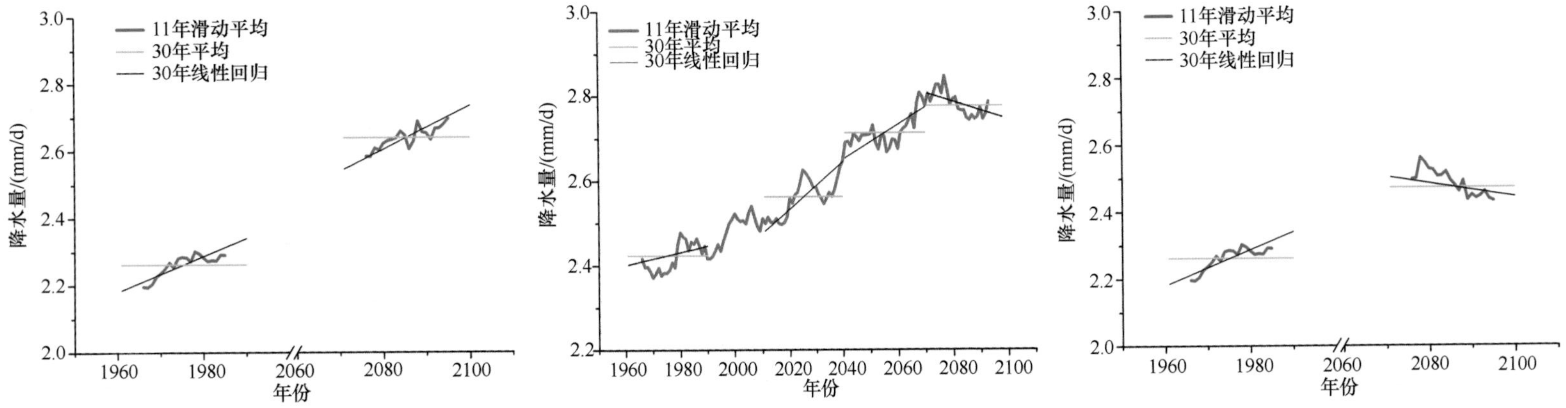

图 6.7 2080s 各情景下中国区域平均降水变化趋势

左：SRES A2；中：SRES A1B；右：SRES B2

图中，红色折线为逐年要素值的 11 年滑动平均序列，如 1966 年对应的值代表了 1961~1971 年的平均值，依此类推；蓝色线条为 30 年平均值，其值为线条所覆盖年份的 30 年平均值；黑色实线代表了 30 年线性变化趋势，以直线所覆盖年份的 30 年逐年均值为时间序列，利用最小二乘法线性拟合估计其变化趋势

SRES A1B 情景下，1961~2100 年中国区域平均降水的 11 年滑动平均曲线表明，从 20 世纪 60 年代开始至 21 世纪末，降水量在总体增加的趋势中呈现年代际波动。30 年平均值亦显示，降水量呈现增加趋势，尤其 2050s 相对于 2020s，30 年间增幅超过了气候基准时段至 2020s 的 50 年增加量，而 2080s 增速放缓，这主要是因为 2080s 的后半段降水量有所减少，从最小二乘法线性拟合趋势线可看出，2080s 的 30 年线性变化趋势为降水量显著减少，而其余三个时段的线性变化趋势均为降水量明显增加。

值得注意的是，从 2020s 到 2050s，气温攀升的幅度与降水量增幅一样，也是几个时段中最快的，这暗示着在 SRES A1B 情景下，2020s 至 2050s 是未来百年间气温、降水变化最剧烈的时期，该时期的洪涝和高温极端气候事件值得关注。

2071~2100 年，三种情景下中国区域平均降水相对于气候基准时段均增加并呈现年代际波动，SRES A2 情景下的降水增幅最大，2080s 平均值相对于气候基准时段增加了近 0.4mm/d，SRES A1B 情景次之 (增幅约 0.35mm/d)，SRES B2 情景下的降水增幅最小 (约为 0.2mm/d)。三个情景下的气候基准时段降水线性趋势均呈现上升态势，但在 2080s，SRES A2 情景为上升趋势，SRES A1B 和 B2 则呈现下降趋势。

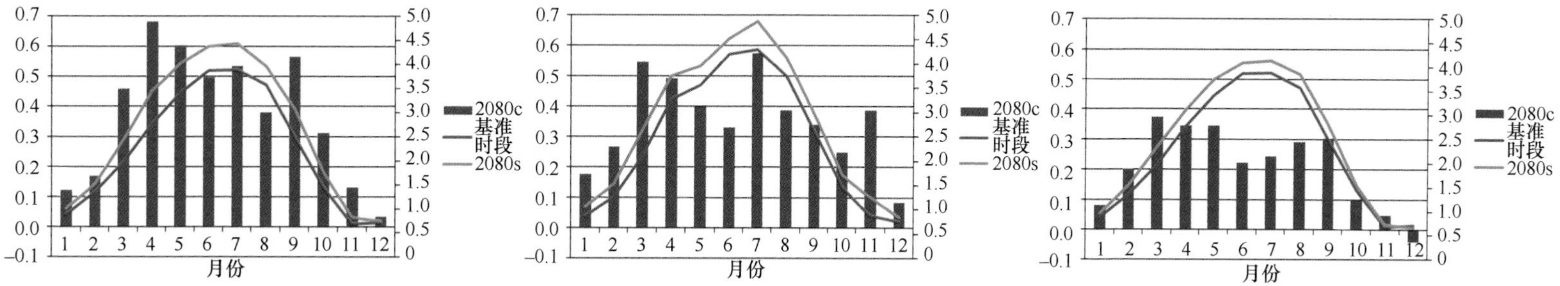

图 6.8　2080s 各情景下中国区域月平均降水变化

左：SRES A2；中：SRES A1B；右：SRES B2

图中红色直方条为各时期相对于气候基准时段的逐月平均降水变化值 (mm/d)，其值对应左纵坐标；蓝色线条和绿色线条分别为气候基准时段和未来时段的逐月平均降水 (mm/d)，其值对应右纵坐标（图例中 2080c 代表 2080s 相对于气候基准时段的变化）

2071~2100 年，三种情景下气候基准时段中国平均降水冬季最少、夏季最多，其中月平均最高值出现在 7 月份，而最低值在 SRES A2 和 B2 情景下出现在 11 月份，SRES A1B 情景下则出现在 12 月份。除了 SRES B2 的 12 月份，其他时段、月份的降水量均呈现增加趋势。三个情景下均为春季降水增加最多、夏季次之，其中 SRES A2 情景下 4 月份降水增幅最大，SRES A1B 情景下 8 月份增幅为全年最大，SRES B2 情景下则为 3 月份增幅最大。

总体来说，SRES A2 情景下降水增幅最大、SRES B2 情景增幅最小，SRES A1B 略小于 SRES A2。三种情景下皆为雨季降水增加最多。

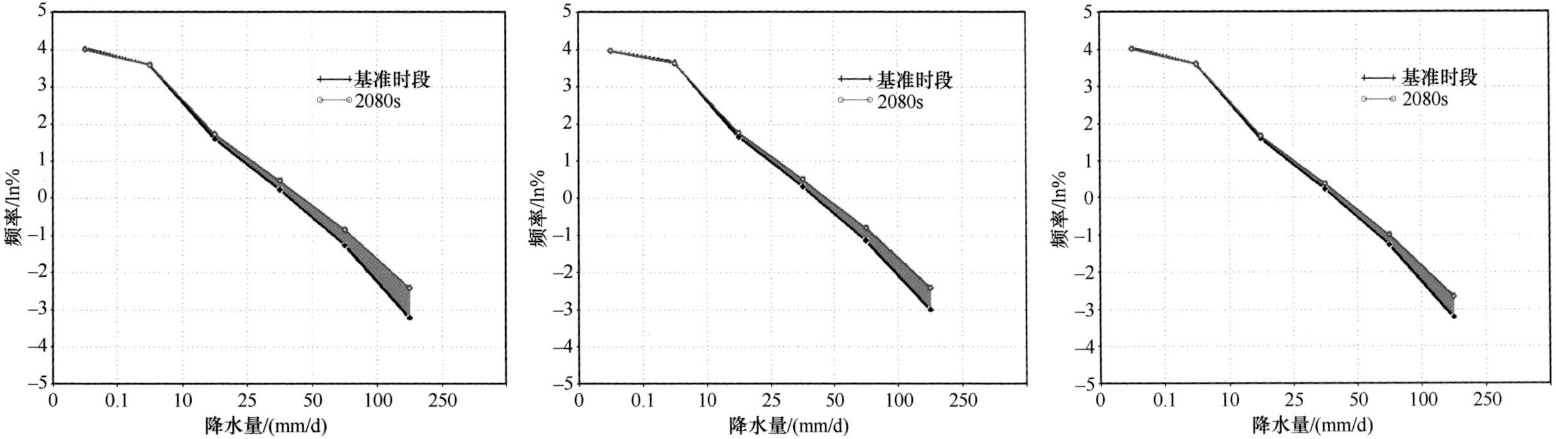

图 6.9 气候基准时段及 2080s 各情景下降水频率分布 (频率取自然对数)

左：SRES A2；中：SRES A1B；右：SRES B2

图中，黑色折线为气候基准时段频率，紫色折线为未来各时期频率；未来频率值小于气候基准时段频率值时，两折线间以红色阴影填充，反之则为绿色阴影

2071~2100 年，SRES A2、A1B 和 B2 情景下的雨量频率分布与气候基准时段相比变化不大，但也能看出，雨量较大的区间频率有所增加，其中以 SRES A2 情景下的增幅最大。

第 7 章　未来气候变化情景分析——温度极端事件

本章选取霜冻日数、极端低温事件、高温日数、高温事件等 4 个与温度相关的极端气候事件指标，基于 PRECIS 构建的气候情景，分析 A1B 情景下三个时段 (2011~2040、2041~2070、2071~2100) 和 2071~2100 时段 SRES A2、A1B、B2 三种情景下中国区域温度相关的未来极端事件变化趋势。

7.1 引　言

气候变化包括气候平均状态和极端气候事件的变化，而相对于平均值的变化，一些超出正常变化范围的极端气候事件所产生的影响更为重要，这类小概率事件的频率和强度变化对人类社会、经济和自然生态系统自然的冲击远大于气候平均变化带来的影响，因此，对未来极端气候事件变化的预估已成为人们关注的焦点。

IPCC 第四次评估报告指出，近 50 年来的观测表明，极端温度有大范围的变化，冷昼、冷夜和霜冻已变得稀少，而热昼、热夜和热浪变得更为频繁；此外，对于降水而言，自 20 世纪 70 年代以来，在更大的范围，尤其是热带和亚热带地区，发生了强度更大、持续时间更长的干旱；同时，强降水事件的发生频率也有所上升 (IPCC，2007)。可见，在温室效应影响下，未来热事件、热浪和强降水事件的发生频率很可能将会持续上升 (高学杰，2007)。

中国是全球气候变暖特征最显著的国家之一，在全球气候变化的大背景下，中国各种极端天气气候事件频繁发生，破坏程度越来越强，影响越来越复杂，应对难度越来越大。20 世纪 80 年代以来，大范围的旱涝等重大气候和天气灾害已给我国工农业生产和国民经济带来严重损失。在 20 世纪 90 年代，每年由气候和天气灾害造成的经济损失达 1000 亿 ~ 2000 亿元，占国民经济总产值的 3%~6%(黄荣辉，2006)。研究表明，近 50 年来，全国平均的炎热日数先下降后增加，近 20 年上升较明显；自 1950 年以来，全国平均霜冻日数减少了 10d 左右 (秦大河，2005)。西北东部、华北大部和东北南部干旱趋势严重，长江中下游流域和东南地区洪涝也加重；西北地区发生强降水事件的频率也有所增加 (丁一汇等，2006)。我国发布的气候变化国家评估报告 (《气候变化国家评估报告》编写委员会，2007；《第二次气候变化国家评估报告》编写委员会，2011) 也指出，未来中国极端天气气候事件呈增加趋势。未来全球变暖背景下中国极端气候事件如何变化，已越来越引起人们的关注。

研究人员通常采用一些指数作为衡量极端气候事件的指标，本书所选极端气候事件指标及其定义参见“概述篇”表 2.3。本部分介绍 SRES A2、A1B、B2 情景下 PRECIS 模拟的中国区域气温极端事件在未来的可能变化，从冷、热两个角度分别选取霜冻日数、极端低温事件、高温日数、高温事件进行气温极端事件的变化分析。与气候平均状态的分析相类似，我们分别从情景、时间两个维度展开介绍，首先是 SRES A1B 情景下三个时段 (2020s、2050s、2080s) 相对于气候基准时段的气温极端事件变化，然后给出 2080s 时段三个情景 (SRES A2、A1B、B2) 的气温极端事件异同。

7.2 SRES A1B 情景三个时段的气温极端事件变化

相较于 1961~1990 年， SRES A1B 情景下 2020s、2050s、2080s 全国各地高温日数均增加 (图 7.1)，而高温日数增加大值区主要位于平原或盆地。随着时间的推移，这些区域高温日数的增加趋势愈为明显。可见，这些区域在未来将会出现越来越多的高温炎热天气。总之，随着时间推移，高温日数逐渐增多，人口密集区域如平原、盆地高温日数增多尤为显著。

SRES A1B 情景下高温事件随时间变化逐渐增强 (图 7.2)，北方增加幅度普遍大于南方。

未来全国各地霜冻日数明显减少 (图 7.3)，青藏高原尤为显著，四川—江苏一带也是霜冻日数减少较多的区域，其减少天数均随着时间的推移逐渐增多。

极端低温事件均呈现减少趋势 (图 7.4)，随着时间变化，极端低温事件天数越来越少。青藏高原、塔里木盆地、云南西部是减少最明显的区域，华东、华南和中部减少日数较少。

7.3 2080s 时段 SRES A2、A1B、B2 三种情景下气温极端事件的变化

2071~2100 年，SRES A2、A1B、B2 情景下高温日数均增加 (图 7.5)，增加大值区主要位于人口密集区域。SRES A2 情景在西北的高温日数增加幅度总体大于 SRES A1B 情景，在华北平原和长江中下游平原则相反。SRES B2 情景的高温日数在同时期的三个情景中增加幅度最小。

21 世纪末，三个情景下高温事件均显著增加 (图 7.6)，北方的高温事件增加幅度大于南方。SRES B2 情景的高温事件增加幅度在三个情景中最弱，但在北方大部分地区同样显现出了较强的增加趋势。

未来全国各地霜冻日数明显减少 (图 7.7)，青藏高原尤为显著。SRES A2 情景霜冻日数变化较 SRES A1B 剧烈，而 B2 情景则明显变化较小。

SRES A1B、A2、B2 情景下，极端低温事件均呈现减少趋势 (图 7.8)，青藏高原、塔里木盆地、云南西部是减少最明显的区域，华东、华南和中部减少日数较少。SRES B2 情景下极端低温事件的变化幅度相对较小。

7.4 本章小结

总体来说，对于气温的极端事件变化，2020s、2050s、2080s 三个时段中 2050s 是变化速率最大的时段，即该时期极端气候事件的变化较为剧烈；在 SRES A2、A1B、B2 三个情景中，A2 情景的变化最为剧烈，其次是 A1B 情景，B2 情景的变化幅度较弱。

参考文献

《第二次气候变化国家评估报告》编写委员会 . 2011. 第二次气候变化国家评估报告 . 北京 : 科学出版社 .
丁一汇 , 任国玉 , 石广玉 , 等 . 2006. 气候变化国家评估报告 (Ⅰ): 中国气候变化的历史和未来趋势 . 气候变化研究进展 , 2(1): 3-8.
高学杰 . 2007. 中国地区极端事件预估研究 . 气候变化研究进展 , 3(3): 162-166.
黄荣辉 . 2006. 我国重大气候灾害的形成机理和预测理论研究 . 地球科学进展 , 21(6): 564-575.
《气候变化国家评估报告》编写委员会 . 2007. 气候变化国家评估报告 . 北京 : 科学出版社 .
秦大河 . 2005. 气候与环境的演变及预测中国气候与环境演变 (上卷). 北京 : 科学出版社 .
IPCC. 2007. Climate Change 2007: The Physical Science Basis. Contribution of Working Group I to the Fourth Assessment Report of the Intergovernmental Panel on climate Change. Cambridge and New York: Cambridge University Press.

图 目 录

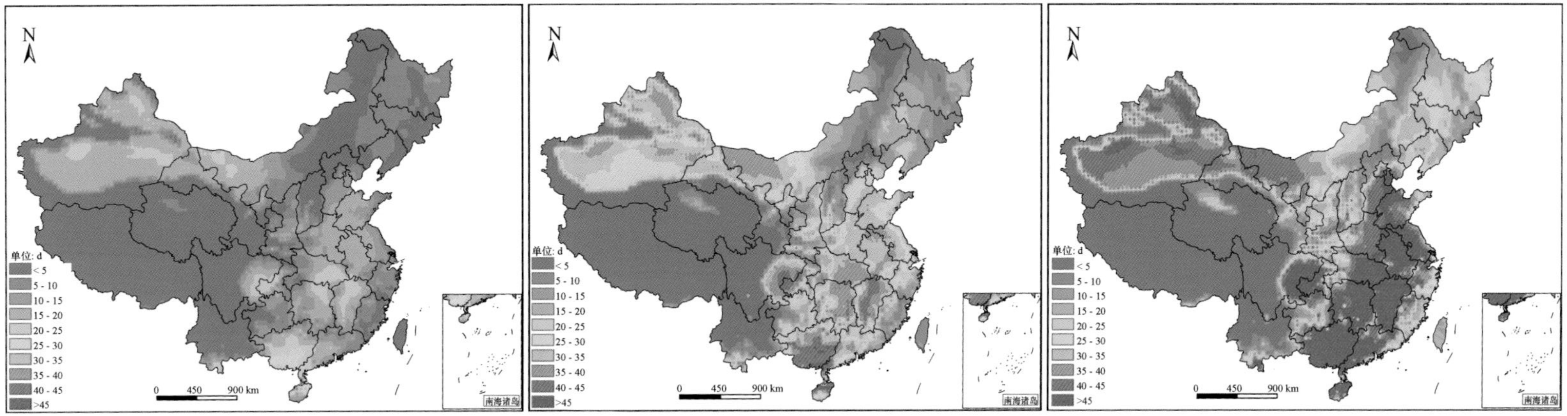

图 7.1　SRES A1B 情景下高温日数变化

左：2020s；中：2050s；右：2080s

通常内陆地形低的地方气温较地形高的地方高，高温日数的变化分布也表现出了这种特征，相较于 1961~1990 年， SRES A1B 情景下 2011~2040 年全国各地高温日数均增加，而高温日数增加大值区主要位于平原或盆地：准噶尔盆地、塔里木盆地、内蒙古西部、四川盆地、华北平原、长江中下游平原、东北平原、三江平原，以及湖南、江西、广西、广东以及海南，其中大部分区域年平均高温日数增加 10d 以上。2041~2070 年，上述区域高温日数增加趋势更为明显，除了东北平原和三江平原，多数区域的年平均高温日数增加了 25d 以上，而到 21 世纪末 30 年，这些区域的年平均高温日数增加达 30d 以上。可见，这些区域在未来将会出现越来越多的高温炎热天气。21 世纪末，华北平原、长江中下游平原、四川东部以及华南地区的高温日数增加多达 45d 以上，而这些区域正是我国人口稠密、经济发达的地区，其高温日数的增加将会对这些区域产生严重影响。

总之，随时间推移，高温日数逐渐增多。人口密集区域如平原、盆地高温日数增多明显。

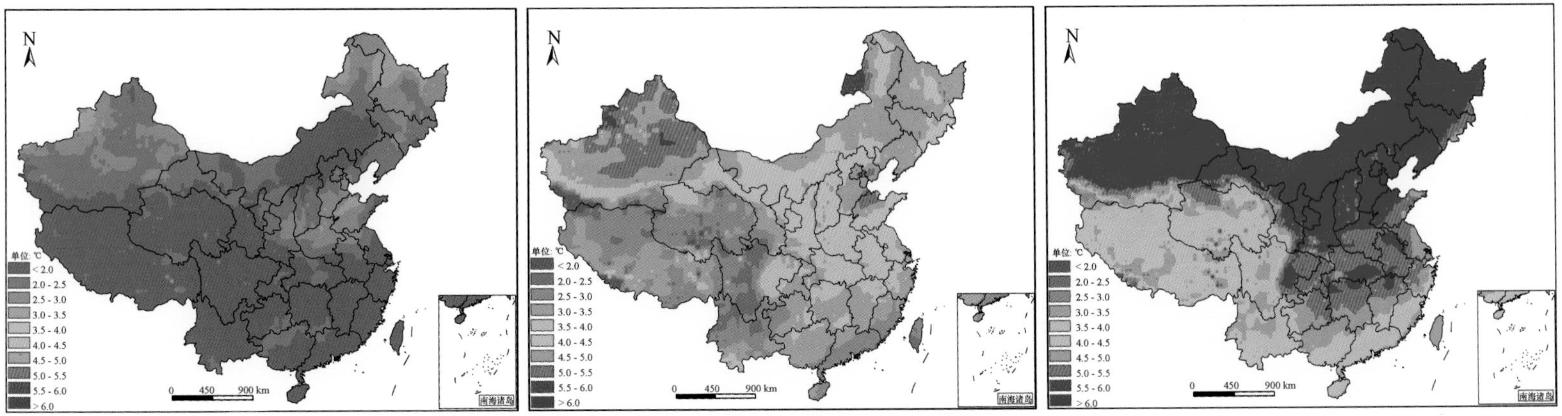

图 7.2 SRES A1B 情景下高温事件变化

左：2020s；中：2050s；右：2080s

SRES A1B 情景下，2011~2040 年高温事件在全国大部尤其是南方普遍增加不超过 2℃，其中新疆、东北、黄淮流域部分地区强度增加达 2.6℃以上。

2041~2070 年，高温事件明显增大，尤以北方增加最为明显，青藏高原以北及黄河以北地区，高温事件基本都增加了 4℃以上，其中东北和新疆大部分地区增加了 4.5℃以上。

2071~2100 年，高温事件继续增大，全国大部分地区增加了 3.5℃以上，除青藏高原、云南、广西南部、广东、福建外，其余地区基本增加 4.5℃以上，青藏高原以北及黄河以北地区甚至增加了 5.5℃以上。

总体来说，SRES A1B 情景下高温事件随时间变化逐渐增强，北方增加幅度普遍大于南方。

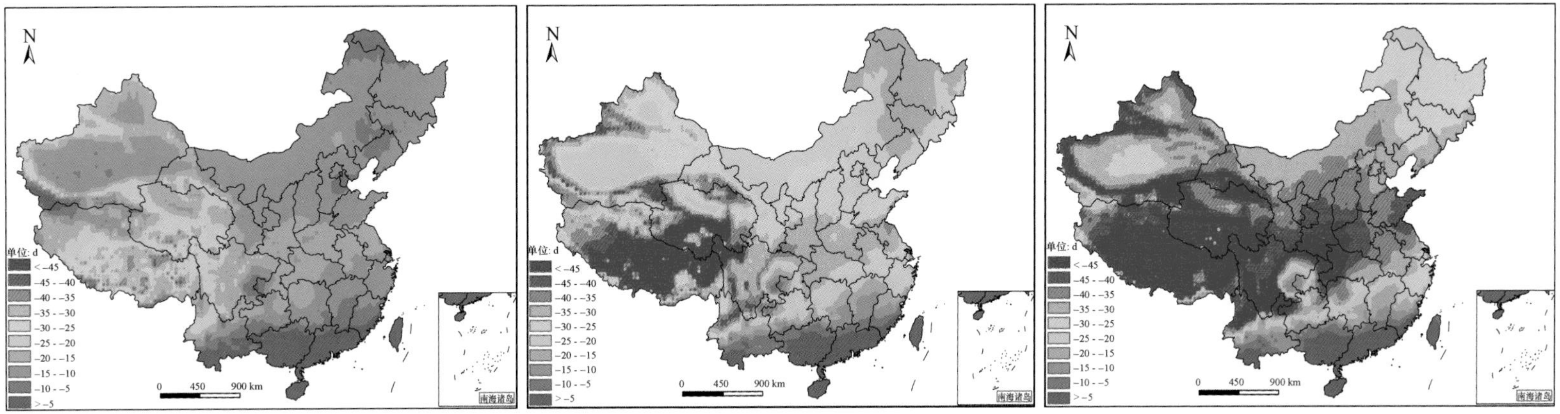

图 7.3　SRES A1B 情景下霜冻日数变化

左：2020s；中：2050s；右：2080s

在全球变暖背景下，中国区域增温特征明显，与之相应，全国各地霜冻日数明显减少，尤其是青藏高原。在 2011~2040 年，年均霜冻日数多数减少 15d 以上；到 2041~2070 年，减少日数基本在 30d 以上；而 2071~2100 年，减少日数则基本达 40d 以上。除此之外，四川—江苏一带也是霜冻日数减少较多的区域，且其减少天数也随着时间的推移逐渐增多。华南因其霜冻日数极少，所以霜冻日数减少的天数也最少。

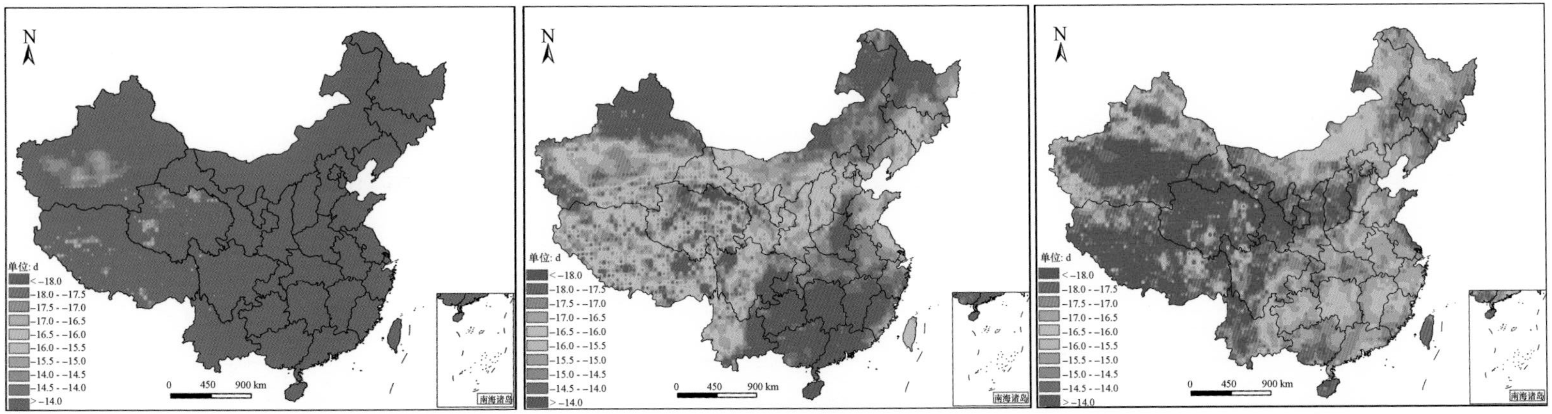

图 7.4 SRES A1B 情景下极端低温事件变化

左：2020s；中：2050s；右：2080s

对于某个地区，如果气温低于当地民众长期适应的温度过多，则是小概率的低温事件，可能会导致诸多不利影响。例如，2011 年 1 月寒流侵袭香港，12 日最低温达 7℃，有多人因低温症入院，数个个案严重且有猝死案例。该气温对于寒冷地区而言并不少见，但对属于亚热带气候的香港，其常年气温较高，即使该气温还远未达到“霜冻日数”的气温标准，其依然对该地区造成了不利影响。因此，我们有必要给出各地的极端低温事件变化情况。

SRES A1B 情景下，极端低温事件均呈现减少趋势，随着时间变化，极端低温事件天数减少越来越多。华东、华南和中部减少日数较少，而青藏高原、塔里木盆地、云南西部是减少最明显的区域，尤其是 2080s，全国大部分地区的极端低温事件天数减少了 16d 以上，上述地区则达到了 18d 以上，说明在全球变暖背景下，其气温也有较明显的增加。

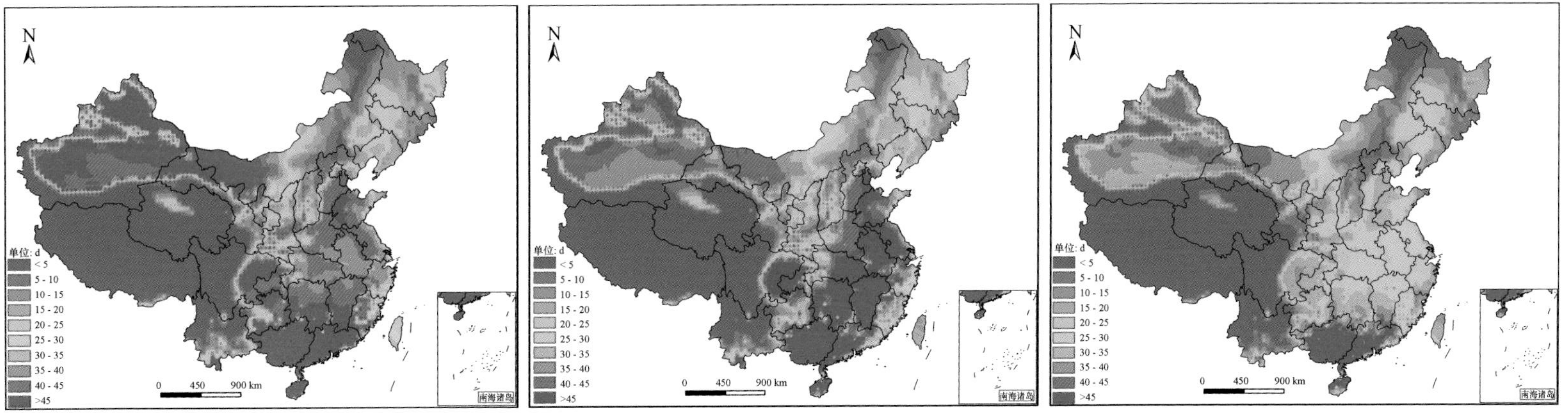

图 7.5　2080s 各情景下高温日数变化

左：SRES A2；中：SRES A1B；右：SRES B2

2071~2100 年，SRES A2、A1B、B2 情景下的高温日数变化空间分布特征较为相似，均为青藏高原以北、黄河以南地区增加明显，但 SRES A2 情景在西北的高温日数增加幅度总体大于 SRES A1B 情景，在华北平原和长江中下游平原则是 SRES A1B 情景的高温日数增加多于 SRES A2 情景。SRES B2 情景的高温日数在同时期的三个情景中增加量最小，但在华南地区和新疆北部也增加了 40d 以上。

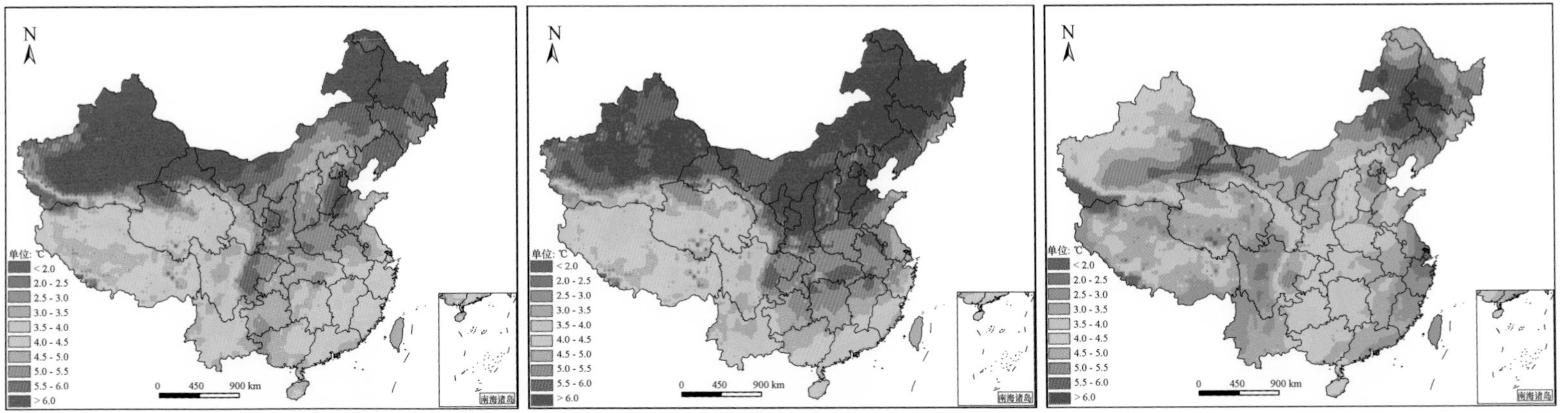

图 7.6　2080s 各情景下高温事件变化

左：SRES A2；中：SRES A1B；右：SRES B2

2071~2100 年，SRES A2、A1B、B2 情景的高温事件均有显著增加，尤其是 SRES A2、A1B 情景，在青藏高原以北地区及长江中下游以北地区，强度增加幅度基本达到 4.5℃以上，而 SRES B2 情景的高温事件增加幅度稍弱，但在北方大部分地区同样显现出了较强的增加趋势。总体而言，北方的高温事件增加幅度大于南方。

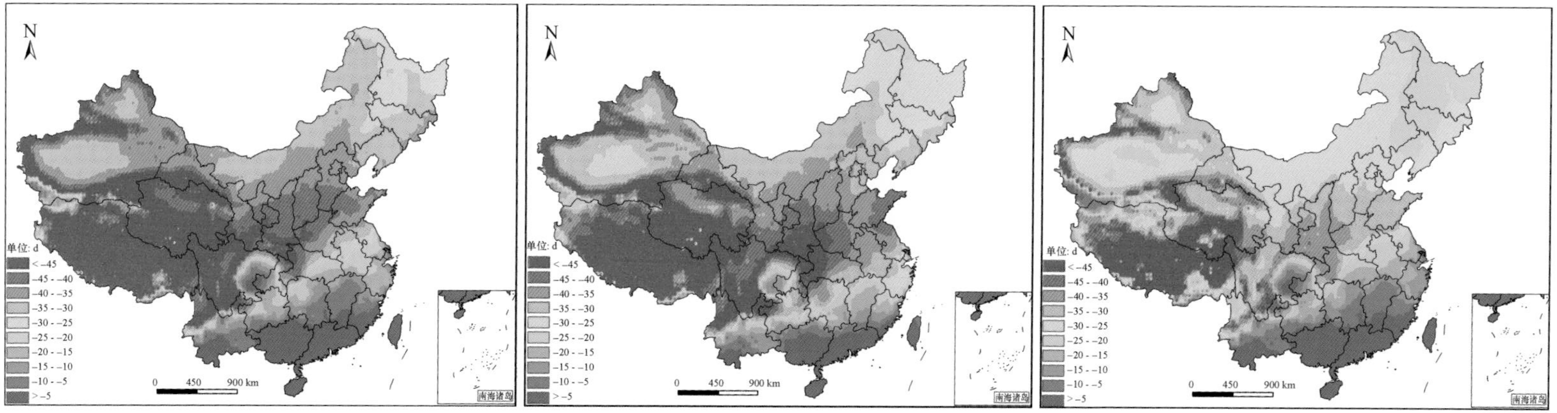

图 7.7　2080s 各情景下霜冻日数变化

左：SRES A2；中：SRES A1B；右：SRES B2

2071~2100 年，SRES A2、A1B、B2 情景下的霜冻日数变化明显，除了南方霜冻日数较少的区域，大部分区域均减少了 25d 以上。SRES B2 情景的霜冻日数变化相对较小，而 SRES A2、A1B 情景的霜冻日数变化则较为剧烈，其中 SRES A2 情景的变化幅度总体上又略高于 SRES A1B 情景。

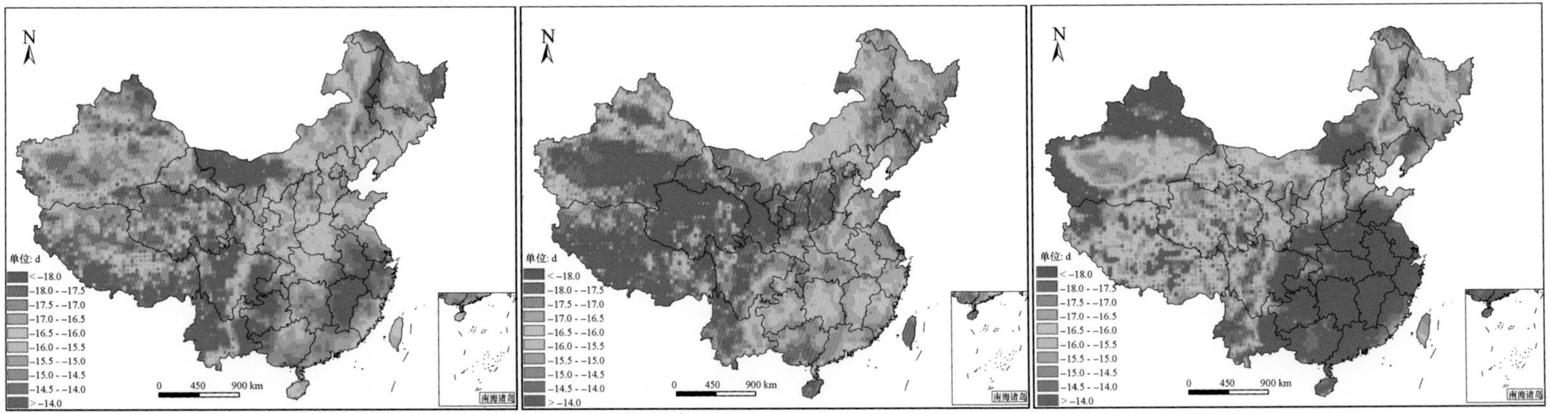

图 7.8　2080s 各情景下极端低温事件变化

左：SRES A2；中：SRES A1B；右：SRES B2

2071~2100 年，SRES A1B、A2、B2 情景下，极端低温事件均呈现减少趋势，华东、华南和中部减少日数较少，而青藏高原、塔里木盆地、云南西部是减少最明显的区域，尤其是 SRES A2 和 A1B 情景下，这些区域的极端低温事件减少天数大多能达到 18d 以上。SRES B2 情景下极端低温事件的变化幅度相对较小。

第 8 章　未来气候变化情景分析——降水极端事件

本章选取连续干日数、连续 5 日最大降水量、极端降水事件频数、湿日数、简单降水强等 5 个与降水相关的极端气候事件指标，基于 PRECIS 构建的气候情景，分析 A1B 情景下三个时段（2011~040、2041~2070、2071~2100）和 2071~2100 时段 SRES A2、A1B、B2 三种情景下中国区域降水相关的未来极端事件变化趋势。

8.1 引　　言

本部分介绍 SRES A2、A1B、B2 情景下区域气候模拟系统 PRECIS 模拟的中国区域降水极端事件在 2020s、2050s、2080s 相对于气候基准时段的变化（其中 SRES A2 和 B2 情景不包含 2020s 和 2050s 的结果），从干、湿两个角度分别选取连续干日数、连续 5 日最大降水量、极端降水事件频数、湿日数、简单降水强度进行降水极端气候事件的变化分析。

8.2 SRES A1B 情景三个时段的降水极端事件变化

SRES A1B 情景下，连续干日数以减少为主（图 8.1）。对于北方地区，连续干旱的情况在未来有所缓解。

SRES A1B 情景下，2020s 的连续 5 日最大降水量以增加为主（图 8.2），在青藏高原和新疆略有减少，而到了 2050s 和 2080s，全国大部分地区连续 5 日最大降水量均为增加，尤其是 110°E 以东大部分地区，这意味着各地洪涝发生风险加大。

图 8.3 显示，2011~2040 年，SRES A1B 情景下，除少数地区极端降水事件发生天数减少外，其余地区基本呈增加趋势，而 2050s 和 2080s 则除了青藏高原中部小块区域外，全国大部均呈现极端降水事件发生天数增加的态势，尤以青藏高原西北部、云南、华南增加明显，暗示着各地极端降水事件有可能增多。

图 8.4 显示，未来三个时段湿日数变化呈现南北分化的态势，北方湿日数增加明显，尤其是青藏高原北部及华北地区；南方湿日数减少，尤其云贵高原、四川盆地。

未来简单降水强度（图 8.5）在西藏、西北地区有所减弱，而长江中下游以南地区则逐渐增强，应注意防范洪涝的发生。

8.3 2080s 时段 SRES A2、A1B、B2 三种情景下降水极端事件的变化

对于 2080s 的 SRES A2、A1B、B2 情景，在中国东部及东南沿海未来连续干旱的情况有所增加（图 8.6）。长江以南地区 SRES B2 情景的变化大于 SRES A2 情景，即该情景下未来干旱的持续期会加长。

2080s 的三个情景下连续 5 日最大降水量变化特征相似（图 8.7），全国大部分地区以增加为主，尤其 110°E 以东地区增加明显，其中 SRES B2 情景的增加最强，SRES A1B 次之，SRES A2 最弱。

图 8.8 显示，2080s 三个情景下除了青藏高原中部小块区域外，全国大部均呈现极端降水事件发生天数增加的态势，尤以青藏高原西北部、云南、华南增加明显，暗示着各地极端降水事件有可能增多。其中 SRES B2 情景的增量略小。

图 8.9 显示，SRES A2、A1B、B2 情景下的湿日数变化呈现南北分化的态势，总体上呈现北方增多南方减少的趋势，但 SRES A2、B2 在华北呈现更多的增加态势，而在东北和华南，SRES B2 情景比其他两个情景更多地呈现出湿日数减少的趋势。

图 8.10 显示，SRES A2、A1B、B2 情景的简单降水强度总体上呈现增加趋势。SRES A2 情景的增加区域分布与 SRES A1B 情景有所差别。SRES B2 情景与 SRES A2 情景的变化分布相似，只是 SRES B2 情景的增幅较小，而减幅则比 SRES A2 情景的大。

8.4 本章小结

总体来说，降水的极端事件变化与气温的相似，2050s 的极端气候事件变化较为剧烈；在 SRES A2/A1B/B2 三个情景中，A2 情景的变化最强，其次是 A1B 情景，B2 情景的变化较弱。

图　目　录

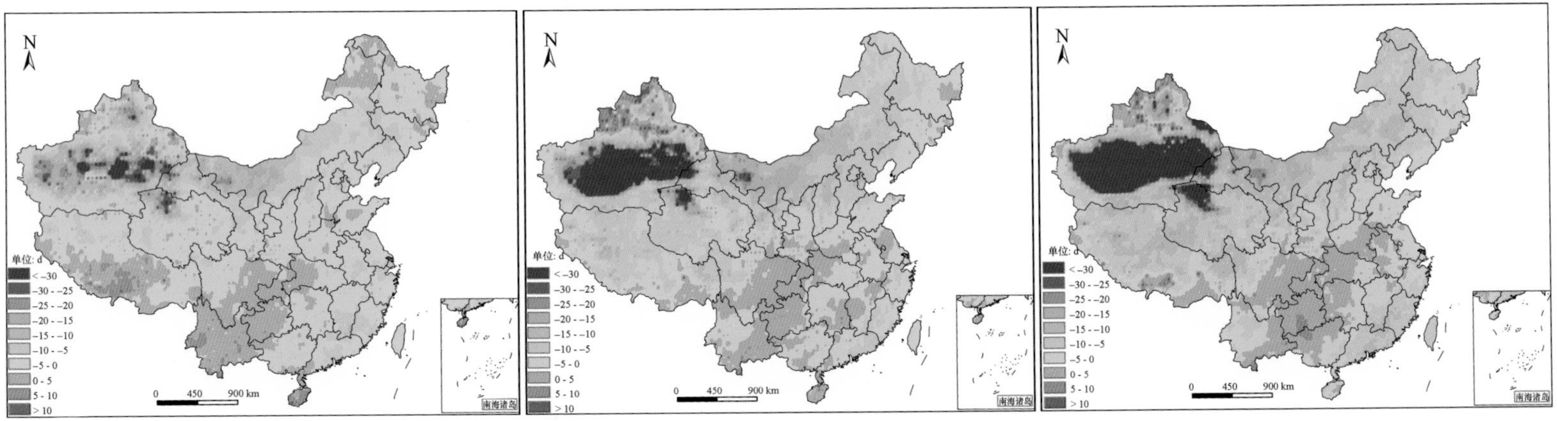

图 8.1 SRES A1B 情景下连续干日数变化的空间分布

左：2020s；中：2050s；右：2080s

SRES A1B 情景下，大部分地区连续干日数以减少为主。2020s，在青藏高原南部、云贵高原、四川东部、重庆、湖北西部以及海南岛，连续干日数呈现增加趋势，而 2050s 和 2080s，新疆北部（除准噶尔盆地外）、三江平原南部、云贵高原、四川盆地、湖北西部、湖南与江西交界处以及海南岛呈现少量增加趋势，其余地区均呈现减少趋势。可见对于北方大部分地区，连续干旱的情况在未来有所缓解，尤其在新疆南部，连续干日数随着时间变化越来越少，到 21 世纪末期平均每年减少 30d 以上。新疆北部则相反，除了准噶尔盆地的连续干日数在减少外，2050s 其连续干日数平均每年增加 5~10d，到了 2080s 这种增加趋势有所减弱。南方的连续干日数增加区域随时间变化有所扩大。

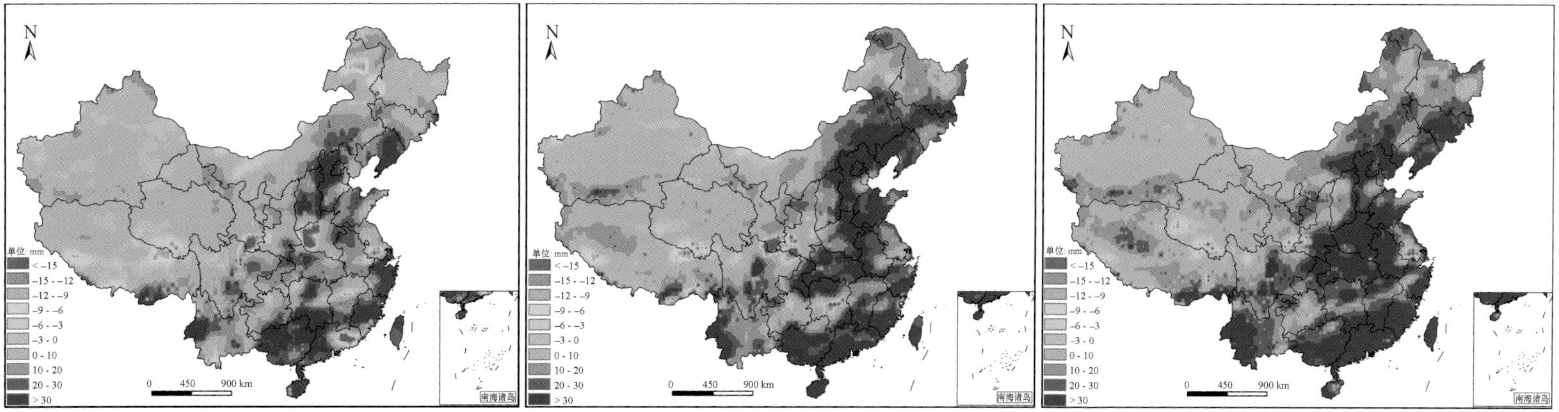

图 8.2　SRES A1B 情景下连续 5 日最大降水量变化的空间分布

左：2020s；中：2050s；右：2080s

图 8.2 给出未来连续 5 日最大降水量的变化，有助于我们了解各地发生洪涝的可能性。SRES A1B 情景下，2020s 的连续 5 日最大降水量以增加为主，在青藏高原和新疆的部分地区略有减少，在河南西部和甘肃南部有明显的减少大值区，而到了 2050s 和 2080s，除了少数减少区，全国大部分地区均呈增加态势，尤其在 110°E 以东大部分地区，连续 5 日最大降水量平均每年增加了 30mm 以上，意味着这些区域发生洪涝的风险逐渐加大。

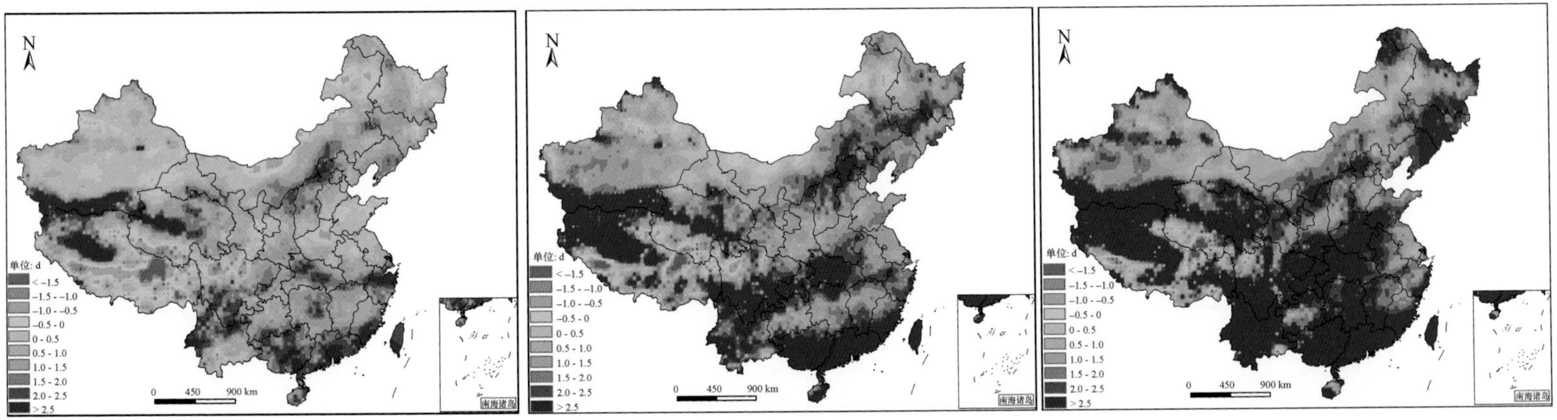

图 8.3　SRES A1B 情景下极端降水事件变化的空间分布

左：2020s；中：2050s；右：2080s

类似于极端低温事件，考虑某个地区常年适应的降水量，超出过多则为极端降水事件，这类事件发生频数的高低会对当地居民产生不同影响。图 8.3 给出未来极端降水事件频数的变化，有助于了解未来各地极端降水事件发生的多少。

SRES A1B 情景下，2020s 青藏高原中部和南部、新疆部分地区、河南北部、内蒙古西北部的极端降水事件发生天数减少，其余地区基本呈增加趋势，而 2050s 和 2080s 则除了青藏高原中部小块区域外，全国大部均呈现极端降水事件发生天数增加的态势，尤以青藏高原西北部、云南、华南增加明显。可见，在全国范围内，未来极端降水事件的发生概率在加大。

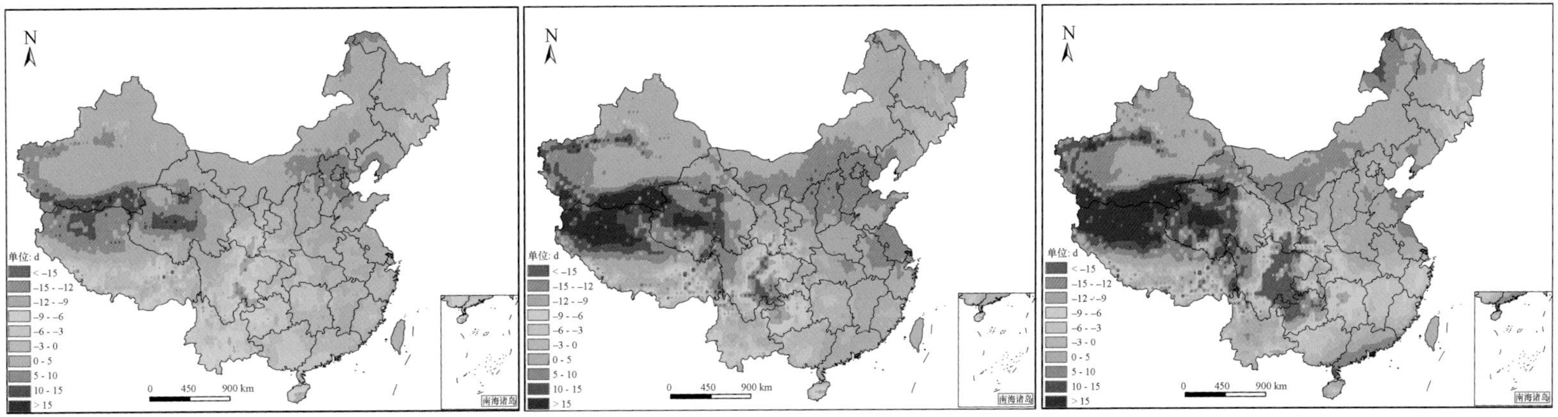

图 8.4 SRES A1B 情景下湿日数变化的空间分布

左：2020s；中：2050s；右：2080s

SRES A1B 情景下，2020s 的湿日数变化呈现南北分化的态势，北方湿日数增加明显，尤其是青藏高原北部及华北地区；南方湿日数减少，尤其云贵高原、四川盆地。2050s 及 2080s 的湿日数变化分布与 2020s 相近，其中华北在 2050s 时段增量多于其余两个时段，而四川盆地则在 2080s 时段日数减少远多于其余两个时段。

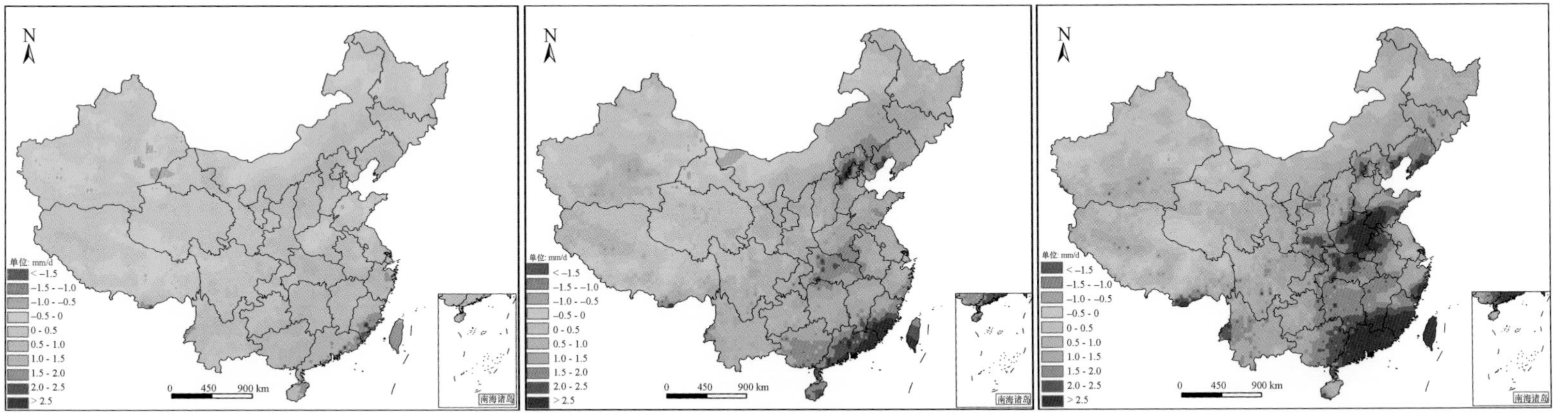

图 8.5 SRES A1B 情景下简单降水强度变化的空间分布

左：2020s；中：2050s；右：2080s

SRES A1B 情景下，从 2020s 到 2080s，简单降水强度逐渐增强。2020s，西藏、西北的简单降水强度有所减弱，同时，这两个区域的平均降水量减少、湿日数增加，因此这两个区域在 2020s 应以雨量较少的降雨为主；而长江中下游以南地区，简单降水强度有所增强，同时，该区域的平均降水量增加、湿日数减少，因此该区域在 2020s 的降雨日数减少、强度加大，同时其连续 5 日降水量也在增加，应注意防范洪涝的发生。2050s 和 2080s，西藏、西北的简单降水强度减弱趋势逐渐减缓，而东部的简单降水强度则逐渐增强，洪涝风险加大。

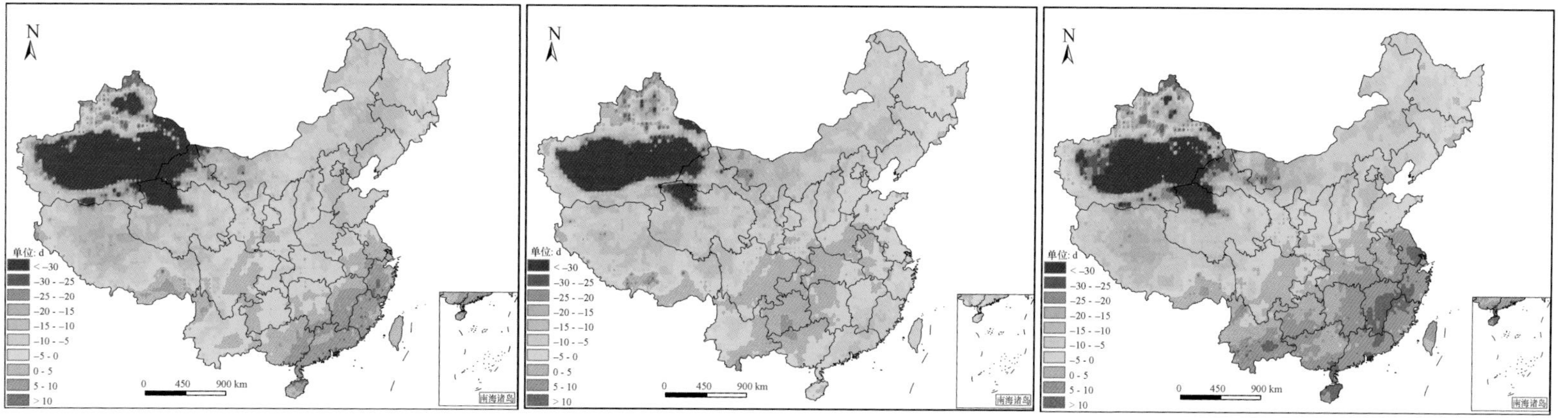

图 8.6　2080s 各情景下连续干日数变化的空间分布

左：SRES A2；中：SRES A1B；右：SRES B2

对于 2080s，SRES A2、B2 情景的连续干日数变化有着相似的空间分布，北方除新疆北部环准噶尔盆地区域增加，其余大部分地区以减少为主，长江中下游以南地区则以增加为主，说明这两种情景下该地区未来连续干旱的情况有所增加，尤其是 SRES B2 情景增加显著，暗示该情景下未来干旱的持续期会加长。而 SRES A1B 情景的连续干日数变化分布与 SRES A2、B2 有所不同，主要的增加区域位于西南和中部地区。

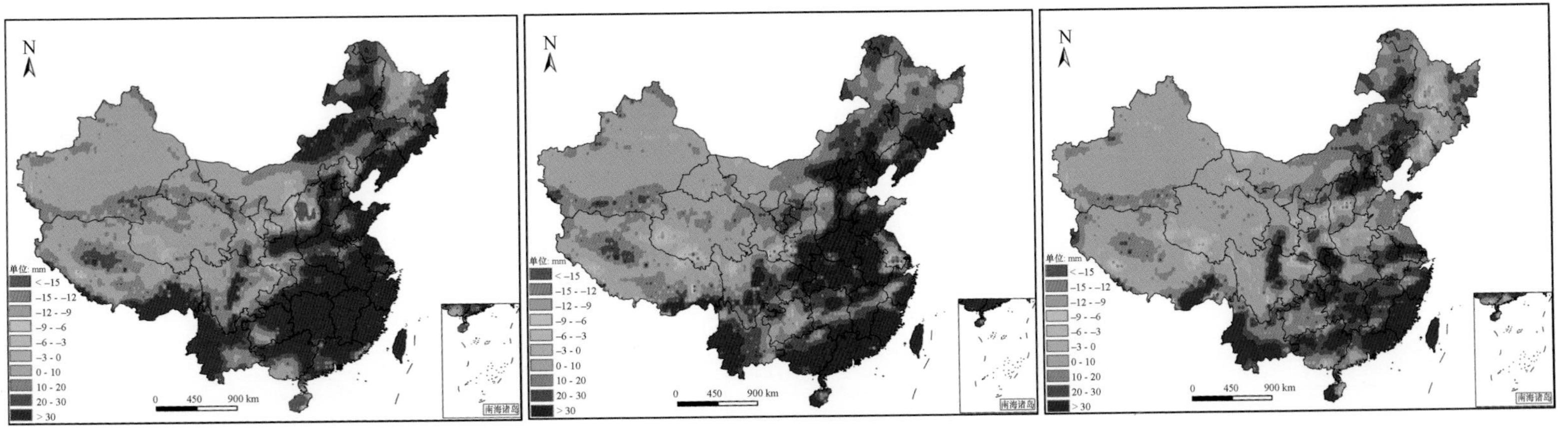

图 8.7 2080s 各情景下连续 5 日最大降水量变化的空间分布

左：SRES A2；中：SRES A1B；右：SRES B2

2071~2100 年的 SRES A2、B2 情景连续 5 日最大降水量变化特征与 SRES A1B 相类似，全国大部分地区以增加为主，尤其 110°E 以东地区增加明显，其中 SRES B2 情景的增加最强，SRES A1B 次之，SRES A2 最弱。

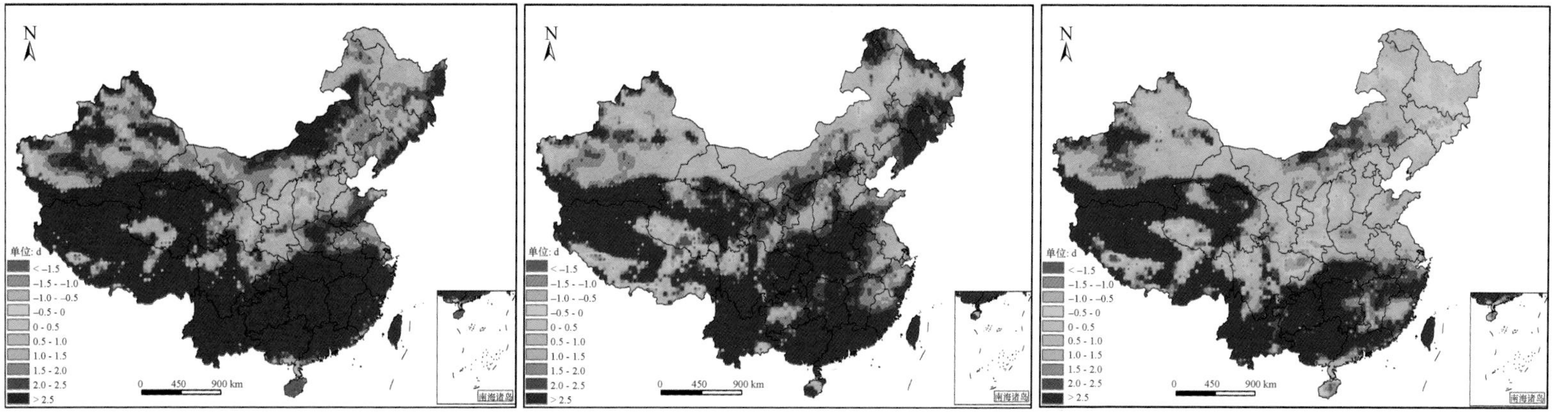

图 8.8　2080s 各情景下极端降水事件变化的空间分布

左：SRES A2；中：SRES A1B；右：SRES B2

2071~2100 年，SRES A2、A1B、B2 情景下极端降水事件亦是增加为主，其中 SRES A2 情景的增量最大，SRES A1B 情景的增量比 SRES A2 的略小，SRES B2 情景的增量在三者中最小，且在东北以及华中地区有较明显的极端降水事件减少趋势，说明 SRES B2 情景在极端降水事件上表现比较和缓。

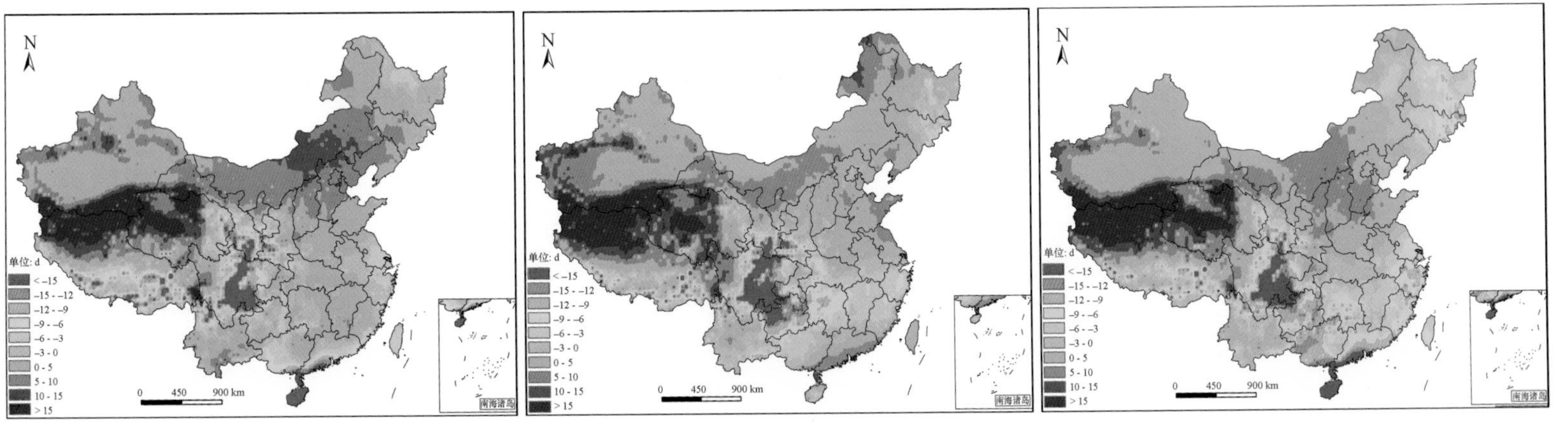

图 8.9　2080s 各情景下湿日数变化的空间分布

左：SRES A2；中：SRES A1B；右：SRES B2

2071~2100 年，SRES A2、A1B、B2 情景下的湿日数变化分布大体相似，变化幅度也较为相近，总体上呈现北方增多南方减少的趋势，但 SRES A2、B2 在华北呈现更多的增加态势，而在东北和华南，SRES B2 情景比其他两个情景更多地呈现出湿日数减少的趋势。

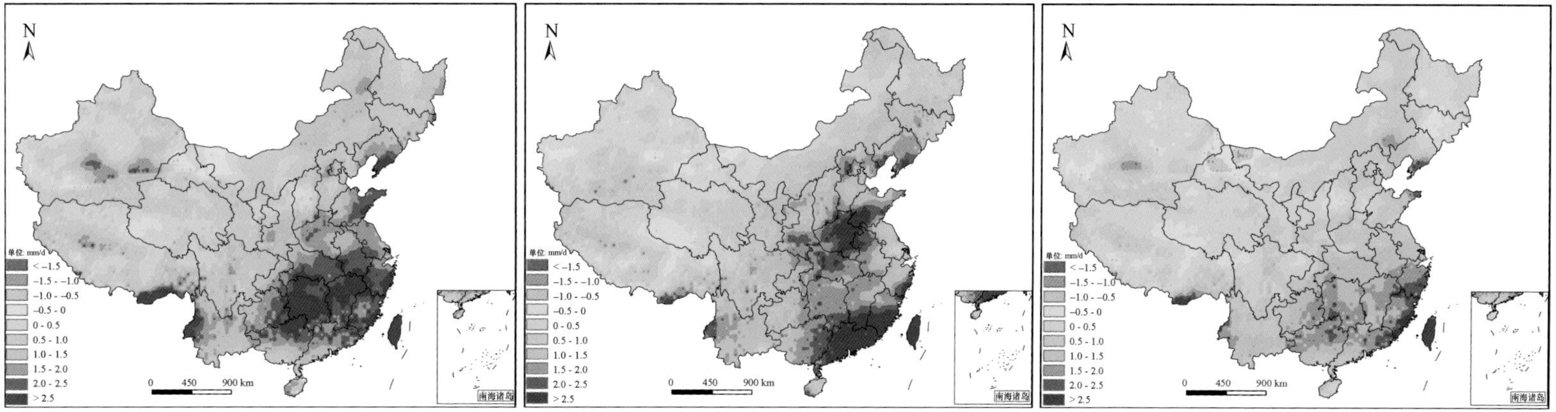

图 8.10　SRES A1B 情景下简单降水强度变化的空间分布

左：SRES A2；中：SRES A1B；右：SRES B2

2071~2100 年，SRES A2、A1B、B2 情景的简单降水强度总体上呈现增加趋势，从东南到西北，该增加趋势由强到弱并在西北、东北部分地区呈现减少趋势。SRES A2 情景的增加区域分布与 SRES A1B 情景有所差别，SRES A2 情景的简单降水强度增加大值区主要位于湖南、江西一带，而 SRES A1B 情景的增加大值区主要有两个，一个位于东南沿海至广东一带，一个位于淮河流域。SRES B2 情景与 SRES A2 情景的变化分布相似，只是 SRES B2 情景的增幅较小，而减幅则比 SRES A2 情景的大。

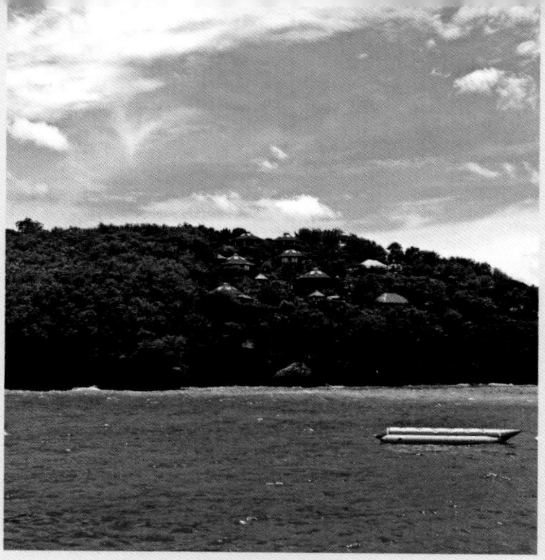

展 望 篇

本篇在第9章对本书的成果进行凝练，首先总结PRECIS模式系统对中国区域气候的模拟能力，然后绘出未来全国平均温度和降水的时间变化趋势图。在总结气候平均状态的变化时，还将全国分为8个区域，即东北地区、华北地区、西北地区、华东地区、华中地区、华南地区、西南地区及青藏高原，给出未来全国和区域平均的温度和降水30年平均的三个时段、三种情景下相对于气候基准时段的变化值。未来极端气候事件的变化趋势，是本书分析的一个重点和亮点。在第9章对未来极端气候事件的整体变化趋势和特征进行了梳理，用科学的数据分析表达我们特别要传达的一个信息，就是随着气温升高，温度的波动性加大，北方暖冬和冷冬会交替出现，而夏季中国人口最密集的南方和东部地区以及生态脆弱的西北地区将会经受更多的高温事件；与变暖的趋势对应，中国全境大部分地区未来降水会增加，但波动性加大，极端降水事件增多，西南地区具有极高的冬季干旱风险，华中、华东、华北和西北具有很高的夏季干旱风险，在中国的南方和东部地区具有很高的洪涝风险。

在本篇的第10章，系统分析本书研究工作的不足，指出未来研究的方向，即今后应加强多模式、多方法、多尺度(M^5S)气候情景数据库的构建工作，以及对气候系统多圈层未来变化的情景分析。

第9章 成果总结

本章在前文详细分析的基础上，对本书的成果进行凝练总结。首先总结 PRECIS 模式系统对中国区域气候的模拟能力，然后总结未来气候平均状态和极端气候事件的变化趋势。在总结气候平均状态的变化时，将全国分为 8 个区域，即东北地区、华北地区、西北地区、华东地区、华中地区、华南地区、西南地区及青藏高原，给出未来全国和区域平均的温度和降水 30 年平均的三个时段 (2020s、2050s、2080s) 和 SRES A2、A1B、B2 三种情景下相对于气候基准时段的变化值。对未来极端气候事件的整体变化趋势和特征的总结显示，随着气候变暖，极端气候发生越来越频繁，北方暖冬和冷冬会交替出现，在夏季会发生更多的高温事件；中国全境大部分地区未来降水会增加，但波动性加大，极端降水事件增多，干旱与洪涝风险并存并加剧。

9.1 PRECIS 模拟能力

本书首先应用欧洲中期天气预报中心 (ECMWF)1979~1993 时段的再分析数据 (ERA-15) 驱动 PRECIS 模型系统，验证 PRECIS 模式系统的 RCM 本身对当前气候的模拟能力。对比观测结果和模拟结果，可以看出 PRECIS 模拟的年平均气温、冬季平均气温在长江中下游地区略偏暖，模拟的夏季气温在华北和长江中下游地区偏暖；通过模拟的 1~12 月温度平均值与观测结果的比较可以看出，模式模拟的季节变率略偏小，冬季略偏暖，夏季略偏冷；1979~1993 年 15 年的温度年均值及月均值的距平变化趋势与观测趋势高度符合一致；统计分析显示，除在高温值部分模拟结果略偏高之外，其他温度段模拟结果与观测值的统计分布曲线有着很好的吻合；对最高气温和最低气温的模拟结果与平均气温的模拟结果很相似，但对低温模拟的结果与观测符合得更好，表明模式整体上对低温的模拟效果较好。

PRECIS 可以模拟出中国区域年平均降水自东南向西北递减的整体特征，但模拟的年均降水在内陆的环四川盆地的周边地区比观测值高、在华南与东南沿海地区比观测值低；模拟的冬季降水分布与观测的分布特征能很好地吻合，但在青藏高原上、西南云贵高原至太行山、长白山夏季降水模拟值明显偏大，明显显示出模式敏感的地形降水特征，长江中下游区域的降水中心没有很好地被模拟出来；从 1979~1993 年 15 年平均的 1~12 月平均降水值与观测结果的比较可以看出，模拟结果普遍比观测值高；1979~1993 年 15 年的降水年平均值及月平均值的距平变化趋势与观测基本一致；统计分析显示，模拟降水频率在小于 40mm/d 频段比观测结果大，但在大于 230mm/d 的频段降水模拟结果与观测仍然能很好地吻合，说明 PRECIS 模式系统具有很强的模拟极端降水事件的能力。

对 PRECIS 对极端气候事件模拟能力的分析表明，模拟的高温日数的全国整体分布特征与观测分布有着很好的一致性，但模拟的高温日数偏多，尤其是在华北与长江中下游地区；高温事件的模拟值与分布范围较观测结果大，但分布特征与观测有着很好的符合；相较而言，模拟的霜冻日数的分布特征与观测相当一致；模拟的连续干日数和湿日数的分布特征与观测结果大致一致，但在长江中下游地区模拟的连续干日数偏多、湿日数偏少，而模拟的连续 5 日最大降水量、简单降水强度的分布特征与观测很接近，只是在秦岭和太行山这些山区模拟值偏大。

依据全球气候模式 HadCM3 在 A2/B2、A1B 情景下模拟的气候基准时段的大尺度气候情景数据驱动 PRECIS，进一步分析 PRECIS 嵌套 GCM 对中国区域气候的模拟能力。可以看出，由 GCM 驱动 PRECIS 与 ERA-15 驱动 PRECIS 模拟的结果整体特征上很相近，只是 ERA-15 数据驱动 PRECIS 模拟的 1~12 月的温度月均值比观测值整体偏低，而在 A2/B2、A1B 情景下模拟的基准气候时段的 1~12 月温度和降水值都比观测值高；整体上，在 A1B 情景下模拟的温度和降水结果无论是气候平均状态还是极端事件的模拟结果都要优于 A2/B2 情景下的结果。

总体上来看，PRECIS 对温度的模拟能力要优于对降水的模拟能力，对极端低温事件及极端降水事件的模拟能力较强。整体上，PRECIS 具有较强的模拟当今气候的能力。

9.2 未来气候平均趋势的变化

图 9.1 和图 9.2 绘出了 A2、B2、A1B 三种情景下温度和降水 1961~2100 年的变化趋势。可以看出，A2 情景与 A1B 情景升温幅度比较接近，B2 情景下升温幅度最小；而降水则随着温度的升高，整体趋势是增加的，但表现出更大的波动性，表明未来的旱涝极端事件都会更加剧烈。

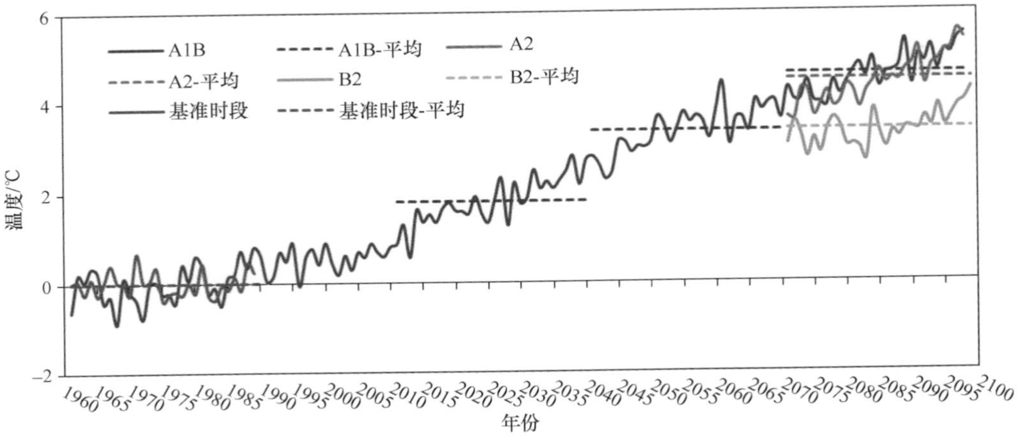

图 9.1 A2、B2、A1B 情景下 1961~2100 年温度变化趋势

表 9.1~ 表 9.4 给出了 A1B 情景下 2020s(2011~2040)、2050s(2041~2070)、2080s(2071~2100) 三个时段和 2080s 时段 A2、B2、A1B 三种情景下全国和分区的温度和降水变化值。本书分区综合考虑行政和自然地理两方面的因素，将全国分为 7+1 个大区，7 个大区分别为：东北地区，包括黑龙江、吉林、辽宁和内蒙古东部；华北地区，包括北京、天津、河北、

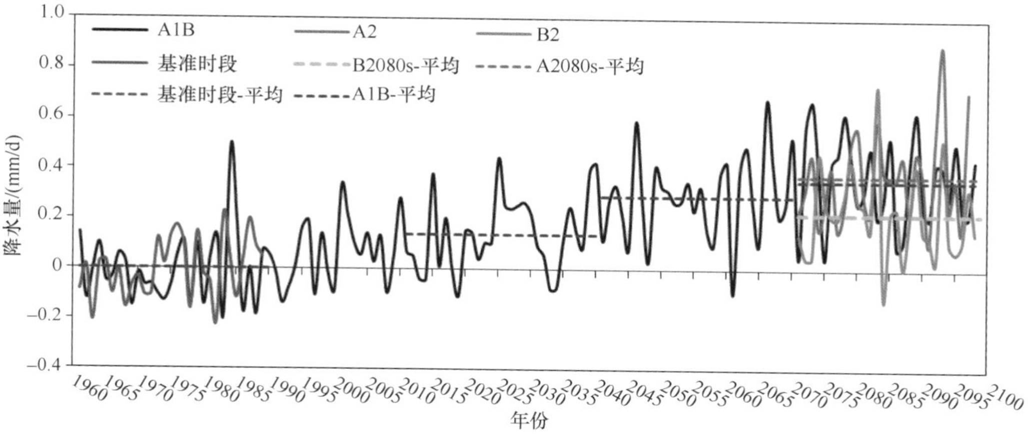

图 9.2 A2、B2、A1B 情景下 1961~2100 年降水量变化趋势

山西、山东和内蒙古中部地区；西北地区，包括新疆、青海、甘肃、宁夏、陕西、内蒙古西部；华东地区，包括安徽、上海、江苏、浙江、福建、台湾；华中地区，包括河南、湖北、湖南、江西；华南地区，包括广东、广西、海南；西南地区，包括重庆、四川、云南、贵州；由于青藏高原地理位置的特殊性，将其单列进行分析，包括西藏、青海、甘肃东南部、四川西部和新疆南部山地，与西南、西北两个大区有部分地理上的重合。

表 9.1 A1B 情景下 2020s、2050s、2080s 时段地面气温的变化(相对于气候基准时段 1961~1990)(单位：℃)

	年均			春季			夏季			秋季			冬季		
	2020s	2050s	2080s	2020s	2050s	2080s	2020s	2050s	2080s	2020s	2050s	2080s	2020s	2050s	2080s
全国	1.8	3.4	4.6	1.4	2.7	3.8	1.8	3.5	4.7	2.0	3.5	4.8	2.0	3.8	5.2
东北	1.9	3.7	5.2	1.4	2.7	4.1	2.0	4.0	5.4	2.0	3.8	5.5	2.1	4.1	5.6
华北	1.7	3.4	4.8	1.0	2.5	3.8	1.7	3.7	5.0	1.9	3.4	4.8	2.1	4.1	5.4
西北	2.0	3.7	4.9	1.5	3.0	4.0	2.0	3.8	5.0	2.2	3.9	5.1	2.3	4.1	5.7
华东	1.5	3.0	4.1	1.2	2.4	3.5	1.4	3.1	4.3	1.7	3.0	4.3	1.8	3.5	4.4
华中	1.6	3.0	4.2	1.2	2.4	3.4	1.7	3.3	4.6	1.7	3.0	4.3	1.7	3.2	4.5
华南	1.5	2.6	3.7	1.4	2.4	3.2	1.3	2.5	3.6	1.5	2.4	4.0	1.6	3.2	4.0
西南	1.6	3.0	4.0	1.4	2.6	3.3	1.5	2.9	4.1	1.7	3.0	4.2	1.7	3.3	4.4
青藏	1.8	3.3	4.5	1.5	2.8	3.7	1.6	3.0	4.2	2.0	3.5	4.7	2.2	3.8	5.3

表 9.2 2080s 时段 A2、A1B、B2 三种情景下地面气温的变化(相对于气候基准时段 1961~1990)(单位：℃)

	年均			春季			夏季			秋季			冬季		
	A2	A1B	B2	A2	A1B	B2	A2	A1B	B2	A2	A1B	B2	A2	A1B	B2
全国	4.5	4.6	3.4	3.9	3.8	2.9	4.9	4.7	3.8	4.6	4.8	3.3	4.5	5.2	3.5
东北	4.7	5.2	3.9	3.9	4.1	3.2	5.5	5.4	4.7	4.5	5.5	3.6	4.7	5.6	4.0
华北	4.4	4.8	3.4	3.8	3.8	2.8	5.1	5.0	4.1	4.4	4.8	3.3	4.5	5.4	3.6
西北	5.0	4.9	3.7	4.2	4.0	3.0	5.5	5.0	4.2	5.1	5.1	3.9	4.9	5.7	3.8
华东	3.7	4.1	2.7	3.5	3.5	2.6	3.8	4.3	2.7	4.0	4.3	2.8	3.4	4.4	2.7
华中	4.0	4.2	3.0	3.7	3.4	2.7	4.4	4.6	3.3	4.1	4.3	2.9	3.7	4.5	3.1
华南	3.7	3.7	2.9	3.5	3.2	3.1	4.2	3.6	3.2	3.8	4.0	2.5	3.4	4.0	2.8
西南	4.0	4.0	3.0	3.7	3.3	2.8	4.3	4.1	3.3	4.1	4.2	2.7	3.9	4.4	3.2
青藏	4.4	4.5	3.1	4.0	3.7	2.6	4.4	4.2	3.2	4.5	4.7	3.1	4.7	5.3	3.4

表 9.3　A1B 情景下 2020s、2050s、2080s 降水的变化（相对于气候基准时段 1961~1990）（单位：%）

	年均			春季			夏季			秋季			冬季		
	2020s	2050s	2080s	2020s	2050s	2080s	2020s	2050s	2080s	2020s	2050s	2080s	2020s	2050s	2080s
全国	6	13	16	5	10	16	5	11	11	9	13	19	4	20	18
东北	8	16	25	4	9	13	7	13	13	9	12	17	12	30	57
华北	15	32	30	7	12	18	5	17	10	26	29	36	23	71	58
西北	10	20	24	6	13	21	5	9	10	8	9	14	22	49	50
华东	9	19	21	7	10	12	10	14	10	15	27	47	3	24	14
华中	7	14	18	8	10	14	0	8	7	17	16	39	1	22	13
华南	7	17	22	10	16	33	11	19	16	19	36	33	–13	–5	5
西南	1	5	8	3	8	16	4	9	6	0	4	8	–1	–2	2
青藏	5	12	15	2	9	12	5	8	13	5	11	14	6	19	22

表 9.4　2080s 时段 A2、A1B、B2 三种情景下降水的变化（相对于气候基准时段 1961~1990）（单位：%）

	年均			春季			夏季			秋季			冬季		
	A2	A1B	B2	A2	A1B	B2	A2	A1B	B2	A2	A1B	B2	A2	A1B	B2
全国	17	16	10	21	16	9	13	11	4	21	19	15	11	18	12
东北	29	25	13	17	13	1	12	13	2	26	17	7	61	57	44
华北	30	30	27	29	18	26	8	10	–1	35	36	21	47	58	61
西北	21	24	18	22	21	23	4	10	4	20	14	7	37	50	38
华东	15	21	6	20	12	9	32	10	26	15	47	–1	–8	14	–11
华中	25	18	8	27	14	16	29	7	13	46	39	6	–1	13	–2
华南	11	22	0	31	33	12	6	16	8	27	33	12	–18	5	–31
西南	13	8	6	19	16	8	11	6	5	16	8	10	7	2	0
青藏	19	15	16	18	12	13	12	13	8	14	14	12	33	22	29

从表 9.1~ 表 9.4 可以看出，在 A1B 情景下，2020s、2050s、2080s 三个时段全国平均升温分别可达 1.8℃、3.4℃、4.6℃，2020s 至 2050s 时段增温 1.6℃，而 2050s 至 2080s 时段增温 1.2℃，即 21 世纪前期的增温比后期幅度大；降水在这三个时段分别增加 6%、13%、16%。从地域分布上看，东北、西北和青藏高原的升温最为明显，升温最高的东北地区年均升温可达 5.2℃，而升温最低的华南地区，年均升温亦可达 3.7℃左右；而季节变化显示冬季升温最为明显，春季升温幅度最小，冬季东北升温可达 5.6℃，华南升温可达 4℃。在 2080s 时段 A2、A1B、B2 三种情景下，全国平均温升分别可达 4.5℃、4.6℃、3.4℃，降水分别增加 17%、16%、10%；升温最高的东北地区温升分别可达 4.7℃、5.2℃、3.9℃，而升温最低的华南地区，温升亦可达 3.7℃、3.7℃、2.9℃。

同样地，A1B 情景下，中国大部分地区未来降水呈增加趋势，且随时间的推移，年均降水增加的幅度逐渐增大；同时，降水变化呈现出更多的局地特征，冬季降水增加区域主要在黄淮海流域，而夏季降水增加主要在华南、东南沿海、华北北部和东北南部地区。2080s 时段三种情景下降水变化有不同特点，但一个共同的特点都是在原来降水就多的雨季降水更多。另外，一个值得关注的现象是在 A1B 情景下模拟显示华南、西南冬季降水减少；尤其需要关注的是在 A1B 的两个时段和 B2 情景下 2080s 时段西南降水未增加，A2 情景下

2080s 时段降水增加数值很小，西南地区未来的冬季干旱会严重加剧；即使对于降水增加的区域，考虑到由于温度增加加剧地表水分的蒸发，降水需要有相应的增加量才能保持现在的湿润水平，加之降水的波动性加大，也应该充分考虑干旱增加的气候风险。

气温标准差分析显示，未来全国整体上气温的波动性加大；气温标准差的区域分布显示，北方冬季气温稳定性变化最大，表明北方暖冬和冷冬会交替出现。三种情景三个时段的温度统计分析显示，未来高温出现频率会逐渐加大、低温出现频率会逐渐减小，预示着将会发生更多的高温事件。

降水的标准差分析显示，未来全国整体上降水的不稳定性增加，在 A1B 情景下出现一个自东北至西南的明显的降水不稳定带，而在 A2、B2 情景下东北、西南和华南、东南沿海、长江中下游区域降水的不稳定性加大。A1B 不稳定性最大；三种情景三个时段的降水统计分析显示，未来大雨事件发生的频率明显增加。

这些分析表明，在未来气候整体变暖的大趋势下，中国将经历更多的极端天气气候事件。

9.3 未来极端气候事件趋势的变化

本书选择高温日数、高温事件、霜冻日数和极端低温事件 4 个指标，分析与温度相关的极端气候事件的未来变化趋势。在 A1B、A2、B2 情景下，一致表现出高温日数在中国的两部分区域明显增加，一是西北的准噶尔盆地、塔里木盆地和内蒙古西部地区，二是东部的华北、华中、华东和华南及四川盆地；高温事件的强度则是在中国的北方和东部区域明显增强；而霜冻日数、低温事件在青藏高原、塔里木盆地、云南西部及黄土高原等区域减少最为明显。

本书选择连续干日数、连续 5 日最大降水量、极端降水事件、湿日数、简单降水强度 5 个指标，分析与降水相关的极端气候事件的未来变化趋势。一个总体的特征是南方连续干日数增加，其中尤以西南、华中、东北和西北连续干日数增加最为明显；与之对应的是西南地区的湿日数明显减少；简单降水强度和连续 5 日最大降水量在中国的南方和东部地区明显增加，表明将来中国南方和东部地区的洪涝风险会增大，而极端降水事件几乎在中国的所有区域都呈现增加的趋势。

9.4 本 章 小 结

综合以上气候平均状态和极端事件变化的分析，我们可以得出以下结论。

在 A1B、A2、B2 三种中等强度的温室气体排放情景下，到 21 世纪末中国全境平均升温可达 3.4~4.6℃，北方升温最高可达 5℃以上，南方升温可达 3℃以上。

随着气温升高，温度的波动性加大，北方暖冬和冷冬会交替出现，而夏季中国人口最密集的南方和东部地区以及生态脆弱的西北地区将会经受更多的高温事件，这是我们应该高度关注的。

已有研究表明，气候变暖后，季风会更加活跃，变率增大，所以降水的波动性也会更

大 (Qian et al.，2009；Kim et al.，2010)。本书的分析显示，与变暖的趋势对应，中国全境大部分地区未来降水会增加，波动性加大，极端降水事件增多，而结合降水平均值、连续干日数、湿日数的变化，可以预期西南地区具有极高的冬季干旱风险，华中、华东、华北和西北具有很高的夏季干旱风险；结合简单降水强度和连续 5 日最大降水量的变化，可见在中国的南方和东部地区具有很高的洪涝风险。

参考文献

Kim C J, Qian W H, Kang H S, et al. 2010. Interdecadal variability of east-asian summer monsoon precipitation over 220 years (1777-1997). Advances in Atmospheric Sciences, 27(2): 253-264.

Qian W, Ding T, Hu H, et al. 2009. An overview of dry-wet climate variability among monsoon-westerly regions and the monsoon northernmost marginal active zone in China. Advances in Atmospheric Sciences, 4(4): 630-641.

第10章 未来展望

本章分析本书工作的不足之处，主要是数据集不完善、分析工作不够全面、缺乏对不确定性问题的表述等，在此基础上梳理出未来的研究方向。未来研究工作的重点需要加强在涵盖各种排放情景的数据集的构建，多模式、多方法、多尺度 (M^5S) 气候情景数据的生成，极端事件变化的分析和气候变化的情景预测科学上的不确定性的减小等方面研究，以及加强气候系统各圈层未来变化的情景分析等。

10.1 本书工作的不足

相较于以前的工作，本书对气候情景数据的分析比较系统完整，但本书的分析存在很多不足，还有很多分析亟待完善。主要是数据集不完善、分析不全面、缺乏对不确定性问题的表述等。

数据不完善。本书分析涉及的气候情景包含 SRES(Nakicenovic et al.，2000)A1B 情景下三个时段 (2020s、2050s、2080s) 和 SRES A2、B2、A1B 三种情景下 2080s 时段相对于气候基准时段 (1961~1990) 温度和降水的变化，但 SRES 包含 A1、A2、B1、B2 四个情景族，而 A1 情景族又包含 3 个组：A1FI、A1B 和 A1T，即使不考虑应用集合预报技术，只产生至 2100 年单一的情景数据，本书所分析的数据还不足完整数据集的 1/3，未能很好地给出完整的高、中、低温室气体排放情景下气候变化的趋势。

分析不全面。目前我们的分析，对于气候的平均状态，主要集中在温度和降水未来平均状态的变化趋势分析上；对于未来极端气候事件的变化，选取了与温度相关的 4 个极端气候事件指标、与降水相关的 5 个极端气候事件指标进行分析，而对于综合的极端气候事件 (如高温事件、台风、风暴潮等)，未进行详细的分析。事实上，极端气候事件的指标有 27 个[①]，如夏季日数、霜冻日数、生长期长度等指标与农业生产紧密相关，而连续有 (无) 雨日数、极强降雨量等指标与极端水文事件紧密相关。在采取适应气候变化的行动时，各地存在的气候变化问题差异巨大，各个行业部门关注的气候变化问题也不尽相同，在实际中要根据不同的需求进行相应的分析，本书关于极端气候事件一般性的分析仅为更多的深入分析提供参考和借鉴。

未进行不确定性分析。本书 A2、B2 情景下 2080s 时段的模拟与其气候基准时段的模拟是分离的，且 A2/B2 共用一个基准时段的数据，而 A1B 情景下 1961~2100 年的模拟是连续的，在分析时将 A1B 情景数据的三个时段 2020s、2050s、2080s 分割开来与基准时段

① http://etccdi.pacificclimate.org/list_27_indices.shtml

进行比较，数据集都是单一的。由于 A2/B2 数据集的生成早于 A1B 数据的生成，A2/B2 是 HadAM3P 模拟的大尺度背景场驱动，而 A1B 是 HadCM3 模拟的大尺度背景场驱动，很难说这样的模拟设计安排是否会带来系统的模拟偏差。在 IPCC 第三次、第四次评估第一工作组的科学报告中，全球平均的升温值 A2 情景是高于 A1B 的 (在 IPCC 第三次评估报告中，A2 情景下多个模式集合平均的 2100 年相对于 1990 年的升温值为 3.8℃、A1B 情景下多个模式集合平均的 2100 年相对于 1990 年的升温值为 2.95℃；在 IPCC 第四次评估报告中，A2 情景下多个模式集合平均的 2100 年相对于 1990 年的升温值为 3.6℃、A1B 情景下多个模式集合平均的 2100 年相对于 1990 年的升温值为 2.8℃)，而我们的分析在 2080s 时段 A1B 情景下升温值为 4.6℃，反而比 A2 情景升温值 4.5℃略高。因此，本书分析的 A1B 与 A2/B2 这两组数据集是否存在系统的模拟偏差？如果有偏差，偏差是多少？目前还很难判断。

10.2 未来研究方向

结合上面我们总结的本书工作的不足和目前在生成高分辨率气候情景方面的最新研究动态、影响评估的需求，本节对未来需要加强的研究工作进行梳理如下。

构建涵盖各种排放情景的气候数据集。本书构建的 SRES 气候情景，涵盖的是 A1B、A2、B2 中高 - 中低水平的温室气体排放情景。未来在构建 RCPs 情景时，应尽可能地涵盖温室气体排放的高、中、低情景，这样可以对未来气候各种可能的变化进行详尽全面的分析。而目前 CMIP5 [①] 计划已经应用 GCM 产生了大量的 RCPs 气候情景数据，国内也有应用 RCM 产生 RCPs 气候情景数据并进行了分析 (高学杰等，2012；朱献和董文杰，2013；于恩涛等，2015)，需要完善 RCPs 高分辨率的气候情景数据集。

多模式、多方法、多尺度 (M^5S) 气候情景数据的生成。在实际中，对气候情景数据有着不同层次、不同目的的需求，单纯依靠 RCM 进行降尺度分析很难满足对气候情景数据的多重需求。我们从第 1 章的讨论中已经知道，利用 RCM 生成高分辨率的气候情景数据需要大量的计算资源，因此，考虑利用多模式、多方法产生多尺度的气候情景数据，是大势所趋。情景生成的方法有：全球气候模式的大气分量部分 (AGCM)、区域气候模式 (RCM) 动力降尺度、统计降尺度 (SD) 等方法，这些方法各有优势和不足。在国际上，目前世界气象组织世界气候研究计划区域气候工作组 (WMO WCRP/WGRC) 正在酝酿创新性地分析解读多模式、多方法、多尺度 (M^5S-multi-model，multi-method，multi-scale) 的区域气候信息 [②]，制定在区域尺度上凝练气候信息的研究计划，推动 WCRP 模型工作组为不同需求的用户群体提供标准的 [③] (Giorgi et al.，2009；Jones et al.，2011)、“精确”的区域气候信息工作的开展。充分利用国际资源，在 WCRP 框架下构建中国区域的 M^5S 气候情景数据集，可以促进中国区域气候情景构建工作的深入开展和数据的广泛应用。CORDEX 的 EAsia 区域 (Suh

① http://cmip-pcmdi.llnl.gov/cmip5/data_portal.html

② http://www.wcrp-climate.org

③ http://www.cordex.org/

and Oh，2015) 包含了整个台风生成区域，在 CORDEX-EAsia 区域设计 RCM 的模拟试验，可以进行热带气旋移动路径、发生频率和强度变化的深入分析。

开展更多的极端事件与多圈层变化的分析。对于最常见的描述气候状态的变量——温度和降水的变化，已经开展了大量工作，对于全球升温变暖的大趋势已经有了比较清晰的认识。与变暖的趋势相对应，对极端天气气候事件频率增加、危害加剧，人们也已经有了更深的认识，能够代表这一认识的典型事件如 SREX 报告 (Field et al.，2012) 的发布。我们知道，气候系统包含大气圈、水圈、冰冻圈、岩石圈和生物圈层。目前我们所做的气候变化分析，无论是大气成分的变化 (人为活动加剧向大气中排放温室气体引起大气温室气体浓度的增加)、温度和降水的变化，还是极端天气气候事件的变化等，主要还是集中在大气圈发生的变化上，而对于水圈、冰冻圈、岩石圈、生物圈的未来变化分析很少，有的远未涉及。事实上，气候变化的内涵广泛而深邃，如降水的急剧波动和升温变暖引起陆面水文循环过程的改变、南极冰川的消融、陆地冰川的融化、多年冻土的退化、海平面上升、海洋温盐环流、生物地球化学特征的改变、海岸带的变化等等，都会给自然的生态系统和人类的生存环境带来深远的影响。即使对于急迫需要面对的问题，如海平面上升、风暴潮加剧、赤潮频发、热带气旋频率和强度的改变等，所做分析也非常有限，这是以后需要大力加强的工作。

减少不确定性。气候变化的情景预测存在科学上的不确定性。首先是排放情景的不确定性，未来排放量转化为大气中温室气体的浓度再到由此引起的辐射强迫量存在不确定性，这涉及对气候系统碳循环过程的科学认识水平和辐射的反馈机制的科学认识水平；其次是模式的不确定性，这涉及模式的次网格物理过程参数化方案、对复杂的地球生物化学过程的科学认识水平和描述的合理性。当应用 RCM 进行动力降尺度分析时，不确定性来源还涉及应用什么样的观测数据评估 RCM 的模拟能力、模式的参数化过程、模拟区域大小的选择和驱动边界条件等。

生成区域高分辨率的气候情景，可以有多种途径。GCM 的分辨率在不断提高，在 IPCC 第五次评估报告中有的 GCM 的水平分辨率已经达到约 20km，因此，GCM 的结果本身可以直接应用。分析 GCM 对中国气候的模拟能力，选择对中国区域气候模拟效果好的 GCM 构成多个 GCM 情景数据集，是我们构建中国完整气候情景数据库必不可少的一个环节；对于同一 GCM，可以考虑应用多个不同参数化方案生成不同的情景数据集，以及 GCM 的大气部分的加密网格的模拟。

目前，应用 RCM 进行动力降尺度生成中国高分辨率的气候情景时是单向嵌套的，对于 GCM 边界条件的嵌套技术需要特别注意；目前已有模拟试验检验 GCM 和 RCM 的双向嵌套技术，以及动力变网格技术 (辛晓歌等，2011；孙丹等，2011； Fox-Rabinovitz et al.，2006；2008)，以后在条件许可的情况下可以在中国进行类似的试验以改进气候情景数据的质量；应用一个 GCM 的结果作为边界条件驱动多个 RCM，或是多个 GCM 的结果作为边界条件驱动一个 RCM，生成多组气候情景数据集，也是减少不确定性、进行不确定性分析的一个有效方法。这个方法在中国曾经进行过一些尝试，今后可以进行更多的尝试工作。同时，在 CORDEX-EAsia 区域上设置运行 RCM，参与国际 RCM 模拟结果的 CORDEX 比较计划，获取更多的气候情景数据，可以对不确定性进行有效的分析。

从描述不确定性到进行概率分布的统计描述 (Solomon et al.，2007)，是在不确定性认识上的一个飞跃，它和我们所进行的影响评估转向风险评估相对应，必将加深对气候变化的科学认识。

应用模式变网格技术和多重嵌套技术，有助于获得更高质量的高分辨率气候情景数据；根据特殊需要，应用传统的统计降尺度方法生成气候情景数据，也是需要大力加强的工作。

加强气候情景数据库的应用。气候情景是基础的科学数据，构建一套完整的、用户易于获取和应用的中国区域气候变化的情景数据库，在加深对气候变化的科学认识、制定科学的气候政策、采取应对气候变化的实际行动、加强科学知识的普及、提高公众意识方面具有重要意义。长期以来，存在气候情景数据与应用的脱节问题，IPCC 第一工作组参与构建气候情景数据的 GCM 有几十个，但实际中只有很少几个 GCM 的情景数据应用在第二工作组气候变化的"影响、适应与脆弱性"研究中，RCM 产生的高分辨率情景数据应用得更少，这其中一个很重要的原因是在"最后一厘米"发生问题。本书所分析的情景数据，除了进行气候科学的分析之外，还在中国的气候变化"影响、适应与脆弱性"研究方面广泛应用。我们首先采用气候基准时段 (1961~1990) 模拟的气候平均状态与观测数据的比较分析方法对所产生的气候情景数据进行平均状态的订正，提供给相关研究人员开展气候变化的影响评估 (许吟隆等，2013)，之后更进一步进行概率偏差的订正 (周林等，2014a；2014b)，以提高订正的情景数据的质量。目前应用 PRECIS 产生的气候情景数据水平空间分辨率约为 50km，时间分辨率为天，这样的时空分辨率，可以满足当前大部分影响评估的需求，但对一些时空分辨率更高要求的影响评估，如气候变化对小流域水文循环的影响评估、气候变化对病虫害发生风险的影响评估等，目前的时空分辨率显得不足。产生更高时空分辨率的气候情景数据，尽可能地充实 M^5S 数据库，开发易于获取的数据平台，并配备完整的工具包和用户手册等，是今后努力的方向。

10.3 本章小结

综合以上对本书研究工作的不足及对未来研究方向的分析，我们可以看到，在各种排放情景下对未来气候变化的分析仍有大量的问题需要进行深入研究，如在构建涵盖各种排放情景的数据集，生成多模式、多方法、多尺度气候情景数据，分析极端事件变化以及减小气候变化的情景预测科学上的不确定性等方面。此外加强国际间的合作交流、充实 M^5S 数据库、开发易于获取的数据平台，进行各种排放情景下的气候风险分析，有助于适应和减缓的抉择、寻求应对气候变化的最佳路径，有针对性地减小脆弱性、降低未来风险，使应对气候变化的工作"心中有底、有的放矢"，促进应对气候变化工作的全面开展，跃上新台阶。

参考文献

高学杰，石英，张冬峰，等 . 2012. RegCM3 对 21 世纪中国区域气候变化的高分辨率模拟 . 科学通报，05: 374-381.

孙丹，周天军，刘景卫，等 . 2011. 变网格模式 LMDZ 对 1998 年夏季东亚季节内振荡的模拟 . 大气科学，05: 885-896.

辛晓歌，周天军，李肇新 . 2011. 一个变网格大气环流模式对中国东部春季的区域气候模拟 . 气象学报，04: 682-692.

许吟隆，吴绍洪，吴建国，等 . 2013. 气候变化对中国生态和人体健康的影响与适应 . 北京：科学出版社 .

于恩涛，孙建奇，吕光辉，等 . 2015. 西部干旱区未来气候变化高分辨率预估 . 干旱区地理，03: 429-437.

周林，潘婕，张镭，等 . 2014a. 气候模拟日降水量的统计误差订正分析——以上海为例 . 热带气象学报，30(1): 137-144.

周林，潘婕，张镭，等 . 2014b. 概率调整在气候模式模拟降水量订正中的应用 . 应用气象学报，25(3): 302-311.

朱献，董文杰 . 2013. CMIP5 耦合模式对北半球 3—4 月积雪面积的历史模拟和未来预估 . 气候变化研究进展，03: 173-180.

Field C B, Barros V, Stocker T F, et al. 2012. Managing the Risks of Extreme Events and Disasters to Advance Climate Change Adaptation. A Special Report of Working Groups I and II of the Intergovernmental Panel on Climate Change. Cambridge and New York: Cambridge University Press, 582.

Fox-Rabinovitz M, Côté J, Dugas B, et al. 2006. Variable resolution general circulation models: Stretched-grid model intercomparison project (SGMIP). Journal of Geophysical Research, 11(4): 259-262.

Fox-Rabinovitz M, Cote J, Dugas B, et al. 2008. Stretched-grid model intercomparison project: decadal regional climate simulations with enhanced variable and uniform-resolution GCMs. Meteorology and Atmospheric Physics, 100(1): 159-178.

Giorgi F, Jones C, Asrar G R．2009. Addressing climate information needs at the regional level: The CORDEX framework. WMO Bulletin, 58(3): 175-183.

Houghton J T, Ding Y, Griggs D J, et al. 2001. Climate Change 2001: The Scientific Basis. Contribution of Working Group I to the Third Assessment Report of the Intergovernmental Panel on Climate Change. Cambridge and New York: Cambridge University Press, 881.

Jones C, Giorgi F, Asrar G．2011. The coordinated regional downscaling experiment: CORDEX an international downscaling link to CMIP5. CLIVAR Exchanges, 16(2) : 34-40.

Nakicenovic N, Alcamo J, Davis G, et al. 2000. Special Report on Emissions Scenarios: A Special Report of Working Group Ⅲ of the Intergovernmental Panel on Climate Change. New York: Cambridge University Press, 1-599.

Solomon S, Qin D, Manning M, et al. 2007. Climate Change 2007: The Physical Science Basis. Contribution of Working Group I to the Fourth Assessment Report of the Intergovernmental Panel on Climate Change. Cambridge and New York: Cambridge University Press, 996.

Suh M S, Oh S G. 2015. Impacts of boundary conditions on the simulation of atmospheric fields using RegCM4 over CORDEX East Asia. Atmosphere, 6: 783-804.

附录：英文缩略语

AR4	the Fourth Assessment Report of the Intergovernmental Panel on Climate Change
AR5	the Fifth Assessment Report of the Intergovernmental Panel on Climate Change
CMIP3	the Coupled Model Intercomparison Project Phase 3
CMIP5	the Coupled Model Intercomparison Project Phase 5
CN05	A gridded daily climate dataset with the resolution of 0.25° latitude by 0.25° longitude, provided by Xuejie Gao.
ECMWF	European Centre for Medium-Range Weather Forecasts
ERA-15	ECMWF Re-Analysis Data （1979~1993）
FAR	the First Assessment Report of the Intergovernmental Panel on Climate Change
GCM	Global Climate Model
HadAM3P	the Hadley Centre Climate Model-Atmospheric Component （version 3）
HadCM3	the Hadley Centre Climate Model （version 3）
IPCC	the Intergovernmental Panel on Climate Change
IS92	IPCC 1992 Series Emission Scenarios
PRECIS	Providing Regional Climates for Impacts Studies
RCM	Regional Climate Model
RCPs	Representative Concentration Pathways
RegCM3	Third-Generation Regional Climate Model
SA90	the 1990 IPCC Scenario A (SA90) in the First Assessment Report (FAR)
SAR	the Second Assessment Report of the Intergovernmental Panel on Climate Change
SRES	Special Report on Emissions Scenarios
TAR	the Third Assessment Report of the Intergovernmental Panel on Climate Change